9F级燃气-蒸汽联合循环发电厂故障案例汇编

中山嘉明电力有限公司　编

中国电力出版社
CHINA ELECTRIC POWER PRESS

内 容 提 要

本书精心收录 49 例 9F 级燃气 – 蒸汽联合循环机组典型设备故障案例，全面覆盖燃气轮机、汽轮机、余热锅炉、发电机及电气、天然气供气、热工控制、公用等核心系统。每个案例均从事件经过、故障原因、处理过程及预防措施等角度展开分析，深度剖析故障发生机理与应对策略，系统提炼故障诊断与处理经验，助力运维人员精准把握设备运行规律，快速提升故障处置能力，优化全流程运维管理策略。

本书兼具理论深度与实践价值，可作为 9F 级燃气 – 蒸汽联合循环机组技术管理人员、运行维护工程师及工程项目管理者的必备参考书，也可为相关企业开展设备精细化管理与专业技能培训提供权威指导，是推动电力行业运维水平升级的重要技术文献。

图书在版编目（CIP）数据

9F 级燃气 – 蒸汽联合循环发电厂故障案例汇编 / 中山嘉明电力有限公司编 . —北京：中国电力出版社，2025.6

ISBN 978-7-5198-8383-6

Ⅰ . ① 9⋯　 Ⅱ . ①中⋯　 Ⅲ . ①燃气 – 蒸汽联合循环发电—发电机组—设备故障—案例—汇编 Ⅳ . ① TM611.31

中国国家版本馆 CIP 数据核字（2023）第 237632 号

出版发行：中国电力出版社

地　　址：北京市东城区北京站西街 19 号（邮政编码 100005）

网　　址：http://www.cepp.sgcc.com.cn

责任编辑：畅　舒

责任校对：黄　蓓　常燕昆

装帧设计：赵丽媛

责任印制：吴　迪

印　　刷：三河市万龙印装有限公司

版　　次：2025 年 6 月第一版

印　　次：2025 年 6 月北京第一次印刷

开　　本：787 毫米 ×1092 毫米　16 开本

印　　张：20

字　　数：352 千字

印　　数：0001—1000 册

定　　价：95.00 元

《9F级燃气－蒸汽联合循环发电厂故障案例汇编》

审定委员会

主 任　谢广录

副主任　熊　波　乐增孟

委 员　牛火平　张冬爽　薛志敏　严国利　温焱明

　　　　赵广辉　李晓涛　向　珍　罗以勇　秦光明

编写委员会

主 任　乐增孟

副主任　熊　波　牛火平　黄耀文

主 编　李爱玲

副主编　薛志敏　张冬爽

主 审　乐增孟　严国利　薛志敏　温焱明　陈超明

编 务　王　璇　李祥麟

编写人员（按姓氏笔画排序）

　　　　王　璇　卞　江　吉　祥　朱　强　刘水清

　　　　汤永祥　严国利　李佰勇　李　波　李爱玲

　　　　李祥麟　肖海鹏　吴文青　吴锦周　张冬爽

　　　　罗　芸　宫立泽　黄嘉瑜　梁　莹　曾锦民

　　　　曾　鹤　温焱明　廖　青　薛志敏

在全球能源革命与"双碳"目标驱动下，燃气－蒸汽联合循环发电以其高效能、低排放及快速响应特性，成为我国电力系统向清洁低碳转型的关键支撑。随着电力现货市场建设纵深推进，这类机组在调峰调频、提升电网灵活性等领域的战略价值愈发凸显，已然成为保障电力供应安全的重要力量。

然而，现货市场环境下机组频繁启停的运行新常态，正给燃气－蒸汽联合循环发电厂带来前所未有的挑战。数据显示，东南沿海首批参与现货交易的机组，2018 年度启停次数较 2016 年激增 6 倍，且这一趋势在后续数年持续强化。频繁的启停操作不仅加速燃气轮机核心部件损耗，更在设备状态切换、复杂工况应对中大幅增加运维难度，导致运行异常与设备故障风险显著上升，严重影响机组安全稳定运行与经济效益。

在此背景下，系统梳理故障案例、提炼运维经验已成为行业共识。中山嘉明电力有限公司依托 5 套在役机组（2 套 GE 9FA、3 套三菱 701F4）的长期运行实践，持续深耕故障案例分析领域。自 2022 年智能电厂系统建成以来，通过搭建数字化故障库，运用语义大模型等前沿技术，将海量历史数据转化为可复用的知识资产，显著提升了故障预警与诊断能力，为 9F 级机组运维管理提供了创新范式。

本书精选公司运维实践中积累的典型案例，涵盖燃气轮机、汽轮机、余热锅炉等核心设备，以及电气、热工控制等关键系统。每个案例均以"现象还原—原因剖析—处置方案—预防策略"为逻辑主线，系统呈现故障全生命周期管理经验，旨在帮助技术人员提升故障识别效率、掌握科学诊断方法、建立长效防范机制。

衷心感谢所有参与本书编撰工作的同仁。在兼顾生产任务的同时，他们以严谨态度完成多次修订，为本书倾注了大量心血。我们期待本书能为行业技术进步提供有益参考，同时诚挚欢迎读者提出宝贵建议，共同完善燃气发电运维知识体系。

受限于编者水平，书中难免存在疏漏之处，恳请读者不吝指正，以便后续修订完善。

编者

2025 年 4 月

·目 录·
CONTENTS

前言

第二部分 ■ 机务专业

第一部分

仪控专业

案例 1 3 号机阀组间危险气体探头故障分析与处理

曾 鹤

一、机组运行情况

2016 年 11 月 14 日上午约 10 点，3 号机组启动，于 10：55 并网。启动至并网带负荷过程中，先后发生三个火焰强度信号 fd_intens2、fd_intens3、fd_intens4 不同程度下降至坏点，且在带负荷过程中伴随了阀组小间危险气体浓度信号 lelha9a、lelha9b 不同程度波动升高的情况。

13：20：41，3 号机组跳闸，负荷由 49MW 甩至 0，首出原因：GAS COMPT HAZ GAS SYSTEM FAULT TRIP，即阀组间危险气体系统故障跳闸。经检查处理后，21：00 左右再次启动 3 号机组，21：40 并网，恢复运行。

二、事件经过

上午约 10 点，3 号机组启动，于 10：55 并网，启动 3000r/min 时 3 号火焰强度出现了下降，后又回升至正常。

12：13 热工专业在检查火焰探测信号期间，接运行通知阀组间危险气体浓度升高。随即将浓度升至 16%lel 左右的 lelha9b 信号强制为 0。

13：20 L4T=1，机组跳闸，跳闸首出为 LELHAF_TRP，即阀组间危险气体系统故障跳机，如图 1-1 所示。

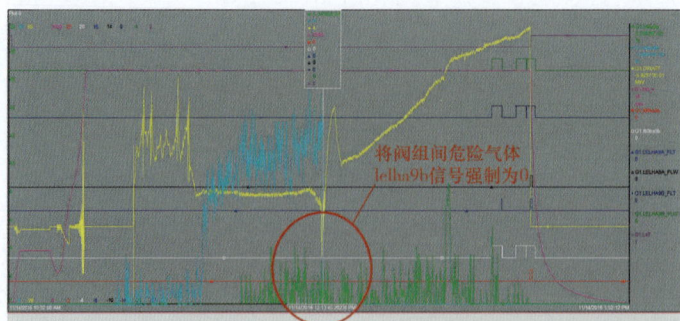

图 1-1　阀组间两个危险气体探头 lelha9a、lelha9b 分别出现不同程度的浓度信号升高

三、危险气体保护动作原理

（一）燃气轮机用危险气体探头分布情况

发电机端部布置有 3 个氢气探头，分别为 45HGT-IR-7A、45HGT-IR-7B、45HGT-IR-7C；阀组间布置有 2 个甲烷探头，分别为 45HT-IR-9A、45HT-IR-9B；罩壳间布置有 2 个甲烷探头，分别为 45HT-IR-1A、45HT-IR-1B。

（二）危险气体探头工作原理

现场采用的是 Honeywell XNX 型危险气体探头，该探头可通过磁铁开关配置或进行日常维护，不用打开观察盖，可在防爆区域内避免电子元器件短路产生火花。

催化燃烧型可燃气体检测报警器作为可燃气体检测仪器，其最大的特点就是它是截止到现在使用时间最长的可燃气体检测报警器。催化燃烧式可燃气体传感器根据催化燃烧效应的原理工作。检测电路一般选用惠斯通电桥，由检测元件和补偿元件配对组成电桥的一个臂，遇可燃性气体时检测元件敏感体表面发生无焰燃烧，敏感体温度升高，感温材料电阻增加，桥路输出电压变大。该电压变化量随气体浓度增加而成正比例增加，根据测定电桥输出信号的变化量大小就可以判定检测气体的浓度。

（三）危险气体探头保护动作原理

1. 启动前危险气体浓度高禁止启动 L45LEL_PRET

点火成功前，满足以下任一条件，机组因危险气体浓度高跳机：

（1）L4 投入 30s 后，9A、9B 任一探测值大于 10%，延时 5s。

（2）L4 投入 30s 后，1A、1B 任一探测值大于 7%，延时 5s。

（3）L4 投入 30s 后，7A、7B、7C 任一探测值大于 10%，且发电机气体压力达到启动允许值，延时 5s。

（4）上述探头及 45HGT-1、45HGT-2 任一个故障（失去流量，处于校验模式，探测值小于 -6.25%），延时 5s。

（5）45HH-1、45HL-2、45HL-3 任一个达到报警值。

2. 危险气体浓度高跳机 L45LEL_TRP

满足以下任一条件，机组因危险气体浓度高跳机：

（1）9A、9B 两个探头均持续 5s 探测到可燃气体浓度大于 11%。

（2）1A、1B 两个探头均持续 5s 探测到可燃气体浓度大于 17%。

（3）7A、7B、7C 三个探头有两个或两个以上持续 5s 探测到危险气体浓度大于 25% 且发电机气体压力达到启动允许值。

（4）1A、1B 任意一个故障且另一个探测值大于 17% 持续 5s。

（5）9A、9B 任意一个故障且另一个探测值大于 11% 持续 5s。

（6）7A、7B、7C 任意一个故障且有任意一个探测值大于 25% 持续 5s。

3. 危险气体系统故障停机 LELHF_SD

满足以下任意一个条件，危险气体系统故障停机：

（1）45HT-IR-1A、45HT-IR-1B 任意一个故障，同时任意一个浓度大于 7% 且发电机气体压力正常。

（2）45HT-IR-9A、45HT-IR-9B 任意一个故障，同时任意一个浓度大于 7% 且发电机气体压力正常。

（3）45HGT-IR-7A、45HGT-IR-7B、45HGT-IR-7C 任意一个故障，同时任意一个浓度大于 10% 且发电机气体压力正常。

注：浓度等于 –1.5625% 则处于校验模式，浓度等于 –6.25% 则处于故障模式。

四、异常处理经过

（1）热工专业通过查历史趋势，发现阀组间两个危险气体探头 lelha9a、lelha9b 分别出现不同程度的浓度升高，随即判断为存在天然气真实泄漏的可能性很大，并告知运行人员。热工人员将浓度升至 16%lel 左右的 lelha9b 信号强制为 0。运行人员测排空管处确有危险气体约 100ML/L（100ppm），进一步验证了天然气真实泄漏的判断。

（2）13：20 机组跳闸后，发现是 lelha9a 和 lelha9b 两个危险气体探头先后发出流量低信号 LELHA9A_FLW 和 LELHA9B_FLW，进而发出故障信号 LELHA9A_FLT 和 LELHA9B_FLT，延时 5s 后触发跳闸首出 LELHAF_TRP=1。

（3）热工人员立即对阀组间危险气体进行了详细检查，排查导致危险气体流量低的原因，发现该系统的射流压缩空气调压阀阀芯中有很多杂质（见图 1-2），推断这是射流不足导致危险气体取样系统采样流量低的原因之一。

图1-2　射流压缩空气调压阀阀芯

（4）3号机再次启动后，lelha9b危险气体浓度依然随负荷的升高而升高，但9a时有时无，发现9a流量开关的流量指示灯仅在动作指示灯边缘，对9a的取样管路系统进行检查。当对9a取样管过滤器（见图1-3）进行清理后，取样流量指示灯相对于动作值明显增高。但9a探头的浓度值则与9b探头相近，有接近6%的浓度。

（5）在机组运行时，再次对阀组间进行全面泄漏检查，最终发现为天然气流量控制阀GCV-4后的压力测点96FG-34处就地压力表接头漏天然气，关闭该测点隔离阀后，9a、9b天然气浓度降为0。

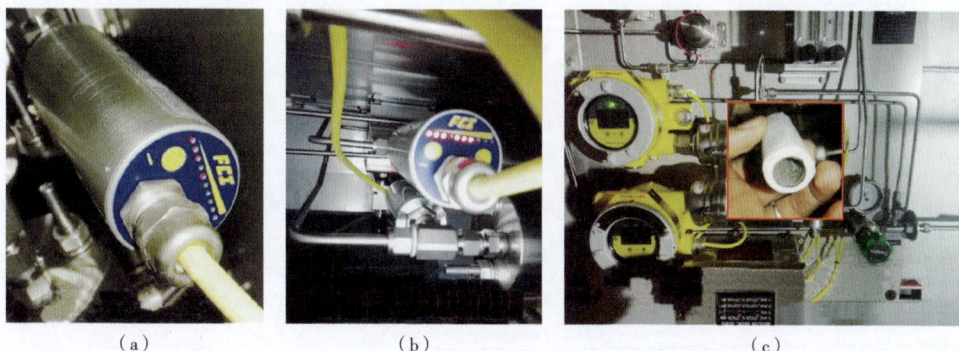

(a)　　　　　　　(b)　　　　　　　(c)

图1-3　清理前、后的危险气体流量指示器

（a）清理前压力灯指示；（b）清理后压力灯指示；（c）危险气体取样盘内取样管路第二道滤网内呈现黑色

五、原因分析

DLN2.6改造后的危险气体系统较之前有很大不同，改造工程期间取样系统管路不干净、未进行彻底清理，致使射流压缩空气调压阀阀芯堵塞，抽气吸力不足，造成取

样系统流量低。

新的危险气体取样管过滤器滤网塞目较细，且由于是抽取式取样，阀组间内检修作业残留的保温材料、灰尘杂质等经抽气取样，所以造成过滤器滤网堵塞。

改造后的探头涉及的保护模式与以往的大不一样，以前需要超过设定值才能触发报警或动作跳机，并不会因为探头故障而触发。现在的探头不光考虑了测量空间内的真实泄漏情况，还考虑了探头需要处于良好运行状态，避免因探头故障而不能及时制止事故发生的情况。故危险气体探头本身故障也将会是造成机组误动作的一大重要因素。

六、处理措施

在探头前增加一道过滤装置，将大颗粒杂质先过滤掉，以保证传到探头侧的流量能满足要求。

为了保障系统安全运行，经研究以往的危险气体探头使用经验，决定取消危险气体流量低信号跳机的逻辑。

将危险气体探头列入预防性维护项目，定期对其校验。

在危险气体探头流量计上做好两级标记（黄色为"注意"，红色为"重点关注"），日常巡检时观察流量浮子是否超过警戒线，以便能够及时处理。

七、结束语

新改造的系统需要加强学习新的知识，必要时可以多去调研已经投入使用的现场，了解存在的问题，以及如何优化。

由该次事件可以看出，工程质量把关不够严格，验收经验不足是引发该起跳机事件的又一个因素。取样管内的杂质长时间存在却未被发现，直到阀芯严重堵塞最后引发跳机才查找到。

另外一台机的改造已吸取相关经验，提前检查并处理掉风险隐患。为避免因探头故障影响机组安全运行，后将故障报警输出 3.0mA 修改为 3.5mA。

参考文献

［1］苏丽波 .18.5MW 燃气 – 蒸汽联合循环机组危险气体保护动作原因分析 [J]. 广东科技，2012（17）：89.

［2］杜莹莹 . 催化燃烧型可燃气体检测报警器的原理、安装及日常维护 [J]. 技术应用与研究，2017（5）：51.

案例② 4 号机更换 VCMI 通信卡造成机组跳闸分析

曾 鹤

一、机组运行情况

2013 年 3 月 15 日，220kV 横翠甲线、横翠乙线、4 号主变压器挂在 6m 运行；220kV 横门联线、3 号主变压器挂在 5m 运行；3、4 号机厂用电由各自本机供电。3、4 号机组正常运行。

20：18：19.667，4 号机组在 310MW 运行时，运行监控画面中部分数据丢失，MARK VI 发出"R PROCESSOR OFFLINE ALARM"报警，即"R 控制器离线报警"。

20：18：19.947，发出"<R>VCMI DIAGNOSTIC HEALTH TROUBLE"报警，即"R 控制器 VCMI 卡诊断出故障异常"。

二、事件经过

（1）热工人员检查发现 R 控制器 IO NET1 的 CD 灯为亮红色（指数据传输有冲突），R 控制器的其他卡件的 STATUS 灯全部显示橙色。且 R 控制器的 VCMI 卡件发出 45、49 号诊断报警。经排除模块电源故障、电缆松脱的原因，基本判定为 R 控制器的 VCMI 卡件故障，使得 R 控制器与 UDH 及 S、T 控制器之间的通信断开。汇报厂领导，紧急召开现场会议。决定将 4 号机组减负至 50MW，进行在线更换卡件，并做好更换过程跳闸的预想。

（2）22：46，降负荷的过程中运行人员发现负荷不受控制，经热工人员检查后发现：从 DCS 发出的联合循环负荷率 TNR1_DCS 为 R 控制器上的硬件点，当 R 的控制器离线后该数据变为 0，经最小选择门使得 TNR1_ST 不起作用，负荷不受控制。在热工人员将 TNR1_DCS 强制为大于 TNR1_ST 的值后，运行人员可以控制负荷。

（3）23：10，负荷降至 40MW。

（4）23：19，热工人员拔出 IO NET1 的同轴电缆（由"<X>VPRO DIAGNOSTIC ALARM"报警来推断该时间），数秒后拔出 IO NET2 的同轴电缆。

（5）23：21：12.411，在热工人员拨出 IO NET2 的同轴电缆后，发出 STOP/SPEED RATIO VALVE NOT TRACKING 报警，即"速比阀不跟踪"（当速比阀指令与反馈偏差绝对值大于 3% 时延时 3s 后发此报警）。

（6）23：21：12.451，同时发出 G1、G2、G3 GAS VALVE NOT FOLLOWING REF 报警，即"GCV1、2、3 三个燃料控制阀不跟随指令"（当任意燃料控制阀指令与反馈偏差绝对值大于 3% 并延时 3s 后发此报警）。

（7）23：21：19.492，G1、G2 GAS VALVE NOT FOLLOWING REF TRIP，即"GCV1、GCV2 燃料控制阀不跟随指令跳闸"（当任意燃料控制阀指令与反馈偏差绝对值大于 5% 并延时 10s 后跳闸），同时 L4T=1，机组跳闸。

（8）23：48，热工人员待机组惰走至零转速后，对 R 控制器断电，进行 VCMI 卡的更换、下装。

（9）00：25，机组启动正常。

三、MARK VI 控制系统网络结构

1. I/O 总线

IONET 是以 Ethernet 为基础的用于 MARK VI 控制柜内三个控制处理器、三个保护模块以及扩展模块间通信的三冗余网络。

IONET 使用的是 ADL（Asynchronous Drives Language，异步设备语言）对控制器数据进行表决。它是一种主/从式通信结构，VCMI 通信卡作为主站来挑选从站进行数据传输，使用 32 位 CRC 的误码校验技术，网络速率为 10Mbit/s，最多可支持 16 个节点，相邻两节点间当采用同轴电缆时最长可传输 185m，采用光缆则最长传输 2000m。IONET 结构图见图 2-1。

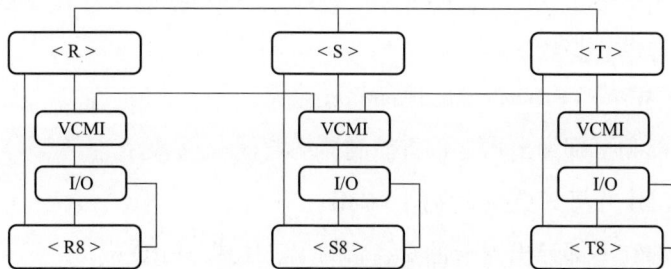

图 2-1　IONET 结构图

2. MARK VI 三冗余表决

Mark VI e 采用改进的 SIFT（软件执行容错）技术。SIFT 以投票方式在〈R〉、〈S〉、〈T〉控制处理器的 VCMI 卡间交换信息。以〈R〉控制器为例，它通过 VCMI 卡将数据送到〈S〉、〈T〉的 VCMI 卡上，同时也从其他两个控制器的 VCMI 卡上获取数据。VCMI 卡对各模拟量或开关量数据进行取中或表决，得到的结果可用于后续的控制计算。〈S〉、〈T〉亦然。当一个传感器失灵时，诊断系统将发出报警，与之相连的控制器将收到一个坏信号，各控制器在表决时将自动剔除该坏信号。因此，当不在同一个控制回路内的多个模拟量或开关量出现故障时，控制系统仍能正常运行而不会做出跳闸决定。对于一些更为关键的信号如燃料指令等，则需要专门的硬件（如伺服阀等）来实现表决功能。

MARK VI 的 I/O 系统，由于其 TRM 的特殊要求，采用一种专用的系统，控制器则采用 QNX 操作系统，这是一个适用于燃气轮机控制和保护等高速自动场合的实时系统。

三冗余示意图见图 2-2。

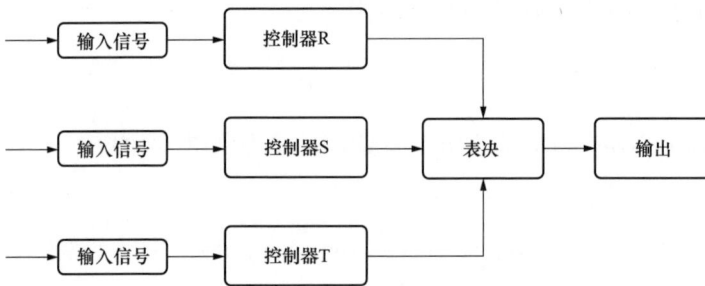

图 2-2　三冗余示意图

四、更换 VCMI 卡件操作步骤

（1）如果 VCMI 或 VPRO 出现故障，则应关闭机架电源，并从主板前部拔下 IONet 连接器，使网络通过 T 形接头运行。

（2）拧松 VCMI 或 VPRO 板上的顶部和底部螺钉。

（3）使用上部和下部弹出器卡舌将控制器从背板上脱离。

（4）卸下 VCMI 并将其更换为备用 VCMI。

（5）使用上部和下部弹出器卡舌安装新的 VCMI 或 VPRO 板。

（6）拧紧顶部和底部螺钉，将新的 VCMI 或 VPRO 固定到 VME 机架上。

（7）送上 VME 机架的电源。

（8）从 toolbox 的"大纲视图"中，在项目 Mark VI I/O 下，找到出现故障的机架。找到 VCMI（通常位于每个机架下方），然后右键单击 VCMI。

（9）从快捷菜单中，单击"下载"，数据将下载到新板。

（10）将电源重新连接到机架，与控制器建立通信。

五、GCV 控制阀保护动作原理

G1 控制阀故障 L86G1CVT、G2 控制阀故障 L86G2CVT。

（1）控制阀基准值与阀门反馈值的差的绝对值大于 5%，延时 5s。

（2）G1 振荡幅度（指令反馈偏差值与经三重 LAG 计算后值的差值）绝对值大于 3，且频繁在 2 以上和 -2 以下往复振荡，振荡与非振荡时间差累加至 25s。

六、原因分析

（1）直接原因。燃料控制阀 GCV1、GCV2 指令与反馈偏差绝对值大于 5% 并延时 10s 后，机组保护动作，触发跳闸。

（2）根本原因。在线更换 VCMI 卡需拔掉卡上的同轴电缆，在拔出 IO NET2 的插头时，发生燃料控制阀 GCV1、GCV2 指令与反馈偏差大的情况最终导致跳机。在拔出 IO NET1 时，系统三冗余判断，剔除掉拔出的 IO NET1 输出的信号；但在拔出 IO NET2 时，系统判断两个输出信号均出现指令与反馈偏差的情况。因此，出现了在拔出 IO NET2 时，机组自动跳闸的情况。

七、整改措施

（1）设备管理部门需要定期对 MARK VI 卡件进行清洁、检查，以延长设备的使用寿命。

（2）设备管理部门需要采购 VCMI 卡件，在机组 B 级检修时对燃气轮机、汽轮机 MARK VI 控制器的共 6 个 VCMI 卡件进行检查，并根据实际情况进行更换。

（3）热工专业需要加强与生产厂家沟通，咨询同类机组电厂，深入了解检查、维护 VCMI 卡件相关技术和卡板使用寿命。

（4）在出现 VCMI 卡件故障的情况下，运行人员需要做好机组跳闸的事故预想、应急处置等。

（5）为避免出现不可控因素，导致机组出现预料之外的情况，应适当考虑机组调峰时的空档，在机组停运时安排相应的技术检修。

八、结束语

热工人员第一次在线更换 VCMI 卡，虽在更换卡件前就有可能会发生跳闸的预想，但还需加深学习，了解原理结构。

对于检修较少、了解不够深入的设备，需要加强对设备的认识，多与生产厂家、同类电厂沟通，了解其特性，在检修时（特别是在线检修时）能够有一个清晰的认知，并能做好相应的应急处置措施。

该次事件是一次教训，同样也是一次宝贵的经验。随着机组运行时间的加长及机组设备老化的加剧，这样的故障会越来越多，相信在以后如出现类似的事件，我们的专业技术检修在处理上会有更好的方式和方法。

参考文献

祝兴林 .SIFT 技术在 MARKV 系统中的应用 [J]. 安徽电力，2002（2）：52-53.

案例③ 4号机组汽轮机高压主汽门 CV 阀无法打开事件分析与处理

宫立泽

一、引言

某公司二期4号机组为 S109FA 单轴联合循环机组，燃气轮机型号为 GE PG9351FA，汽轮机型号为 D10；高压主蒸汽调门 CV 阀为液压控制阀，包含伺服阀、卸荷阀、电磁阀等控制元件。

二、事件经过

2012 年 11 月 5 日 16：27，4号机组完成相关检修工作后开始启机。17：32 机组负荷为 41MW，汽轮机高压缸开始执行进气程序，控制系统发出 CV 阀开启指令，监控画面显示主汽门未能开启。指令最高至 9%，反馈显示依然为 0%，现场检查阀门也没有开启。运行人员通过降低机组负荷和主汽门前压力以减小主汽门前后差压的方式依然无法使阀门开启。热工人员敲打伺服阀也无法使阀门开启。

热工人员检查系统控制回路（包括逻辑、卡件、接线、电流、绕组等）和诊断报警均正常。运行人员经多次尝试无法开启 CV 阀。19：34 4号机组执行停机指令。20：15 机组转速惰走至零转速，运行人员开始执行 CV 阀调试的安措，对 CV 阀前压力进行完全卸压。20：20 热工人员对 CV 阀进行开启测试，阀门无法开启，初步判断伺服阀故障。运行人员执行更换伺服阀安措，停 EH 油泵并卸压。安措完成后，热工人员更换了型号为 MOOG MOD-743F003A 的伺服阀。20：44 EH 油系统恢复压力，热工人员挂闸测试 CV 阀开关调节正常。20：57 4号机组启动，21：35 机组负荷 39MW，汽轮机高压缸开始执行进气程序，CV 阀顺利按照系统指令开启。

三、事件原因分析

高压主汽调门 CV 阀结构如图 3-1 所示。

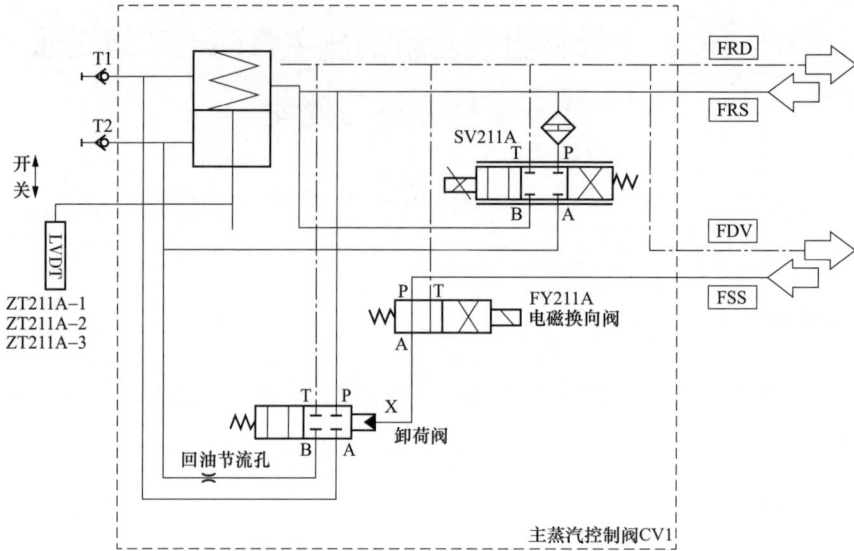

图 3-1　高压主汽调门 CV 阀结构

图 3-1 中 SV211A 为伺服阀，FY211A 为快关电磁阀。CV 阀的工作原理如下：FSS 为跳闸油供油，进入 CV 阀首先经过 FY211A 快关电磁阀，快关电磁阀在机组正常运行时不带电，基础状态如图 3-1 所示。FSS 从快关电磁阀进油孔 P 经过出油孔 A 流通，进入到卸荷阀控制油路 X 作为控制油，当 FSS 进入卸荷阀控制油路 X 时，卸荷阀状态如图 3-1 所示。油路 P→A、T→B 全都不通，液压油供油 FRS 通过伺服阀按指令控制进入阀门上下油缸，控制 CV 阀上下开关；当需要 CV 阀快关时，FY211A 为快关电磁阀带电，电磁阀状态改变，油路 P→A 不通，A→T 油路变通，卸荷阀的控制油通过泄油孔 T 返回至液压油回油 FRD，卸荷阀失去控制油后状态改变，油路 P→A、T→B 上下连通，液压油供油 FRS 通过油路 P→A 进入阀门上油缸，下油缸内的液压油通过油路 B→T 返回至液压油回油 FRD，阀门在液压油和弹簧的双重作用力下快关。

常见电液伺服阀的结构及工作原理如图 3-2 所示。

伺服阀主要包括以下组件：磁铁、衔铁、磁极片、线圈、挡板、喷嘴、反馈杆（既弹簧片）、滑阀、滤网。电液转化器（伺服阀）是由一个力矩电动机、两级液压放大和机械反馈系统等组成的。力矩电动机是由一个两侧绕有线圈的永久磁铁组成的。当伺服放大器输出的电流改变时，电液伺服阀内力矩电动机的衔铁线圈中有电流通过，产生一磁场，在其两侧磁铁的作用下，产生一旋转力矩，使衔铁旋转并带动与之相连的挡板转动。

案例3 4号机组汽轮机高压主汽门 CV 阀无法打开事件分析与处理

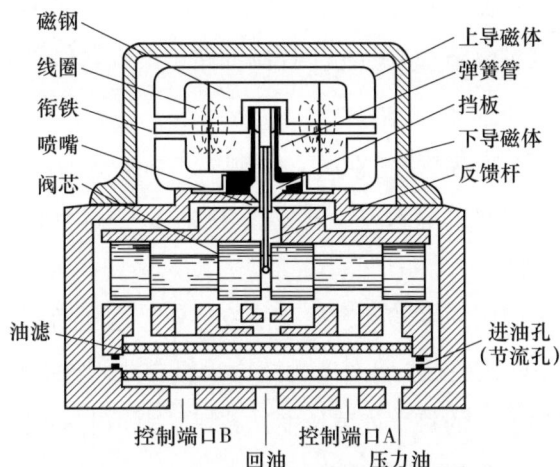

图 3-2 电液伺服阀的结构及工作原理

伺服阀的工作原理如下：

（1）汽阀开启过程。控制器发出阀位开启指令，通过电磁作用，将挡板转动，挡板移近左边喷嘴时，该喷嘴的泄油面积减小，使流量减小，喷嘴前的油压升高；与此同时右边喷嘴与挡板的距离增大，流量增加，喷嘴前的油压降低。由于挡板两侧喷嘴前的油压与下部滑阀的端部油室是相通的，当两只喷嘴前的油压不相等时，则滑阀两端的油压也不相等，差压导致滑阀向右边移动，使滑阀凸肩所控制的油口开大，压力油通过与油动机活塞下部相连的油孔，控制通往油动机活塞下腔的高压油，使油动机活塞上升，开大汽阀。

（2）汽阀关闭过程。控制器发出阀位关闭指令，通过电磁作用，将挡板转动，挡板移近右边喷嘴时，该喷嘴的泄油面积减小，使流量减小，喷嘴前的油压升高；与此同时右边喷嘴与挡板的距离增大，流量增加，喷嘴前的油压降低。由于挡板两侧喷嘴前的油压与下部滑阀的端部油室是相通的，所以当两只喷嘴前的油压不相等时，滑阀两端的油压也不相等，差压导致滑阀向左边移动，使滑阀凸肩所控制的油口开大，油动机下腔油泄掉进入有压回油中，使油动机活塞下降，关小汽阀开度。

伺服阀的常见故障分析如下：

（1）伺服阀的入口压力不足。因为伺服阀是以电控方式实现对流量的节流控制的，必然有能量损失，所以它需要一定的流量来维持前置级控制油路的工作。而前置先导阀的压力则来自于伺服阀的入口 P，假如 P 口的压力不足，前置先导阀就不能输出足够的压力来推动主阀芯动作。维护人员通过系统中的人机接口 HMI 的终端可看到阀芯的位置反馈值（以百分数表示），它反映了阀芯的偏离程度。此时，阀芯的位置可能没有变化或波动较大。这种故障一般是由于控制油路中的锁紧阀没有打开或溢流阀芯没正常回位所致。

（2）伺服阀的 ±15V 电源故障。此时，控制放大器不能工作，无法调整阀芯位置，其反馈值将迅速增大（以百分数表示，可达 ±100%）。当没有负载时，阀芯已严重偏离中间位置，处于漂移状态。

（3）伺服系统的伺服阀的零部件磨损及油液污染。这包括阀芯、喷嘴等被磨损或污染造成控制灵敏度下降或失控。此外，力矩电动机导磁体与衔铁缝隙中有污染物时，相当于减小了衔铁在中位时的每个气隙长度，破坏了力矩电动机原有的静态特性，这种情况容易给维护人员造成判断上的困难。

四、危害分析及处理措施

该次事件发生在机组启动过程中，CV 阀伺服阀故障导致 CV 阀无法正常开启，汽轮机进汽失败，机组无法正常启动。伺服阀故障轻则会导致液压调门无法动作，重则导致机组运行中调门失去控制，参数超限，严重危及机组安全运行。

4 号机组 CV 伺服阀当年度已出现两次故障，且 GCV-1（燃料控制阀）和 SRV（速比阀）伺服阀也各出现一次故障。频繁故障暴露出伺服阀产品质量或安装环节存在一定问题。

防范措施和改进计划如下：

（1）加强对伺服阀采购厂家的严格审核，要求提供伺服阀出厂试验合格报告、具体参数说明，对到厂的设备进行严格验收。

（2）加强伺服阀安装、更换的操作培训，严格按照国家标准更换、存放，避免飞尘等杂物进入伺服阀内部。

（3）加强对 EH 油的油质检测，及时滤油，保证油质合格。

（4）按照机组运行规程定期进行阀门试验，检查伺服阀。

案例④　4号机再热器入口蒸汽温度高引起机组全速空载事件分析与处理

宫立泽

一、引言

2013年8月16日，某电厂发生一起机组余热锅炉再热器入口蒸汽温度高引起机组全速空载事件。该厂4号机锅炉再热冷段进口蒸汽温度正常工况在360℃左右，设有两个热电偶温度测点，如图4-1所示，同时余热锅炉主保护设置再热冷段进口蒸汽温度（两温度测点取平均值）大于420、430℃延时5s触发机组全速空载，联跳52G并网开关控制逻辑。

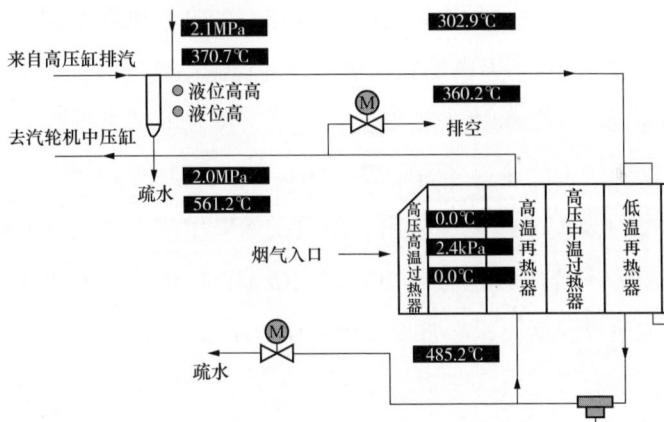

图4-1　锅炉再热冷段进口蒸汽温度测量

二、事件经过

2013年8月16日，某电厂4号机组AGC、一次调频正常投入，带负荷300MW。12：57，4号机DCS全速空载动作，负荷由300MW甩至0，首出报警：再热器入口温度高。13：37经检查处理后，4号机组重新并网恢复运行。机组甩负荷后，运行人员立即调整机组参数，维持机组全速空载运行，通知热工检查处理。查数据记录，12：36：19，4号机再热器入口蒸汽温度（性能试验用）测点开始出现异常，测量显示值瞬时达到 385℃，超过报警高 I 设定值 377℃，首次触发 DCS 重要光字牌"再热器蒸汽温度异常"声光报警。后分别于 12∶37、12∶45、12∶52 等时间段出现再热器入口蒸汽温度（性能试验用）测量显示值瞬时超过报警高 II 设定值 392℃，并触发 DCS 重要光字牌"再热器入口蒸汽温度异常"声音报警。

12∶56∶58，再热器入口蒸汽温度（性能试验用）测量显示值瞬时达到 558℃，与测点 2 的温度测量平均值超过设定值 430℃，延时 5s 后 4 号机组全速空载。

三、事件原因分析

组织相关专业对现场进行检查，发现再热器入口蒸汽温度（性能试验用）测点元件安装管道现场没有任何异常现象，接线牢固且未受到强降雨影响。就地测量元件温度与 DCS 系统显示值差值很大，就地测量 350℃与实际温度基本一致，远方 DCS 显示值为 400℃。对控制电缆测量绝缘电阻，屏蔽层对地绝缘仅为 2.7Ω，严重不合格。逐一排查，最终发现锅炉至机房的连接处有 10m 左右的高空电缆桥架露天且盖板有多处破损，电缆桥架上有 380V 动力电缆和锅炉测量的控制电缆混放。经分析当时正值急风暴雨，短时降雨量极大，引起电缆桥架大量进水，控制电缆有破损浸水导致屏蔽层绝缘下降，电缆间的绝缘下降使得动力电缆强电极易影响到控制电缆。

再热器入口蒸汽温度（性能试验用）测量元件采用热电偶测量元件，正常是毫伏值，由于屏蔽层绝缘不合格，现场与 DCS 多点接地，因而产生共模干扰电势，受到强电干扰，最终影响该点温度测量异常导致机组保护误动作机组全速空载。

四、危害分析与处理措施

（1）基建时验收与过程监护不够完善，留下的电缆布置摆放缺陷没有得到彻底解决，动力电缆与控制电缆混放在同一桥架，不满足 GB 50217—2018《电力工程电缆设计标准》相关规定：当同一通道内电缆数量较多时，若在同一侧的多层支架上敷设，宜按电压等级由高到低的电力电缆、强电至弱点的信号和控制电缆、通信电缆自上而下的顺序排列。

（2）设备责任划分不完善，电缆桥架没有明确的管理专业，桥架的日常管理与维护缺乏，桥架盖板缺损后没有及时被发现并进行修复。

案例4　4号机再热器入口蒸汽温度高引起机组全速空载事件分析与处理

（3）再热器入口蒸汽温度高保护设计不合理。该蒸汽温度测点为两个，且采用二选平均后参与主保护的控制方式，根据《防止电力生产事故的二十五项重点要求》中关于防止热工保护失灵的措施规定：所有重要的主、辅机保护都应采用"三取二"的逻辑判断方式，保护信号应遵循从取样点到输入模块全程相对独立的原则，确因系统原因测点数量不够，应有防保护误动措施。

防范改进措施如下：

（1）热工专业梳理所有采用两点温度求平均值参与的保护逻辑，将逻辑修改为采用3选2或3选中设计。

（2）设备管理部门负责明确电缆桥架管理分工，并按职责分工细则进行管理。

（3）设备管理部门负责整理修编DCS逻辑清册和MARK6跳闸清册，出一份正式版本，经审核后正式公布。相关人员特别是运行人员要组织进行学习，并将逻辑内容列入季度技术考试。

（4）由热工专业负责，依据重要程度对报警信号进行分级，最好能以颜色直观区分报警信号重要程度。若由于设备原因无法做到，则由热工专业与运行共同商议对报警信号进行分区，便于运行人员及时对重要报警信号做出判断并及时通知专业处理故障。

（5）机组锅炉至机房的连接处有10m左右的高空电缆桥架破损严重，设备相关部门要尽快安排修复；举一反三，还应对露天电缆桥架以及电缆沟电缆进行一次全面检查和整改。

（6）由设备管理部门牵头，组织热工专业组和电气专业组讨论并组织电缆抗干扰专业分析会，提出抗干扰可行性改进措施。

五、结论和建议

最后，关于控制电缆投入运行后，同一电缆的不同线芯之间或者紧邻平行敷设的电缆之间都存在电气干扰的问题，分析引起电气干扰的原因主要有以下两点：

（1）由于外施电压在线芯间电容耦合的作用下产生的静电干扰。

（2）由于通电电流产生的电磁感应干扰。总的来讲，当邻近存在高电压、大电流干扰源时，电气干扰更严重，由于同一电缆的线芯之间的距离较小，其干扰程度也远大于平行敷设的紧邻电缆。

防止或减轻电气干扰的措施，主要有以下几个方面建议：

（1）控制电缆的一个备用芯接地。控制电缆中一个备用芯接地时，干扰电压的幅值约可降低到 25%～50%，且实施简便，而对电缆的造价增加甚微。

（2）金属屏蔽与屏蔽层接地。金属屏蔽是减弱和防止电气干扰的重要措施，包括对线芯的总屏蔽、分屏蔽和双层式总屏蔽等。控制电缆金属屏蔽型式的选择，应按可能产生的电气干扰影响的强弱，计入综合抑制干扰的措施，以满足降低干扰和过电压的要求。对防干扰效果的要求越高，则相应的投资也越大，当采用钢带铠装、钢丝编织总屏蔽时，电缆的价格约增加 10%～20%。强电回路中的控制干扰，由于其本身的信号较强，所以除了位于超高压配电装置或与高压电缆紧邻平行较长外，均可选用不带金属屏蔽的控制电缆。弱电信号控制回路使用的控制电缆，当位于存在干扰影响的环境，又不具备有效的抗干扰措施时，宜选用带金属屏蔽的控制电缆，以防止电气干扰会对低电平信号回路产生误动作或使绝缘击穿等影响。弱电回路的控制电缆如果能与电力电缆拉开足够的距离，或敷设在钢管中，则可能会使外部的电气干扰降低到允许的限度。

对计算机监测系统信号回路的控制电缆，其屏蔽型式选择的原则如下：

（1）开关量信号，可用总屏蔽。

（2）高电平模拟信号，宜用对线芯的总屏蔽，必要时也可用对线芯的分屏蔽。

（3）低电平模拟信号或脉冲量信号，宜用对线芯的分屏蔽，必要时也可用含对线芯分屏蔽的复合总屏蔽。

关于屏蔽层的接地方式，应注意做到以下几点：

（1）计算机监控系统的模拟信号回路的控制电缆屏蔽层，应用集中式一点接地。其原因基于保证计算机监控系统正常工作的要求，因为即使仅 1V 左右的干扰电压，也可能引起逻辑判断的谬误，而集中一点接地可避免出现接地环流。

（2）除计算机监控系统的控制电缆屏蔽层只允许集中一点接地的情况外，其他的控制电缆屏蔽层，当电磁感应干扰较大时，宜采用两点接地；而静电感应的干扰较大时，则采用一点接地。

（3）双重屏蔽或复合总屏蔽的内屏蔽层宜用一点接地，而外屏蔽层可以两点接地。

（4）选择两点接地时还应考虑在暂态电流的作用下，屏蔽层不会被烧毁。

关于仪表控制电缆屏蔽层接地原则建议如下：

（1）采用双层总屏蔽的控制电缆。敷设到位后需测量两个总屏蔽层间的绝缘电阻，应符合要求。外层总屏蔽在电缆两端接地，用于防雷电等强干扰，接相应区域的防雷接地端子。内总屏蔽层用于信号抗干扰接地，采用单端接地方式，接到仪表控制室侧。

（2）采用单层总屏蔽的电缆。屏蔽层单端接地，接到仪表控制室侧。

（3）分对屏蔽电缆屏蔽接地。单端接地，接到仪表控制室侧。

（4）当存在仪表和电气联络信号时，将电气配电间视为装置现场。

（5）要求保证电缆桥架、穿线管、仪表外壳接地良好。

（6）采用单端接地时，非接地端屏蔽层需剪断，所用信号剥线长度在满足使用要求时尽可能短。

（7）安装后剥线部位必须在设备内，不得将无屏蔽部位安装于设备外以保证屏蔽效果。

案例5 9FA 燃气轮机排气分散度异常分析与处理

李爱玲

一、设备概况

某公司 2 套机组同属 GE 公司生产的 S109FA 燃气－蒸汽联合循环机组，一套 S109FA 机组由一台燃气轮机、一台汽轮机、一台余热锅炉、一台发电机同轴布置组成。余热锅炉是引进东方日立公司技术生产的三压、一次中间再热、卧式、无补燃、自然循环余热锅炉。高、中、低压三个汽包前都有省煤器模块，汽包下都有蒸发器模块，汽包出口都有过热器模块。汽轮机高压缸排汽和中压过热器出口的蒸汽混合经再热器加热后到中压缸做功，高压过热器通过一级减温水减温来保证主蒸汽温度不超限，再热蒸汽由一级减温水控制再热蒸汽温度在规定范围内。低压过热蒸汽可并入连通管和中压缸混合进入低压缸做功。低压省煤器有再循环泵提高低压省煤器入口水温，防止产生烟气低温腐蚀。

二、S109FA 型机组排气分散度异常事件

该厂机组为调峰机组，昼启夜停的运行方式越发频繁，对机组启停成功率的要求更高，却频繁发生排气分散度异常导致机组跳闸的事件。

某天某燃气－蒸汽联合循环发电机组 12∶27 启动，12∶40 热工人员接通知 14 号排气温度热电偶信号异常，因尚未点火，决定进入排气扩压段内检查热电偶；12∶43∶11，机组点火成功；12∶43∶49，机组转速为 444r/min，经简单检查处理后，14 号排气温度热电偶信号恢复正常；13∶03∶25，机组转速为 3000r/min，14 号排气温度热电偶为 516℃，开始出现与平均值的下降偏离；13∶05∶12，机组发出报警 SPREAD 1 HIGH HIGH，14 号排气温度热电偶分散度超过运行分散度，此后反复出现报警和自复位；13∶17∶38，机组并网成功；13∶35∶21，强制 14 号排气温度热电偶信号，开始进行热电偶信号线并接处理工作，与 11 号排气温度热电偶并接；13∶45∶57，机组发出 Flame Detector Channel #4，4 号火检信号丢失；13∶46∶00，

机组负荷为 8.3MW，发出报警 COMBUSTION SPREAD TROUBLE WITH ACTIONABLE SPREAD CONDITION，即分散度大的燃烧故障；13：46：06，机组负荷为 8.3MW，发出报警 HIGH EXHAUST TEMPERATURE SPREAD TRIP，机组跳闸。

三、排气分散度异常原因分析

（一）该事件排气分散度异常原因分析

机组启动到跳机过程趋势见图 5-1，燃气轮机跳闸趋势图见图 5-2。

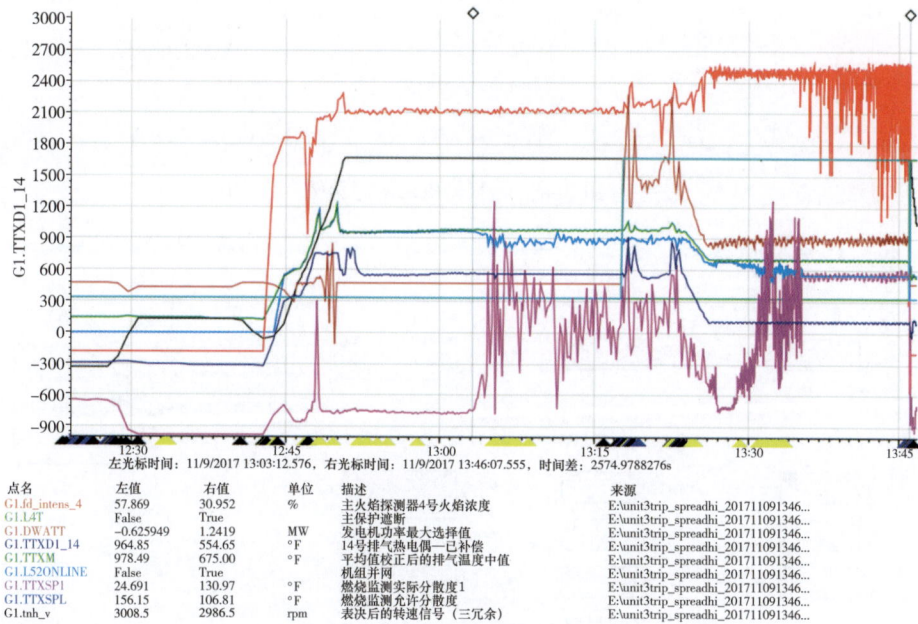

图 5-1 机组启动到跳机过程趋势

根据 Mark VIe 的逻辑设定，当任一火检信号丢失（低于 20%）的 30s 内，1 号排气温度分散度大大信号发出则触发 L26SP1H_NF（spread1 actionable with loss of flame in can），同时闭锁火检逻辑判断回路，1 号分散度大信号消失闭锁才能解除（逻辑回路见图 5-3）。该信号触发后延时 3s 发出报警 COMBUSTION SPREAD TROUBLE WITH ACTIONABLE SPREAD CONDITION，再延时 6s 触发 L73GSP1Z（combustion trouble triping-after step to spinning reserve），该信号触发分散度大跳机信号 L30SPT（high exhaust temperature spread trip）。

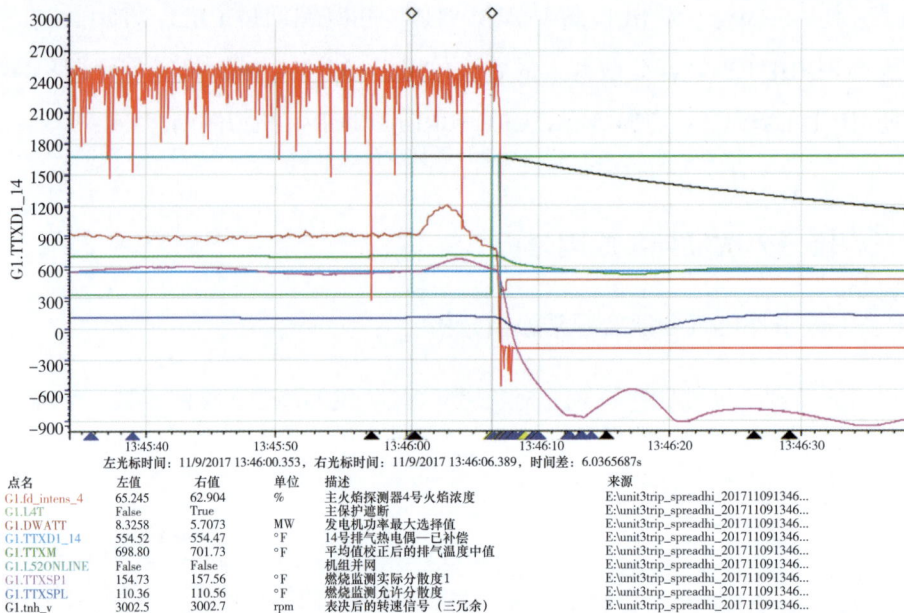

点名	左值	右值	单位	描述	来源
G1.fd_intens_4	65.245	62.904	%	主火焰探测器4号火焰浓度	E:\unit3trip_spreadhi_201711091346...
G1.L4T	False	True		主保护遮断	E:\unit3trip_spreadhi_201711091346...
G1.DWATT	8.3258	5.7073	MW	发电机功率最大选择值	E:\unit3trip_spreadhi_201711091346...
G1.TTXD1_14	554.52	554.47	°F	14号排气热电偶一已补偿	E:\unit3trip_spreadhi_201711091346...
G1.TTXM	698.80	701.73	°F	平均值校正后的排气温度中值	E:\unit3trip_spreadhi_201711091346...
G1.L1520NLINE	False	False		机组并网	E:\unit3trip_spreadhi_201711091346...
G1.TTXSP1	154.73	157.56	°F	燃烧监测实际分散度1	E:\unit3trip_spreadhi_201711091346...
G1.TTXSPL	110.36	110.56	°F	燃烧监测允许分散度	E:\unit3trip_spreadhi_201711091346...
G1.tnh_v	3002.5	3002.7	rpm	表决后的转速信号（三冗余）	E:\unit3trip_spreadhi_201711091346...

图 5-2　燃气轮机跳闸趋势图

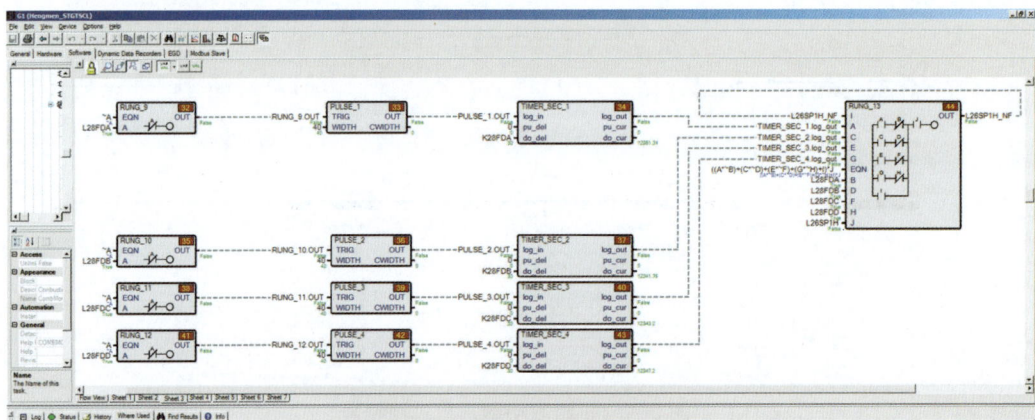

图 5-3　L26SP1H_NF 逻辑回路

在跳机事件发生时，由于排气温度热电偶出现信号故障，导致1号排气温度分散度达到69.4℃，大于当时的允许分散度43℃，触发了1号排气温度分散度大大报警。同时，由于4号火检信号出现了波动，触发了4号火检丢失信号，两个因素共同作用，导致了机组分散度保护跳机条件动作。停机后检查，发现14号排气温度热电偶就地接线端子出现了脱焊的情况（见图5-4），应是由于机组运行时排气烟道壳体的长期振动引起的接线从焊点脱离。从历史记录来看，4号火检信号在并网后出现了较大程度的波动情况，对火检探头拆下检查并未发现明显异常。

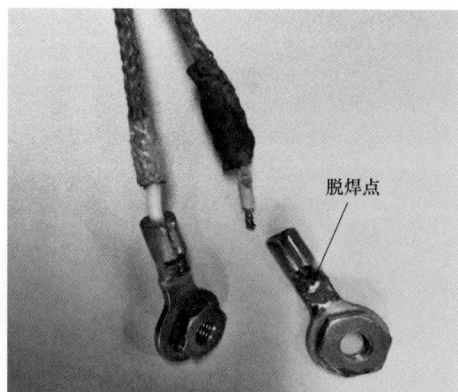

图 5-4　排气温度热电偶的接头脱焊情况

（二）分散度及排气温度故障保护解析

分散度保护逻辑庞大而复杂，其判据信号定义列表见表 5-1。

表 5-1　　　　　　　　　　分散度保护判据信号定义

序号	分散度	判据
1	分散度 1 号	排气温度次高值 – 排气温度最低值
2	分散度 2 号	排气温度次高值 – 排气温度第 2 低值
3	分散度 3 号	排气温度次高值 – 排气温度第 3 低值
4	分散度 4 号	排气温度次高值 – 排气温度第 4 低值
5	分散度 1 号高高	分散度 1 号 > 允许分散度 ×1
6	分散度 2 号高高	分散度 2 号 > 允许分散度 ×0.8
7	分散度 3 号高高	分散度 4 号 > 允许分散度 ×1
8	分散度 1L	分散度 1 号 > 允许分散度 ×0.9
9	分散度 2A	分散度 2 号 > 允许分散度 ×0.85
10	分散度 2B	分散度 2 号 > 允许分散度 ×0.9
11	分散度 3L	分散度 3 号 > 允许分散度 ×0.85

而分散度信号所参与的逻辑有分散度大跳机、分散度大减负荷、带传感器故障的燃烧故障跳机、快速减负荷、温度测点故障自动停机（熄火）、温度测点故障自动停机至旋转备用负荷，分别机组转速大于额定负荷 95% 并延时 30s 起作用。

1. 分散度大跳机

（1）允许条件满足且达到分散度 1 号高高且分散度 2 号高高且相邻→跳机。

（2）允许条件满足且达到分散度 3 号高高→跳机。

（3）允许条件满足且达到分散度 1 号高高且任意一个火检熄火 30s →跳机。

（4）允许条件满足且达到分散度 4 号→报警。

2. 分散度大减负荷

（1）允许条件满足且达到 1L 且 2A 且相邻→并网前跳机，并网后机组减负荷，若减负荷至故障报警消失自动复位。

（2）允许条件满足且达到 2B 且 3L 且相邻→并网前跳机，并网后机组减负荷，若减负荷至故障报警消失自动复位。

3. 带传感器故障的燃烧故障跳机

（1）允许条件满足且达到分散度 1 号高高且分散度 2 号高高且两者中间有个温度测点坏点延时 3s →延时 30s 跳机。

（2）允许条件满足且达到分散度 1 号高高且两旁任意一旁有 2 个相邻温度测点坏点延时 3s →延时 30s 跳机。

（3）允许条件满足且达到分散度 2 号高高且两旁任意一旁有 2 个相邻温度测点坏点延时 3s →延时 30s 跳机。

（4）允许条件满足且达到分散度 1 号高高且两旁各有 1 个相邻温度测点坏点延时 3s →延时 30s 跳机。

（5）允许条件满足且达到分散度 2 号高高且两旁各有 1 个相邻温度测点坏点延时 3s →延时 30s 跳机。

4. 快速减负荷

（1）允许条件满足且达到分散度 1 号高高且故障热电偶相邻→快速减负荷（速率为 0.022%TNR/s）。

（2）允许条件满足且达到分散度 2 号高高且故障热电偶相邻→快速减负荷（速率为 0.022%TNR/s）。

5. 温度测点故障跳机

（1）任一个控制器里所有温度测点故障（10 个或 11 个）且转速小于 50%TNH 且控制方式不在 "OFF" "CRANK" "COOLDOWN" 下→跳机。

（2）故障温度测点数大于等于 16 个且控制方式不在 "OFF" "CRANK" "COOLDOWN"

下→跳机。

6. 温度测点故障自动停机（熄火）

（1）允许条件满足且达到最低温度测点故障且最高温度测点故障且有温度测点故障与最高或最低温度测点相邻→自动停机。

（2）允许条件满足且达到第 2 低温度测点故障且有温度测点故障与第 2 低温度测点相邻→自动停机。

（3）允许条件满足且达到最低温度测点故障且任一个控制器里所有温度测点故障→自动停机。

（4）允许条件满足且达到最高温度测点故障且任一个控制器里所有温度测点故障→自动停机。

7. 温度测点故障自动停机至旋转备用负荷

（1）允许条件满足且达到两个最高温度测点相邻且第 2 高温度测点故障→自动停机至旋转备用负荷。

（2）允许条件满足且达到第 1 高温度测点故障且第 2 低温度测点故障且任意 3 个相邻温度测点故障→自动停机至旋转备用负荷。

（3）允许条件满足且达到第 3 低温度测点故障且任意 3 个相邻温度测点故障→自动停机至旋转备用负荷。

四、应对措施探讨

当发生排气分散度大异常事件时，要首先排除排气热电偶故障所引起的异常，也是相对容易的排查及处理方向。如果排除了测点问题，则考虑是燃烧系统故障，其危害及处理难度就非常大。

（一）排气温度热电偶测量元件故障的应对措施

1. 定期对排气温度热电偶磨损情况进行检查

要在机组停机时或检修期间，定期对所有排气热电偶进行检查，一方面是紧固接线部分，另一方面是要对已排气热电偶的磨损进行评估。

2. 机组运行中处理排气温度热电偶故障时充分评估风险

运行中不具备现场处理的工作条件，故普遍的做法均是强制信号后在 Mark VI 控制机柜侧将故障热电偶信号与不相邻的正常信号间进行并接，待机组停机后再彻底处理。而在案例一中，机组启动过程中各种工艺参数变化较快，机组运行中处理排气温度热电偶故障时，未考虑到在此假的分散度高期间，竟会同时出现火检信号消失这一触发条件，导致形成该跳闸保护判据，相关应对措施不够周全。改造后的 Mark VIe 接线端子板接线端子太过紧密，操作困难，造成信号强制和并接处理时间变长，保护误动拒动的风险增大。

3. 对于磨损严重的排气温度热电偶及补偿导线进行换型改造

GE 机组的排气热电偶是进口元件，但由于处于高温振动等恶劣工作环境，在运行中发生故障的情况在多家发电厂同类型机组中时有发生。所以不能固化于普遍的并接做法，而要想办法从根本上解决热电偶故障率高发的问题，采取有效措施，提高排气温度信号测量的可靠性。

（二）燃烧系统故障的应对措施

随着经济发展，天然气需求量在不断增加，国内外大部分燃气轮机电厂都面临气源复杂、天然气组分或热值波动过大的情况。国内外一些 9FA 燃气轮机电厂均发生过因燃烧动态性能不稳定造成燃烧部件损坏的事故，见图 5-5 和图 5-6。

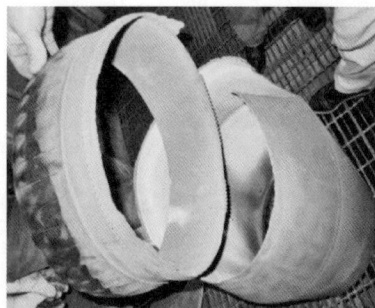

图 5-5　某电厂 9FA 机组燃烧部件　　　　图 5-6　某电厂 9FA 机组燃烧部件过渡段损坏情况
　　　　火焰筒损坏情况

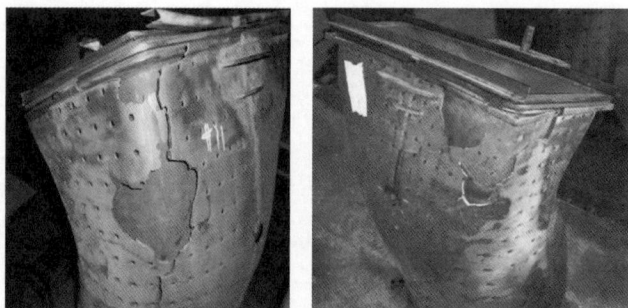

从分析和研究看燃烧部件损坏的直接原因为：①空燃比过低熄火（LBO）；②燃烧室压力脉动过高。案例二中，机组跳闸后，收集数据资料分析认为造成跳机的原因可能是燃烧贫油熄火或燃烧器硬件设备损坏导致。对压气机进行水洗，降低燃气轮机缸体温度，尽快满足机组检查条件；进行燃烧器检查，打开燃兼压缸顶部人孔门进入缸内，经仔细检查过渡段本体外侧、固定螺栓、羊角架、密封插片等未见异常；同时重

点孔探对应排气温度负偏差较大的 3~6 号燃烧器火焰筒和过渡段内部亦未发现异常。排除了燃烧器硬件损坏的可能性。

五、结论

综上所述，在不断深化改革电力现货交易的情况下，对于燃气轮机发电机组运行的可靠性提出了更为严格的要求，燃气轮机发电机组快速高效响应故障成为各大发电企业必须解决的重要问题。本文中所述的几项应对措施，是经过实际运行经验验证的有效方法，供同类型燃气轮机发电企业借鉴。

参考文献

［1］潘志明，乐增孟，李爱玲，等.燃气轮机天然气组分变化应对措施研究与探讨.南京燃气轮机研究所燃气轮机技术，2020.

［2］中国华电集团公司.大型燃气 - 蒸汽联合循环发电技术丛书：设备及系统分册 [M].北京：中国电力出版社，2009.

案例⑥ 9FA 燃气轮机燃烧不稳定异常分析与处理

李爱玲

一、设备概况

某公司 2 套机组同属 GE 公司生产的 S109FA 燃气－蒸汽联合循环机组，一套 S109FA 机组由一台燃气轮机、一台汽轮机、一台余热锅炉、一台发电机同轴布置组成。余热锅炉是引进东方日立公司技术生产的三压、一次中间再热、卧式、无补燃、自然循环余热锅炉。高、中、低压三个汽包前都有省煤器模块，汽包下都有蒸发器模块，汽包出口都有过热器模块。汽轮机高压缸排汽和中压过热器出口的蒸汽混合经再热器加热后到中压缸做功，高压过热器通过一级减温水减温来保证主蒸汽温度不超限，再热蒸汽由一级减温水控制再热蒸汽温度在规定范围内。低压过热蒸汽可并入连通管和中压缸混合进入低压缸做功。低压省煤器有再循环泵提高低压省煤器入口水温，防止产生烟气低温腐蚀。

二、S109FA 型燃气轮机燃烧不稳定异常事件

随着国家石油天然气管网运营机制改革的进一步加深，"全省油气管线一张网"的逐步规划建设，不同品质、不同来源的天然气汇聚，可能会造成天然气组分变化，华白指数超出燃气轮机设计允许范围，从而对燃气轮机安全运行产生影响。公司两套 S109FA 燃气－蒸汽联合循环机组先后进行了燃烧系统从 DLN2.0 到 DLN2.6+ 的改造。改造后燃料热值变化适应范围从 ±5% 提升为 ±10%，排放指标也有所改善，50% 负荷时 NO_x 的排放浓度可达到 $20mg/m^3$ 以下。但燃烧稳定性方面曾一度发生异常事件。

某天某公司燃气－蒸汽联合循环发电机组得中调令允许启动。6：18 机组具备启动条件后发启动令，26min 后机组同期并网，并网后投入温度匹配负荷，高压进汽条件满足，高压缸开始进汽。9：03 机组负荷为 66MW，IGV 关回到 41.5°，退出温度匹配，投入预选负荷，开始加负荷。09：06 负荷为 90MW，燃烧模式由 6.2 切

换到 6.3 模式。09：07 机组负荷为 99MW 时 MARK VIe 控制系统发出"SPREAD 2 HIGH HIGH""COMBUSTION TROUBLE""SPREAD 1 HIGH HIGH""COMBUTION SPREAD TRROUBLE WITH ACTIONABLE SPREAD CONDITION""EXHAUST SPREAD FAULT-STEP TO SPINNING RESERVE""GAS TURBINE LOAD RUNBACK"，排气分散度故障（机组甩负荷），机组全速空载，机组负荷从 100MW 快减至 10MW。09：07：35 MARK Vie 发出 GENERATOR BREAKER TRIPPED 报警，机组跳闸，发电机断路器跳闸。

事件记录和机组跳机历史趋势见图 6-1 ~ 图 6-3。

A	B	G	H	P	X
2020-09-03T09:07:32.920	2020-09-03T09:07:32.933	G2.L70LX3	G2.L70LX3	Shutdown Lower Runback	TRUE
2020-09-03T09:07:32.880	2020-09-03T09:07:32.892	G2.L70L_RB	G2.L70L_RB	High Steam Temp - Load Runback Required	TRUE
2020-09-03T09:07:32.880	2020-09-03T09:07:32.892	G2.LRUNBACK_ST	G2.LRUNBACK_ST	Runback command from steam turbine	TRUE
2020-09-03T09:07:32.880	2020-09-03T09:07:32.892	G2.LRB_ALM	G2.LRB_ALM	GAS TURBINE LOAD RUNBACK	TRUE
2020-09-03T09:07:32.857	2020-09-03T09:07:36.985	G2.lst_flo	G2.lst_flo	Steam Turbine at Cooling Steam Flow [PDIO 45Contact00]	
2020-09-03T09:07:32.857	2020-09-03T09:07:36.732	G2.lrunback1	G2.lrunback1	ST Request for GT Runback [PDIO-43Contact01]	
2020-09-03T09:07:32.857	2020-09-03T09:07:37.492	G2.lrunback3	G2.lrunback3	ST Request for GT Runback [PDIO-51Contact13]	
2020-09-03T09:07:32.855	2020-09-03T09:07:37.237	G2.lrunback2	G2.lrunback2	ST Request for GT Runback [PDIO-47Contact23]	
2020-09-03T09:07:33.095	2020-09-03T09:07:33.095	S2.LCVT_EVT	S2.LCVT_EVT	CONTROL VALVE TRIGGER OCCURRENCE	TRUE
2020-09-03T09:07:33.095	2020-09-03T09:07:33.095	S2.L52SXA	S2.L52SXA	GENERATOR BREAKER TRIPPED	TRUE
2020-09-03T09:07:32.832	2020-09-03T09:07:37.744	G2.l83ex_dcs	G2.l83ex_dcs	Unit in External Load Control Mode Feedback to DCS [PDIO-52Relay06]	
2020-09-03T09:07:32.832		G2.s83e	G2.s83e	Cable Remote External Load Selected [PDIO-51Relay05]	
2020-09-03T09:07:32.760	2020-09-03T09:07:32.772	G2.L43PFR_ALM	G2.L43PFR_ALM	PFR SELECTED OFF, OUT OF PRIMARY REG. COMPLIANCE	FALSE
2020-09-03T09:07:32.752	2020-09-03T09:07:36.732	G2.l52online_st	G2.l52online_st	Generator and Line Breaker Status to Steam Turbine [PDIO-43Relay07]	FALSE
2020-09-03T09:07:32.720	2020-09-03T09:07:32.731	G2.L73TXSP_ALM	G2.L73TXSP_ALM	EXHAUST SPREAD FAULT-STEP TO SPINNING RESERVE	FALSE
2020-09-03T09:07:32.720	2020-09-03T09:07:32.731	G2.L26SP1H_ALM	G2.L26SP1H_ALM	SPREAD 1 HIGH HIGH	FALSE
2020-09-03T09:07:32.720	2020-09-03T09:07:32.731	G2.L30FGSP1_ALM	G2.L30FGSP1_ALM	COMBUSTION SPREAD TROUBLE WITH ACTIONABLE SPREAD CONDITION	FALSE
2020-09-03T09:07:32.680	2020-09-03T09:07:32.692	G2.L30FT_MB	G2.L30FT_MB	Fired Time/Count in Mode B	FALSE
2020-09-03T09:07:32.680	2020-09-03T09:07:32.692	G2.BCPF_ALM	G2.BCPF_ALM	BCP MODEL FAULT	FALSE
2020-09-03T09:07:32.680	2020-09-03T09:07:32.692	G2.L52ONLINE	G2.L52ONLINE	Unit Online	FALSE
2020-09-03T09:07:32.680	2020-09-03T09:07:32.692	G2.l83FXB	G2.l83FXB	Mode B State Command	FALSE
2020-09-03T09:07:32.640	2020-09-03T09:07:32.652	G2.L73TXSP_ALM	G2.L73TXSP_ALM	EXHAUST SPREAD FAULT-STEP TO SPINNING RESERVE	TRUE
2020-09-03T09:07:32.640	2020-09-03T09:07:32.652	G2.L30FGSP1_ALM	G2.L30FGSP1_ALM	COMBUSTION SPREAD TROUBLE WITH ACTIONABLE SPREAD CONDITION	TRUE
2020-09-03T09:07:30.640	2020-09-03T09:07:30.651	G2.L30SPA	G2.L30SPA	COMBUSTION TROUBLE	TRUE
2020-09-03T09:07:30.640	2020-09-03T09:07:30.651	G2.L26SP1H_ALM	G2.L26SP1H_ALM	SPREAD 1 HIGH HIGH	TRUE
2020-09-03T09:07:30.120	2020-09-03T09:07:30.132	G2.L26SP2H_ALM	G2.L26SP2H_ALM	SPREAD 2 HIGH HIGH	TRUE

图 6-1　事件记录（一）

2020-09-03T09:08:24.040	2020-09-03T09:08:24.054	G2.l20cb1x	G2.l20cb1x	Compressor bleed sol 3 way vlv #1	FALSE
2020-09-03T09:08:24.040	2020-09-03T09:08:24.054	G2.L52ONLINE	G2.L52ONLINE	Unit Online	TRUE
2020-09-03T09:08:24.040	2020-09-03T09:08:24.054	G2.L2TV	G2.L2TV	Turbine Vent Timer	FALSE
2020-09-03T09:08:24.040	2020-09-03T09:08:24.054	G2.l20pg4x	G2.l20pg4x	Gas Purge Solenoid Driver VA13-4	FALSE
2020-09-03T09:08:24.040	2020-09-03T09:08:24.054	G2.L30FHX_ALM	G2.L30FHX_ALM	GAS ELEC HTR NOT READY	FALSE
2020-09-03T09:08:24.040	2020-09-03T09:08:24.054	G2.L26SP3H_ALM	G2.L26SP3H_ALM	SPREAD 3 HIGH HIGH	FALSE
2020-09-03T09:08:24.040	2020-09-03T09:08:24.054	G2.L26SP2H_ALM	G2.L26SP2H_ALM	SPREAD 2 HIGH HIGH	FALSE
2020-09-03T09:08:24.040	2020-09-03T09:08:24.054	G2.L30FGSP1_ALM	G2.L30FGSP1_ALM	COMBUSTION SPREAD TROUBLE WITH ACTIONABLE SPREAD CONDITION	FALSE
2020-09-03T09:08:24.040	2020-09-03T09:08:24.054	G2.L70LSPX	G2.L70LSPX	SPREAD MONITOR AUTO LOAD LOWER	FALSE
2020-09-03T09:08:24.040	2020-09-03T09:08:24.054	G2.L26SP1H_ALM	G2.L26SP1H_ALM	SPREAD 1 HIGH HIGH	FALSE
2020-09-03T09:08:24.040	2020-09-03T09:08:24.054	G2.L20CBX	G2.L20CBX	Compressor Bleed Valve Control Signal	FALSE
2020-09-03T09:08:24.040	2020-09-03T09:08:24.054	G2.L73TXSP_ALM	G2.L73TXSP_ALM	EXHAUST SPREAD FAULT-STEP TO SPINNING RESERVE	FALSE
2020-09-03T09:08:24.040	2020-09-03T09:08:24.054	G2.L70LSP2	G2.L70LSP2	EXHAUST TEMPERATURE SPREADS AT RISK LEVEL	FALSE
2020-09-03T09:08:24.000	2020-09-03T09:08:24.014	G2.L4T	G2.L4T	Master Protective Trip	TRUE
2020-09-03T09:08:24.000	2020-09-03T09:08:24.014	G2.l20fg1x	G2.l20fg1x	Gas Fuel Stop Valve Command	FALSE
2020-09-03T09:08:24.000	2020-09-03T09:08:24.014	G2.L4POST	G2.L4POST	Post-Ignition Trip	TRUE
2020-09-03T09:08:24.000	2020-09-03T09:08:24.014	G2.L4	G2.L4	Master protective signal	FALSE
2020-09-03T09:08:24.000	2020-09-03T09:08:24.014	G2.l20vg1x	G2.l20vg1x	Gas Fuel Vent Valve Command	FALSE
2020-09-03T09:08:24.000	2020-09-03T09:08:24.014	G2.L20FGX	G2.L20FGX	Gas Fuel Stop Valve Command	FALSE
2020-09-03T09:08:23.960	2020-09-03T09:08:23.973	G2.L30SPT	G2.L30SPT	HIGH EXHAUST TEMPERATURE SPREAD TRIP	TRUE
2020-09-03T09:08:23.560	2020-09-03T09:08:23.571	G2.L26SP3H_ALM	G2.L26SP3H_ALM	SPREAD 3 HIGH HIGH	TRUE
2020-09-03T09:08:23.601	2020-09-03T09:08:23.601	S2.L83RESETGT_A	S2.L83RESETGT_A	RESET FROM GT	FALSE
2020-09-03T09:08:23.432	2020-09-03T09:08:27.334	G2.l83reset_gt	G2.l83reset_gt	Gas Turbine Reset Pushbutton to Steam Turbine [PDIO-43Relay01]	
2020-09-03T09:08:23.160	2020-09-03T09:08:23.172	G2.LATVSDIF_ALM	G2.LATVSDIF_ALM	GAS COMPARTMENT AIR THERMOCOUPLES DISAGREE	FALSE
2020-09-03T09:08:23.120	2020-09-03T09:08:23.132	G2.LATVSDIF_ALM	G2.LATVSDIF_ALM	GAS COMPARTMENT AIR THERMOCOUPLES DISAGREE	TRUE
2020-09-03T09:08:22.516	2020-09-03T09:08:22.599	S2.L83RESETGT_A	S2.L83RESETGT_A	RESET FROM GT	TRUE

图 6-2　事件记录（二）

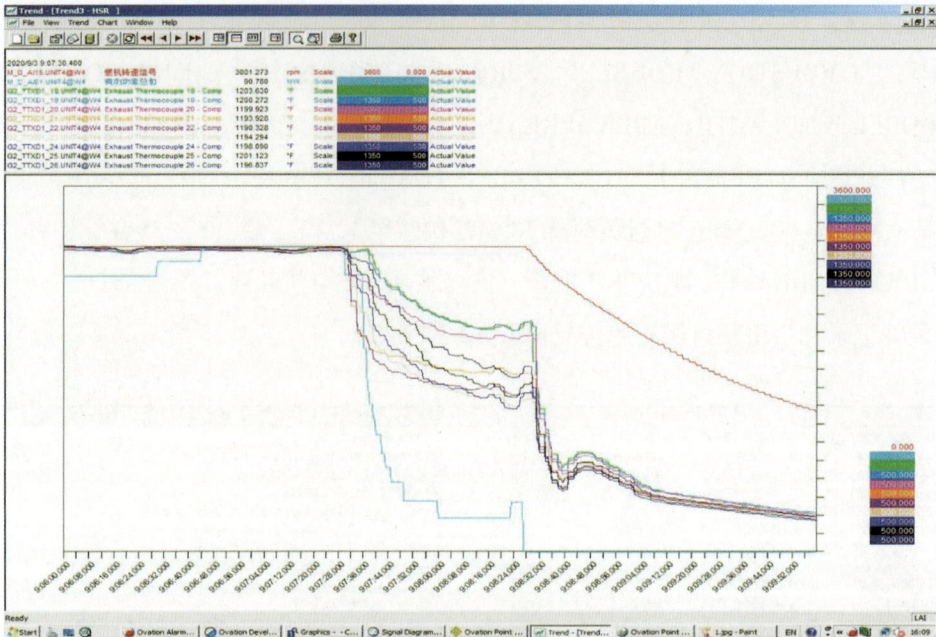

图 6-3　机组跳机历史趋势

三、燃烧不稳定原因分析

根据报警事件记录可以看出，按照时间顺序，9∶07∶30 控制系统先后发出了"SPREAD 2 HIGH HIGH"和"SPREAD 1 HIGH HIGH"，即几乎同时发出分散度 1 号高高和分散度 2 号高高。其中分散度 1 号高高的触发逻辑是排气温度次高值减去排气温度最低值的差值大于 1 倍的允许分散度；分散度 2 号高高的触发逻辑是排气温度次高值减去排气温度第 2 低值的差值大于 0.8 倍的允许分散度。9∶08∶23 控制系统发出了"SPREAD 3 HIGH HIGH"，即分散度 3 号高高。分散度 3 号高高的触发逻辑是排气温度次高值减去排气温度第 4 低值的差值大于 1 倍的允许分散度。

根据 Mark VIe 的逻辑设定，允许条件满足且达到分散度 1 号高高且分散度 2 号高高且相邻则触发跳机，或者允许条件满足且达到分散度 3 号高高则跳机；从事件记录来看，是分散度 3 号高高直接触发的跳机保护。而分散度 1～3 号高高均从另一个层面反映了燃烧场确实处于一个很不稳定、分散度普遍很高的状态，跳机过程中排气热电偶趋势图也侧面印证了这一点。

1. DLN2.6+ 燃烧模式解析

由通用电气 GE 公司生产、在我国已投产的 9F 级燃气轮机组中，目前普遍采用标准型 DLN 燃烧系统，而其中大多数已升级配置了 DLN2.6+ 燃烧器。DLN 的全称为 Dry LOW NO_x，即干式低氮燃烧系统，是一种能很好地控制氮氧化物排放量的燃烧系统。而 DLN2.6+ 燃烧系统则是 GE 公司针对以往型号燃烧系统存在的缺陷而进行升级改造的新系统。这个方案有两种可供客户选择的方案，如图 6-4 所示。

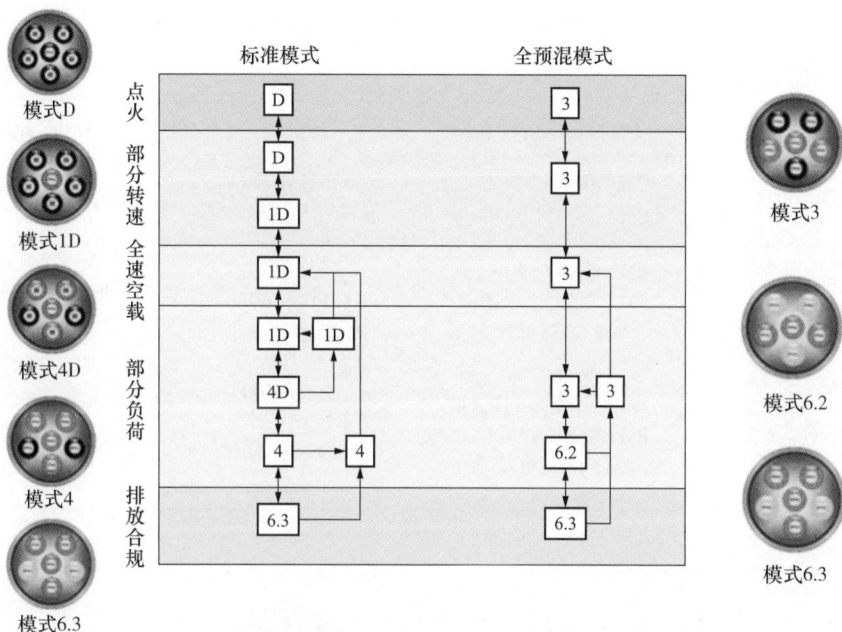

图 6-4　DLN2.6+ 燃烧系统两种结构模式示意图

由图 6-4 可以看出，标准模式的 DLN2.6+ 燃烧系统共有 4 路燃料管路，分别为 D5、PM1、PM2、PM3。而本案例机组选择了标准模式的配置，但在实际执行时又在标准模式下对切换模式进行了 LVE 改善。实际的燃烧室结构如图 6-5 所示。

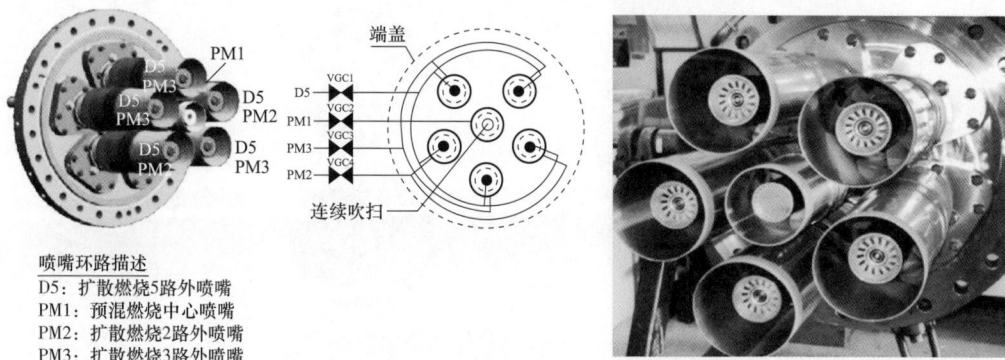

喷嘴环路描述
D5：扩散燃烧5路外喷嘴
PM1：预混燃烧中心喷嘴
PM2：扩散燃烧2路外喷嘴
PM3：扩散燃烧3路外喷嘴

图 6-5　DLN2.6+ 燃烧室结构示意图及实物图片

9F 级燃气
蒸汽联合循环发电厂故障案例汇编

改造后的 DLN2.6+ 燃烧系统以燃烧参考基准（COMBUSTION REFERENCE INDEX，简称 CRT）的值作为燃烧模式切换的标志，替代原 DLN2.0 燃烧系统中的 TTRF1。在启动过程中主要有表 6-1 所示的几种燃烧模式，DLN2.6+ 燃烧模式切换见图 6-6。

表 6-1　　　　　　　　　　DLN2.6+ 燃烧系统的几种燃烧模式

燃烧模式	开启的燃料喷嘴	所处阶段	清吹配合状态
扩散模式 D	D5 燃料阀 VGC-1	点火	PM3 管路吹扫
预混模式 3	PM1 燃料阀 VGC-2 PM2 燃料阀 VGC-4	部分转速： 转速达到 14% 时	D5 和 PM3 管路吹扫
预混模式 6.2	PM3 燃料阀 VGC-3 PM2 燃料阀 VGC-4 （PM2 富燃料状态）	部分负荷： CRT > 69， 约 15% 负荷时	PM3 管路停止吹扫 D5 管路吹扫状态
预混模式 6.3	PM2 燃料阀 VGC-4 PM3 燃料阀 VGC-3 （PM3 富燃料状态）	部分负荷： CRT > 82.75， 约 40% 负荷时； 排放合规	D5 管路吹扫状态

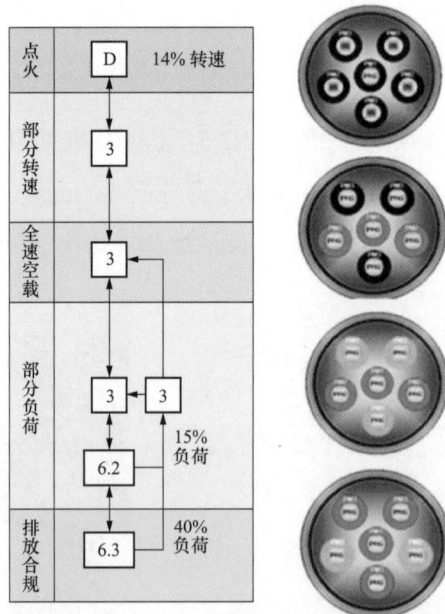

图 6-6　DLN2.6+ 燃烧模式切换示意图

考虑到机组启动过程燃烧火焰的稳定性，标准型 DLN2.6+ 燃烧器保留了 D5 扩散燃烧通道作为值班火焰。从图 6-6 和表 6-1 可知，该次事件发生的时机组负荷为 90MW，正是预混模式 6.2 切换至 6.3 的状态。

2. DLN2.6+ 燃烧系统自动燃调解析

改造为 DLN2.6+ 燃烧系统前，每当换季或上游燃料来源进行切换时，为防燃烧工况偏离稳定区域导致燃烧不稳定，则需 GE 公司的技术工程师到现场接入燃烧脉动监测装置再进行燃烧调整，手动修改燃料分配系数以使燃烧脉动、排放值控制在较低的范围内。

DLN2.6+ 燃烧系统改造后，首先配置了燃烧脉动监测系统（combustion dynamics monitor）。即将以往 GE 工程师现场接入的燃烧脉动监测装置改为实时在线监测，在每个燃烧器上对应安装了一个压电式传感器，来收集燃烧室脉动压力数据。因为燃烧脉动压力数据是通过快速傅里叶变换而得的，频谱范围覆盖 0 ~ 3200Hz，故 CDM 系统体现到控制系统画面及逻辑中的是多个频段的脉动压力数据，这些数据为自动燃烧调整提供了重要的控制对象依据。

DLN2.6+ 燃烧系统改造是为了有效稳定燃烧脉动压力，在 CDM 的基础上配置了自动燃烧调整（AutoTune）灵活性应用技术（OpFlex）。这样在实现 CDM 燃烧脉动实时监控检测的同时，可减少因燃料组分质量变化、环境温度和湿度、燃料阀门修正、硬件改变或老化等因素所造成的频繁人工燃烧调整。

自动燃烧调整（AutoTune）采用燃气轮机涡轮模型（ARES）综合控制氮氧化物、燃烧脉动和火焰稳定性各个影响因素，利用实时建模方法在燃气轮机运行中计算安全裕度，及时微调燃空比把燃烧调整控制在最合理稳定的范围。而其中燃烧场火焰的稳定性则是自动燃烧调整优先要控制的指标。当 DLN2.6+ 燃烧处于模式 6 状态时自动燃烧调整则正式投入工作。而该次事件中正式自动燃烧调整起作用的阶段，燃烧模式由 6.2 进入 6.3，延时 45s 后自动燃烧调整（AutoTune）功能投入。

3. 燃烧不稳定原因结论

综上所述，在此事件发生的工况下，正在进行从燃烧模式 6.2 进入到 6.3 的切换，也正是自动燃烧调整（AutoTune）功能自动投入的阶段。经查并无其他燃料系统阀门或燃料组分变化的相关异常。故综合以上分析推断确定，该次跳机的直接原因是燃烧模式由 6.2 进入 6.3 后 AutoTune 功能投入自动燃烧调整过程中造成燃烧场不稳定导致排气分散度大，进而引起主保护动作机组跳闸。

四、应对措施

1.排气温度热电偶测量元件故障排查

当发生排气分散度大异常事件时，首先排除排气热电偶元件故障所引起的排气分散度数值异常，也是相对容易的排查及处理方向，一般通过排气温度历史趋势结合现场元件检查就可以很快得出结论。

2.燃烧室热部件硬件排查

如果排除了排气温度测点问题，则考虑是燃烧场本身不稳定的问题，其分析及处理难度相对复杂。该次事件在跳机后第二天即进行了燃烧器设备检查。为了缩短等待周期，对压气机进行水洗，降低燃气轮机缸体温度，尽快满足机组检查条件。打开燃兼压缸顶部人孔门进入缸内，经仔细检查过渡段本体外侧、固定螺栓、羊角架、密封插片等未见异常，同时重点孔探对应排气温度负偏差较大的3～6号燃烧器火焰筒和过渡段内部亦未发现异常。排除了燃烧器硬件损坏的可能性。

3.人工燃烧调整调节工况

该次事件在排除燃烧器硬件故障的可能因素后，随即一周内对该机组进行了人工燃烧调整。虽不能对当时的自动燃烧调整进行复现，但有必要通过人工燃烧调整确认机组运行工况是否处于安全稳定的边界内。故在实际运行过程中，依然要根据燃料来源及其组分、环境天气变化等因素，定期进行人工燃烧调整必要性的论证，并及时总结机组燃烧调整需求的边界条件。

4.延迟自动燃烧调整投入时间点

通过该次事件可以反映出对于机组处于90～150MW负荷范围内的自动燃烧调整（AutoTune）容易出现燃烧不稳的现象，或与恰逢这段负荷阶段机组燃烧模式正在进行切换有关。在未有充分试验数据论证的情况下，为避免发生同类性质的事件，该公司将自动燃烧调整（AutoTune）自动投入的节点退后至250MW之后，且机组升负荷过程中尽量避免在90～150MW负荷区间长时间停留。

五、结论

综上所述，在不断深化改革电力的背景下，现货交易对于燃气发电机组运行的可靠性提出了更为严格的要求。燃气轮发电机组快速高效响应故障成为各大发电企业必须解决的重要问题。本文中的案例对于进行了 DLN2.6+ 燃烧系统改造的同类型燃气轮机发电企业有一定的借鉴意义。

参考文献

［1］温焱明.重型燃气轮机燃烧系统和控制系统升级改造 [R].北京：清华控股有限公司《中国优秀硕士学位论文全文数据库　工程科技 II 辑》，2018.

［2］潘志明，乐增孟，李爱玲，等.燃气轮机天然气组分变化应对措施研究与探讨 [R].南京：南京燃气轮机研究所《燃气轮机技术》，2020.

［3］中国华电集团公司.大型燃气－蒸汽联合循环发电技术丛书：设备及系统分册 [M].北京：中国电力出版社，2009.

［4］蔡国利.全预混 DLN2.6+ 燃烧器在我国的应用 [M].电力与能源，2017.

［5］沈琪.MS6001FA 燃气轮机 DLN2.6+ 燃烧系统分析 [J].科技与创新，2014.

案例 7　4 号机启动过程中 3X 振动大跳闸分析与处理

李　波

一、设备概况

　　某燃气轮机发电厂 4 号机组为 S109FA 燃气－蒸汽联合循环机组，由 1 台 PG9351 FA 燃气轮机、1 台 l58 型汽轮机、1 台 390H 发电机、1 台水平式三压再热自然循环锅炉组成。燃气轮机、蒸汽轮机和发电机转子刚性地串联在 1 根主轴上，主轴分为 4 段：燃气轮机转子、汽轮机高中压转子、汽轮机低压转子和发电机转子。每段转子均由 2 个径向轴瓦支撑。4 号燃气－蒸汽联合循环机组在启动过程中，出现了汽轮机 3 号轴承 3X 振动异常情况，直接影响机组的安全稳定运行。4 号机组 3X、3Y 振动测点在启动过程中频繁大幅波动，且数值达到跳机值以上，因此 4 号机每次启动前均需仪控专业临时退出 3X、3Y 轴承振动保护，待机组启动完成后再予以恢复。为研究 3 号轴承启动时振动大的原因，燃气轮机厂家提供了一些参数修改建议，由仪控专业在启机前修改相关参数并在启动过程中加以验证。通过对机组振动现象的研究，分析振动产生的原因，采取有效手段予以解决，确保机组安全稳定运行。

二、4 号机启动过程中 3X 振动大跳闸

　　根据当天工作安排，仪控需要将燃气轮机 MARK-VIe 系统中的 CSKGVMN3 与 KCA_GVMX_SUC 参数由 42 修改至 43，以增大启动时 IGV 最小角度，验证 IGV 角度与 BB3X 振动的关系。

　　05：54：00 二控主值通知仪控人员，可以调整 4 号机组 IGV 角度参数，并且需要解除 4 号机 3X、3Y 振动大自动停机、跳机保护。仪控人员完成修改燃气轮机 MARK-VIe 系统中的 CSKGVMN3 与 KCA_GVMX_SUC 参数后，执行退出 3 号轴承振动保护时，在汽轮机 MARK-VI 系统中强制 3X、3Y 振动大自动停机保护 L39VFS3X、L39VFS3Y 为零（如图 7-1 所示），并电话告知运行人员已按要求解除相关保护。但强制 3X、3Y 振动大跳机保护 L39VT3A 时，误将 3X、3Y 振动大报警信号 L39VA3A 强制为零，

L39VT3A 未做强制（如图 7-1 所示）。

06：27：38，4 号机开始启动；06：51：39，4 号机转速到达 3000r/min，此时 IGV 开度为 43°；06：53：05，4 号机并网，3X、3Y 振动幅度逐渐增大；07：29：39，4 号汽轮机开始进汽；07：44：18，4 号机负荷升至 90MW，3X、3Y 波动剧烈，3X 峰值已接近 9mils 的跳机定值；07：45：52，3X 轴振数值连续 3s 均高于跳机定值 9mils，跳机保护 L39VT3A 动作，4 号机 MARKVIe 系统发出 "HIGH VIBRATION TRIP-BEARING #3" 跳机保护信息，机组跳闸。

07：46：00，运行及检修人员检查发现跳机是因 3X 振动大造成的，经总工乐增孟同意，由仪控强制 4 号机 3X、3Y 振动大自动停机、跳机保护，机组重新启动。09：07：00，4 号机组重新并网。09：50：00，4 号机组负荷 260MW，投入 AGC、一次调频控制。

三、机组启动过程中振动大的危害

机组发生过大振动时的危害，主要表现在对设备和人身两方面。对设备的危害主要表现在以下几方面：

（1）动静部分发生摩擦。由于机组单机容量的增大和效率要求提高，汽轮机通流部分的间隙，特别是径向间隙一般比较小，在较大振动下，极易造成动静部分摩擦。由此不但直接造成动静部件的损坏，而且当汽封间隙变大后，增大了转子轴向推力，造成推力瓦温度过高，甚至发生推力瓦损坏事故。如果摩擦直接发生在转轴处，将会造成转子的热弯曲，使轴和轴承振动进一步增大，形成恶性循环，由此常引起转轴的永久弯曲。

（2）加速某些部件的磨损和产生偏磨。因振动而产生不均匀磨损的部件，主要有轴颈、蜗母轮蜗杆、活动式联轴器、发电机转子滑环、励磁机的整流子等。对静止部件来说，主要是加速滑销系统的磨损。

（3）动静部件的疲劳损坏。由于振动，使某些部件产生过大的压力，因而导致疲劳损坏，并且由此造成事故进一步的扩大。

四、机组振动的测量原理

振动测量时测量径向振动，可借此看到轴承的工作状态，还可以看到转子的不平

9F 级燃气
- 蒸汽联合循环发电厂故障案例汇编

衡、不对中等机械故障。振动测量一般采用电涡流传感器测量，电涡流传感器主要由一个安置在框架上的扁平圆形线圈构成，该线圈可以粘贴于框架上，或在框架上开一条槽沟，将导线绕在槽内。图 7-1 所示为涡流传感器的结构原理，它采取将导线绕在聚四氟乙烯框架窄槽内，形成线圈的结构方式。

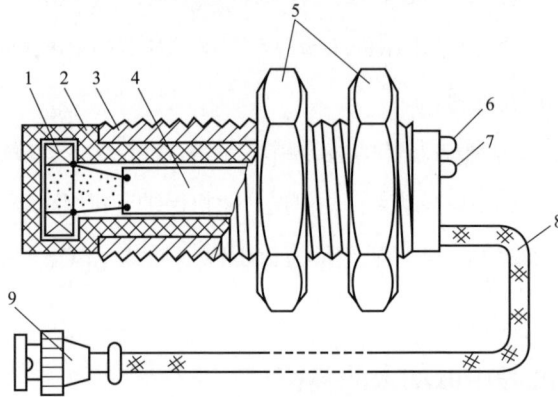

图 7-1　电涡流传感器结构图

1—电涡流线圈；2—探头壳体；3—壳体上的位置调节螺纹；4—印制线路板；5—夹持螺母；6—电源指示灯；7—阈值指示灯；8—输出屏蔽电缆线；9—电缆插头

传感器线圈由高频信号激励，使它产生一个高频交变磁场 ϕ_i，当被测导体靠近线圈时，在磁场作用范围的导体表层，产生了与该磁场相交链的电涡流 i_e，而该电涡流又将产生一交变磁场 ϕ_e，阻碍外磁场的变化。从能量角度来看，在被测导体内存在着电涡流损耗（当频率较高时，忽略磁损耗）。能量损耗使传感器的 Q 值和等效阻抗 Z 降低，因此当被测体与传感器间的距离 d 改变时，传感器的 Q 值和等效阻抗 Z、电感 L 均发生变化，于是把位移量转换成电量（见图 7-2）。

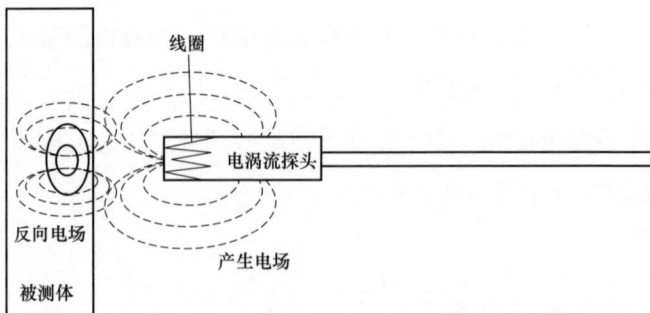

图 7-2　电涡流效应原理图

— 040 —

案例⑧　4号机真空低机组跳闸分析与处理

李　波

一、设备概况

某燃气轮机发电厂4号机组为S109FA燃气-蒸汽联合循环机组，由1台PG9351FA燃气轮机、1台158型汽轮机、1台390H发电机、1台水平式三压再热自然循环锅炉组成。凝汽器真空系统配置了A、B两台真空泵以及C节能泵。

二、4号机真空低机组跳闸

2021年9月18日，机组为220kV运行方式：5M、6M分列运行。5M包括2203、2285；6M包括2204、2286、2378；BC连线投入运行。4号机组启动中，负荷为250MW。

2021年9月18日08：03：54，机组自动启动C真空泵，C真空泵启动正常，真空为8.42kPa。

2021年9月18日08：04：00，C泵启动成功延时5s后，自动关闭真空泵B入口蝶阀。

2021年9月18日08：04：03，真空泵B入口蝶阀自动开启。

2021年9月18日08：04：05，B真空泵自动停运。

2021年9月18日08：04：57，4号机Mark Ⅵ发L63EVA_L真空低报警。此时4号机组转速为2998r/min，负荷为250.7MW，4号机组发出L63EVA_L真空低报警。

2021年9月18日08：05：07，触发保护信号L63EVT动作（凝汽器真空低跳闸），4号机发出真空低跳闸，主保护信号L4T置1，机组跳闸。

2021年9月18日08：05：19，重新启动B真空泵。

2021年9月18日08：48：00，机组满足启动条件后，值长向中调申请重新启动4号机组。

2021年9月18日09：13：00，4号机并网。

2021年9月18日09：48：00，4号机组负荷为260MW，AGC投入。

三、4 号机真空低机组跳闸原因分析

（1）C 真空泵切换时，大真空泵停运后，大真空泵入口蝶阀开启，真空系统与大气相连，真空无法维持。

（2）真空泵切换时，控制器存在 2s 延时。B 真空泵入口蝶阀自动关闭后，B 真空泵已满足自动停运条件，但控制器并未立即发送停泵信号，延时 2s 后发指令停运真空泵，导致 B 真空泵未在 3s 脉冲时间内停运，逻辑判断 B 真空泵仍在运行，重新开启 B 真空泵入口蝶阀。

（3）逻辑设计不合理，真空泵入口蝶阀自动关只有 3s 脉冲，自动开信号为长信号，容易导致逻辑执行异常。

四、机组真空低的危害

排汽真空度对汽轮机正常运行起着非常重要的作用。凝汽器的真空是衡量汽轮机组运行经济性的重要指标，凝汽器的真空过低，不仅影响汽轮机的效率，还影响机组的安全运行。真空度下降，会使汽轮机的汽耗和最后几级叶片的反动度增加、轴向推力增大；随着排汽温度升高，会引起汽轮机转子旋转中心漂移而产生振动，甚至引起汽缸变形及动静间隙增大。如因冷水量不足而引起故障，还会导致铜管过热而产生振动及破裂，缩短凝汽器的使用寿命。

五、真空下降的常见原因及预防措施

汽轮机凝汽器真空高低对机组的经济、安全、可靠运行有着直接而重大的影响。不论是新机组还是老机组，在正常运行中，汽轮机设备真空变低，通常是较为缓慢地下降。个别情况下真空急剧下降，此时汽轮机必须立即按规定降负荷，随后检查设备及系统，判断真空急剧下降的原因并将其消除。真空急剧下降的原因很多，但现象明显，故不难查找，再者真空急剧下降的情况较少，而真空缓慢下降才是带有普遍性的问题。现对汽轮机正常运行中，较为常见的凝汽器真空缓慢下降的表征、原因与处理方法，总结如下。

1. 汽轮机轴封压力不正常

（1）表征。机械真空表、真空自动记录表的指示值下降，汽轮机的排汽缸温度的指示值会上升。

（2）原因。在机组启动过程中，若轴封供汽压力不正常，则凝汽器真空值会缓慢下降，当轴封压力低时，汽轮机高、低压缸的前后轴封会因压力不足而导致轴封处倒拉空气进入汽缸内，使汽轮机的排汽缸温度升高，凝汽器真空下降。而造成轴封压力低的原因可能是轴封压力调节阀故障，轴封供汽系统上的阀门未开或开度不足等。

（3）处理。当确定为轴封供汽压力不足造成凝汽器真空缓慢下降时，值班员必须立即检查轴封压力、汽源是否正常，在一般情况下，只需要将轴封压力调至正常值即可。若是因轴封汽源本身压力不足，则应立即切换轴封汽源，保证轴封压在正常范围内即可；若无效，则应该进行其他方面的检查工作。

2. 凝汽器热水井水位升高

（1）表征。机械真空表、真空自动记录表、汽轮机的排汽缸温度的指示值下降，而凝汽器电极点、就地玻璃管水位计值会上升。

（2）原因。凝汽器的热水井水位过高时，会淹没凝汽器铜管或者凝汽器的抽汽口，导致凝汽器的内部工况发生变化，即热交换效果下降，这时真空将会缓慢下降。而造成凝汽器的热水井水位升高的原因可能是除盐水补水量过大，机组4号低压加热器凝结水排水不畅，凝结水系统上的阀门开度不足等。

（3）处理。当确定为凝汽器的热水井水位升高造成凝汽器真空缓慢下降时，值班员必须立即检查究竟是什么原因使凝汽器真空水位上升，并迅速采取措施将凝结水位降至正常水位值。

3. 凝结器循环水量不足

（1）表征。机械真空表、真空自动记录表的指示值会下降，汽轮机的排汽缸温度的指示值上升，凝汽器循环水的进、出口会波动，凝汽器循环水的进、出口水温度会发生变化（进口温度正常，出口温度升高）。

（2）原因。当循环水量不足时，汽轮机产生的乏汽在凝汽器中被冷凝的量将减小，进而使排汽缸温度上升，凝汽器真空下降。造成循环水量不足的原因可能是循环水泵发生故障；循环水进水间水位低引起循环水泵汽化，使循环水量不足；机组凝汽器两侧的进、出口电动门未开到位；在凝汽器通循环水时，系统内的空气未排完。

（3）处理。当确定为凝汽器循环水量不足造成凝汽器真空缓慢下降时，值班员应迅速汇报班长，同时联系循环水泵人员检查循环水泵运行是否正常，进水间水位是否正常。迅速到就地检查机组凝汽器的两侧进、出口电动门是否已经开到位，两侧进、出口压力是否波动。

4. 处于负压区域内的阀门状态误开（或误关）

（1）表征。机械真空表、真空自动记录表、汽轮机的排汽缸温度的指示值下降，发生下降之前，值班人员正好完成与真空系统有关的操作项目。

（2）原因。由于机组启动过程中，人员操作量大，在此过程中难免会发生操作漏项或是误操作的情况，这是造成此类真空下降的主要原因。

（3）处理。当确定为处于负压区域内的阀门状态误开（或误关）造成凝汽器真空缓慢下降时，值班人员应迅速将刚才所进行过的操作恢复即可。

5. 轴封加热器满水或无水

（1）表征。机械真空表、真空自动记录表的指示值会下降，汽轮机的排汽缸温度的指示值上升。若是轴封加热器满水，则汽轮机的高、低压缸前、后轴封处会大量冒白汽，而此时轴封压力会上升，严重时会造成轴封加热器的排汽管积水，使轴封加热器工况发生变化，导致真空下降；若是轴封加热器无水，则大量的轴封用汽在轴封加热器中未进行热交换就直接排入凝汽器内，增加了凝汽器的热负荷，导致真空下降。

（2）原因。在机组启动过程中，由于调整不当或是轴封系统本身的原因使轴封加热器满水或无水，将导致凝汽器真空下降。造成轴封加热器满水或无水的原因可能是轴封加热器铜管泄漏；轴封加热器至凝汽器热水井的疏水门开度不足，或是疏水门故障；抽汽止回阀的回水门开度过大；轴封加热器汽侧进、出口门开度不足，疏水量减少，使轴封加热器无水。

（3）处理。当确定为轴封加热器满水或无水造成凝汽器真空缓慢下降时，司机应迅速通知副司机检查轴封加热器的水位是否正常。若是满水则开启轴封加热器汽侧排汽管上的放水门排水至有蒸汽流出为止，同时检查轴封加热器的汽侧疏水门是否已达全开位置。若是轴封加热器无水，则将轴封加热器的水位调至1/2即可。

在汽轮机机组启动过程中，经常碰到的凝汽器真空缓慢下降的原因就是上述几类。当然这不是绝对的，但是应该遵循这样的原则：当凝汽器真空缓慢下降时，值班员应根据有关仪表、表征、工况进行综合判断，然后进行相应的处理。

六、4号机组启动过程中3X、3Y振动大原因分析

影响轴系稳定性的因素很多，如质量不平衡、热力系统缺陷导致的转子热弯曲、主机设备转轴连接时的不对中、透平和四大管道安装时负荷分配不良等，各种因素可能相互影响、叠加而形成最终的振动特性。因此要诊断3号瓦振动大的原因需要收集足够的数据并进行科学的分析，进而找出解决问题的途径。借助振动专家分析系统将振动探头测量到的原始数据（时域波形）通过傅里叶变换分解成不同频率的正弦波信号，根据各个频段波形的幅度和相位特征就可以确定振动的特点，从而帮助分析振动产生的原因。

机组1、3、4、5号瓦为可倾瓦轴承，2、6、7、8号瓦为椭圆瓦。可倾瓦轴承稳定性高，关于可倾瓦轴承油膜振荡的报道还很少，而且从该机组以前运行的记录来看，没有发生过此类振动。因此，由轴瓦稳定性差引起油膜振荡的可能性较小。

从S109FA联合循环机组采用的PG9351燃气轮机的结构可知，在燃气轮机缸体1号瓦和2号瓦侧各有一个支撑腿，用来支撑缸体。为了防止燃气轮机运行时机组的热量通过高温的燃气轮机缸体传导到2号瓦侧的后支撑腿，导致其受热膨胀提高缸体的中心线，制造厂设计时为2号瓦侧的后支撑腿表面敷设有闭冷水冷却装置抑制其膨胀量。而位于1号瓦侧的前支撑腿由于与压气机的缸体相连，温度较燃气轮机缸低，所以没有为该支撑腿设计冷却装置。根据实际的运行经验，燃气轮机在运行时缸体的热量会以热辐射的方式传导到封闭的燃气轮机仓内的各个部件，虽然通过88BT通风风机的拔风带走了大部分的热量，但燃气轮机仓顶部的温度仍然会达到120℃左右。燃气轮机的频繁启、停经常会导致天然气管道和压气机抽气管道，以及燃烧室联焰管的泄漏，虽然泄漏的量不一定很大，不会影响机组的安全运行，但这些漏点都会将高温气体的热量引入燃气轮机仓，从而进一步提升燃气轮机仓内的温度。机组在运行时由于上述原因可能会导致燃气轮机仓内温度超过设计值，从而使位于4号瓦侧的前支撑腿的受热伸长量大于设计值，促使1号瓦轴承中心相对抬高。由于1号瓦处的轴（压气机转子）和3号瓦处的轴（汽轮机转子）通过A联轴器相连，所以导致汽轮机轴在3号瓦处也相对抬高，致使3瓦的负载减轻，这可能是导致3号瓦油膜失稳而发生振荡故障的原因。

七、机组启动过程中 3X、3Y 振动大应对措施

根据运行经验，通过强制多开 1 台 88BT 通风风机来增加燃气轮机舱的拔风风量，就可以有效抑制 3 号瓦振动的产生和振动幅度。但随着机组启、停次数的增多、燃气轮机仓内漏点的增多，以及夏季环境温度的居高不下，导致该机组自每年 6 月入夏以后，即使同时开 2 台 88BT 通风风机，在每天下午温度最高时 3 号瓦振动仍然会迅速上升。由于油膜振荡的形成条件一旦确立，其振动的上升速度和幅度都会很快增大，所以运行人员只能提前降低负荷来防止振动过大触发保护回路动作。

八、结束语

S109FA 燃气 - 蒸汽联合循环机组投运以来，因"轴承振动高"保护多次动作致使跳闸或启动中断。轴承振动大由很多因素引起，如在启动操作中对燃气轮机本体设备性能把握不准、热力参数控制不精确，或因多种原因使汽轮机诸路进汽参数变化，使汽轮机的缸体、转子有较大的热不均匀，转子产生热变形，动静部件间隙发生变化发生碰磨，最终导致轴承振动增大。而当查清热变形来源并加以消除后，机组的振动便恢复正常。

案例⑨ **5/6号机组 IPSV 活动试验故障导致机组跳闸分析及处理**

李 波

一、试验概况

机组自动主汽门活动试验作为一项重要的定期工作，分为高压主汽门活动试验和中压主汽门活动试验，按照要求每月执行一次。试验目的主要是检验机组自动主汽门活动是否正常，在保护动作时能否可靠执行关闭指令，从而防止汽轮发电机组发生故障损坏。因此主汽门关闭的逻辑必须完善和可靠，不允许出现漏洞。近年来，随着我国能源领域发展速度的加快，发电机组逐渐大型化，机组的自动化水平不断提高，机组的主保护也逐渐呈现出了复杂化的趋势，对自动化维护工作质量的要求不断提高。而一旦主保护逻辑存在缺陷，机组的安全运行会受到严重威胁。本案例以某燃气轮机组为例，分析机组在进行中压自动主汽门活动试验过程中发生跳闸的原因；以时间的先后顺序为依据，阐述跳闸事件经过；并通过对主保护逻辑和中压自动主汽门活动试验逻辑进行修改的措施，给出了相应的解决方案。通过对该故障解决效果的观察，证实了各项措施的应用价值。

二、5/6号机组 IPSV 活动试验失败导致机组跳闸

某燃气–蒸汽联合循环发电机组 5/6 号机挂 1M，通过横逸线输出。机组总负荷为 272MW，燃气轮机负荷为 167MW，汽轮机负荷为 104MW，主/再热蒸汽温度为 566/566℃、压力为 7.9/2.6MPa，高、中、低压汽包水位投自动状态，各辅机运行正常。

11：12，运行三控丁值按照运行机务专业汽轮机汽门活动性试验定期工作安排（当机组处于运行状态，每月 12 日进行），当值机组人员做好试验安排、人员配置和风险分析，巡逻操作员罗某在现场观察阀门活动情况，副值许某在集控室操作，主值陆某监护。

11：13：14，做完 6 号机高压主汽门和调节阀活动性试验后执行"6 号机中压主汽门活动性试验"操作卡。许某在 6 号机 DCS 画面点击 IPSV 试验"开始"按钮，罗某现

场看到中压主汽门开始缓慢关闭。

11：13：45，许某发现 DCS 画面中"IPSV 全开"显示由红色变为蓝绿色，同时罗某汇报现场看见中压主汽门还在快速关闭，许某立即通知当班主值陆某，并汇报值长。由于中压缸蒸汽中断，所以汽轮机甩负荷至 13MW，同时低压蒸汽进汽条件不满足，低压蒸汽也自动退出。此时集控室听见有安全门动作排汽的声音，检查再热蒸汽出口压力超压，数值为 4.2MPa。陆某令许某立即打开中压旁路，调整再热器压力，稳定中压汽包水位。值长梁某令立即对燃气轮机减负荷，密切关注轴向位移和 TSI 相关参数。立即通知热工温某快速检查中压主汽门逻辑，是否能够重新打开，并通知机修潘某派人到现场检查。

11：18，热工温某告知逻辑上无法开启中压主汽门。

11：22：42，燃气轮机负荷降至 136MW，汽轮机负荷为 12.8MW，机修班检查中压主汽门现场无异常，估计压差高导致不能重新开启。陆某观察 6 号机轴向位移 -0.6mm，并有进一步向负方向发展的趋势，高中压缸胀差不断增大，且再热蒸汽温度有不断升高的趋势，向值长申请 6 号机手动打闸。梁某批准并令 6 号机紧急停机，同时要求注意调整汽包水位。汽轮机打闸前，燃气轮机负荷为 136MW，汽轮机负荷为 11.2MW，高 / 中 / 低压汽包水位分别为 9mm/39mm/5mm，高 / 中 / 低压旁路开度为 11%/25%/16%，中压给水调节阀开度为 37%。

11：23，6 号汽轮机打闸后，高压旁路逻辑快开至 100% 然后关回至 30%，中压旁路逻辑快开至 100% 然后关回至 50%，再热蒸汽系统压力突然大幅变化，中压汽包水位快速上升。运行人员立即开启中压汽包事故放水电动门及定压排汽电动门，并关小中压给水调整门。

11：23：06，中压汽包水位高三值（400mm）保护动作联跳 5 号燃气轮机，陆某报告值长。值长令执行后续其余停机操作，保证机组安全停运。

在 6 号汽轮机手动打闸跳机后，中压旁路阀保护快开。由于中压汽包体积较小，所以中压主汽门关闭后再热蒸汽流量大幅减少且在再热器中憋压，当中压旁路自动快开后再热蒸汽压力发生大幅变化，再热器出口压力快速从 3.809MPa 下降至 2.95MPa，中压汽包压力从 3.9MPa 下降至 3.5MPa。中压汽包出现严重虚假水位，中压汽包水位从 120mm 在 24s 内上升至跳机时的 420mm，水位超过 400mm 延时 5s，余热锅炉跳闸保护信号发出至燃气轮机控制系统触发燃气轮机跳闸。

三、5/6 号机组 IPSV 活动试验失败导致机组跳闸事件原因

事件的直接原因是中压主汽门活动性试验用的 85% 的行程触点松脱，在阀门试验过程中，85% 位置反馈信号未能正常动作，试验程序不能按要求结束，阀门持续关闭至全关位置。由于中压主汽阀的结构为翻板阀，所以在中压主汽门关闭、中压调整阀打开的情况下，虽然中压主平衡阀打开，但中压主汽门前后差压仍然达到 4MPa 以上，差压过大使阀门无法重新打开。为了保证重要设备安全，值长令 6 号机紧急停机。

在 6 号汽轮机手动打闸跳机后，中压旁路阀保护快开。由于中压汽包体积较小，所以中压主汽门关闭后再热蒸汽流量大幅减少且在再热器中憋压，当中压旁路自动快开后再热蒸汽压力发生大幅变化，再热器出口压力快速从 3.809MPa 下降至 2.95MPa，中压汽包压力从 3.9MPa 下降至 3.5MPa。中压汽包出现严重虚假水位，中压汽包水位从 120mm 在 24s 内上升至跳机时的 420mm，水位超过 400mm 延时 5s，余热锅炉跳闸保护信号发出至燃气轮机控制系统触发燃气轮机跳闸。

四、5/6 号机组汽包水位高低变化的因素及危害

1. 汽包水位高低变化的因素

锅炉运行过程中，汽包水位变化是经常发生的。引起变化的基本因素是：物料平衡关系破坏，即给水与蒸发量的不平衡；工质状态变化，如压力变化引起比体积变化和水容积中汽泡量的变化，导致汽包水位变化。具体因素有以下几点：

（1）锅炉负荷变化。负荷升高时，汽包水位先上升而后下降；负荷降低时，汽包水位先下降而后上升。

（2）炉内燃烧工况变化。在锅炉负荷及给水量不变的情况下，由于燃烧不良或燃料量不稳定，使炉内燃烧工况变化，从而引起汽包水位变化。该类变化随机组形式不同而不同：燃烧加强时，汽包水位先上升，然后下降，最后结果对单元制机组是汽包水位上升，对母管制机组是汽包水位下降。燃烧减弱时，水位变化情况与上述相反。

（3）给水压力变化。给水压力变化使给水量与蒸发量平衡关系破坏，从而使汽包水位变化。给水压力升高，汽包水位升高；给水压力下降，汽包水位下降。

2. 汽包水位高低变化的危害

（1）水位过高时，由于汽包蒸汽空间高度减少，汽水分离效果差，所以会增加蒸汽携带水分，使蒸汽品质恶化，容易造成过热器管壁积盐垢；蒸汽带水很容易造成水击现象，引起管道振动噪声，严重时会振断管线；同时也容易把水中的少量盐分带入管道，长时间会腐蚀管道；蒸汽带水长时间在过热器运行，会造成过热器结垢，影响过热器的换热效率。蒸汽带水影响过热蒸汽的温度和蒸汽品质，会降低单位蒸汽做功能力，使用汽量增大。另外对于汽轮机发电来说，蒸汽带水会加剧汽轮机通流部分结垢，增加腐蚀，降低机组运行的经济性，严重时会使汽轮机推力发生变化，叶片受力增加，损坏汽轮机，造成巨大损失。

（2）严重满水时会造成蒸汽大量带水，过热汽温急剧下降，引起主汽管道和汽轮机严重水冲击，损坏汽轮机叶片和推力瓦。

（3）水位过低时，会引起锅炉水循环破坏，使水冷壁管的安全受到威胁。

（4）严重缺水处理不及时，会造成受热面（主要是炉内受热面，包括水冷壁和炉内悬挂受热面）超温爆管。

五、5/6 号机组主汽门活动试验对策

机组控制逻辑参数设定不合理，厂家设定的高中压主汽门活动性试验自动终止的时间约为100s，当主汽门出现故障时不能及时自动终止试验。仪控专业对中压主汽门试验逻辑进行了优化，可以终止试验程序的信号除85%位置反馈信号外，还有手动终止、试验进行100s后自动终止，以及任一高中压调节阀指令与反馈偏差大于10%或位置反馈坏点自动终止程序三种信号逻辑。

六、结束语

机组投产至今已有多年，期间对于机组主保护逻辑出现的故障和缺陷一直在不断进行完善和改进。通过该次事件的发生，查明了机组主汽门活动试验逻辑中存在的设计缺陷，重新对逻辑进行了优化和完善，为机组的安全稳定运行提供了切实的保证。

案例 10 3 号机组清吹阀压力故障跳机事件分析与处理

廖 青

一、设备概况

某公司二期 3、4 号机组同属 GE S109Fa 燃气 – 蒸汽联合循环机组，一套 S109Fa 机组由一台燃气轮机、一台汽轮机、一台余热锅炉、一台发电机同轴布置组成。GE 公司生产的 9FA 型燃气轮机 DLN2.0 燃烧系统中 D5 和 PM4 燃料管上都布置有气体清吹系统，对未投入使用的燃料气喷嘴流道，用抽出的压气机排气对燃料气进行吹扫，以防止在相关的燃气轮机燃料气管道中形成燃料气积聚和燃烧回流现象。2016 年 3、4 号机组燃烧系统先后升级为 DLN2.6+，燃料管道 D5、PM1、PM3 布置有气体清吹系统，结构和阀门动作机理与燃烧系统 DLN2.0 的清吹系统相似，因此本案例对 DLN2.6+ 清吹系统故障处置依然具有参考价值。

二、3 号机组清吹阀压力故障情况

2010 年 11 月 8 日 08：44，MARK Ⅵ 发出进气清吹阀压力故障报警，机组在先导预混模式下运行，并网后负荷已经逐渐加到 117MW，清吹阀 VA13–5 全关，VA13–6 也在全关位置，SRV 速比阀开度为 43.2%，D5 开度为 29%，PM1 开度为 22.4%，PM4 为 11.1%，CPD 为 111.2psig，分散度 TTXSP1/2/3 分别为 19.4、18.9、18.9℃，TTRF1 为 1131℃，FSR 为 36%。08：44，MARK Ⅵ 控制系统发出燃气清吹故障跳闸。通过检查当时历史数据曲线和 MARK Ⅵ 报警和事件记录得知，当机组并网后加负荷过程中，随着负荷逐步增加到 117MW 和燃料流量增加到 15.2lbm/s 时，VA13–5/6 之间的 3 个压力开关（定值为 300kPa）有 2 个发生动作，造成清吹压力故障跳闸信号发出，机组主保护动作。

三、3 号机组清吹阀压力故障分析

1. 故障原因分析

在 D5 燃料管上有两个串联布置的清吹阀：VA13-1、VA13-2，一个排空阀：20VG-2；在两个清吹阀中间的管道上布置有 3 个阀间压力开关：63PG-1A、1B、1C，用来监测阀间压力。在 PM4 燃料管上同样有两个串联布置的清吹阀：VA13-5、VA13-6，一个排空阀：20VG-4；两个清吹阀中间的管道上布置有 3 个阀间压力开关：63PG-3A、3B、3C。系统中还布置有 3 个燃料喷嘴燃气 / 空气压比变送器：96GN-1、96GN-2、96GN-3。如图 10-1 所示。

当流经 PM4 燃料管的燃料停止流动（机组启动时吹扫、扩散、亚先导预混燃烧方式）时，就要启动对 PM4 燃料管道的吹扫，清吹阀 VA13-5、VA13-6 打开，排空阀 20VG-4 关闭，将压气机排气通入 PM4 燃料管进行吹扫。D5 燃料管运行机理与之类似。

当机组处于不同的燃烧方式运行，发生 D5、PM4 燃料管清吹阀开或关等不同种类的故障组合时，为确保机组设备安全，会触发机组跳闸、减负荷和燃烧方式闭锁等事件的发生。结合清吹阀的运行机理，PM4 燃料管道清吹系统发生故障可能的原因如下。

（1）清吹阀反馈装置故障。9FA 燃气轮机燃料管清吹系统布置在燃料模块小间内，机组运行时燃料模块小间内的温度可达 90℃，长时间运行阀门反馈装置可能会出现老化失灵或者零飘现象。在 3 号机组跳闸后的故障排查中，发现跳闸首出原因为清吹阀间压力开关三选二动作，因此可排除反馈装置故障原因。并且在后续的阀门试验中反馈装置亦工作正常，但同类型电厂中因反馈装置故障引起的跳闸或闭锁燃烧模式切换的情况时有发生，因此清吹阀反馈装置的定期检查和维护十分必要。

（2）清吹阀间压力开关故障。在燃料模块小间的环境下，压力开关线路可能出现老化或者压力开关漂移的情况，且跳闸首出原因为压力开关动作，因此第一时间对压力开关回路做了排查，并重新校验了压力开关定值。经查回路接线和压力开关定值正常，可排除压力开关故障原因。

（3）清吹阀间排空阀故障。PM4 燃料管道清吹阀 VA13-5、VA13-6 之间设置有排空阀 VA13-13，该阀与两个清吹阀互为闭锁，当清吹阀关闭时，排空阀打开，防止气体在清吹阀间积聚。在机组保护中燃料管道清吹指令复位 8s 后清吹压力高（三选二）

案例10 3号机组清吹阀压力故障跳机事件分析与处理

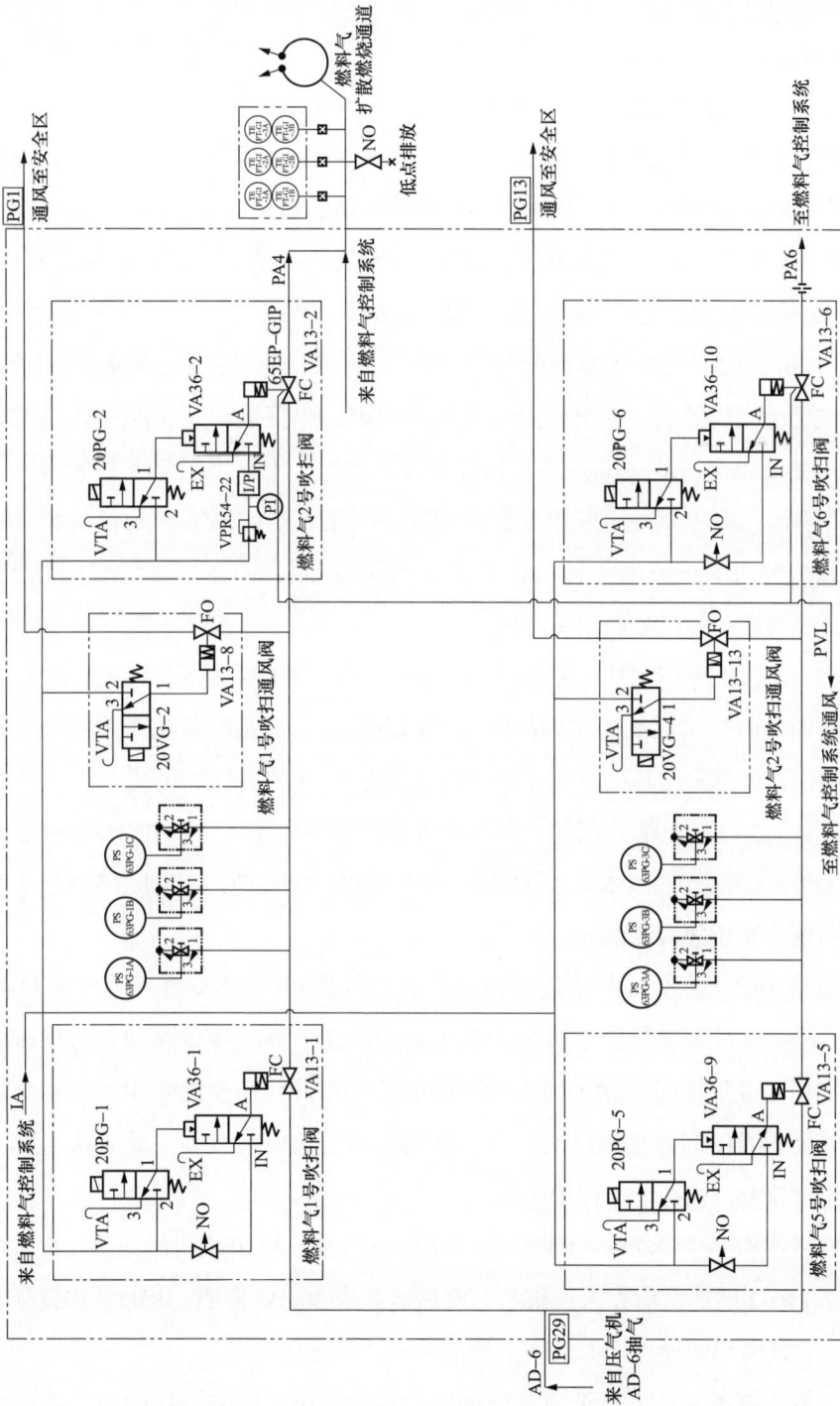

图 10-1 燃料气吹扫系统

保护动作跳闸，若排空阀未开启或者开启缓慢则可能触发该保护。3 号机组跳闸后，查阅报警栏未发现排空阀 VA13-13 异常的报警条，反馈指示亦正常。机组跳闸前排气热电偶温度低点出现在 1 号 0、1 号 1、1 号 2、1 号 3、1 号 4 五点，与其他排气热电偶相差 11.1℃ 左右。怀疑是燃料气被稀释造成的，主要是 VA13-5/6 阀门没关严泄漏造成 PM4 环管上燃料气压力降低，压缩空气进入燃烧室造成空气进气量过大。因此排空阀故障造成跳闸的可能性较低，后续在检查中阀门试验也证实了阀门的完好性。

（4）清吹阀内漏。PM4 燃料管道清吹阀（以 VA13-5 为例）当伺服电磁阀 20PG-5 带电时，接通压缩空气通往快速排气阀 VA36-9，气源打通，从而压缩空气通过 VA36-9 进入清吹阀门气缸压缩阀门弹簧，阀门打开；当伺服电磁阀 20PG-5 失电时，清吹阀气缸压缩空气通过快速排气阀 VA36-9 泄掉，弹簧推动清吹阀关闭。因此清吹阀间压力开关动作，在排除压力开关和排空阀因素后，很有可能是下列原因：①伺服电磁阀 / 快速排气阀故障，压缩空气漏入清吹阀气缸，清吹阀未关到位；②清吹阀本体卡涩，阀门关闭缓慢或未关到位；③清吹阀阀芯有杂质，阀门结合面未完全闭合；④清吹阀阀芯磨损，阀门结合面不严密。

仪控人员多次试验清吹阀 VA13-5/VA13-6 开关未超时（要求 35s±5s），反馈指示正常，判断即使阀门卡涩或电磁阀故障也是偶发现象。试验时清吹阀关闭后，阀间压力开关未动作，可排除阀芯有杂质（或杂质已吹走）、阀芯磨损的情况。

综上所述，3 号机组清吹阀压力故障跳机初步判断为偶发的阀门卡涩或电磁阀故障，再次开机后未发生 VA13-5/6 之间的压力开关 63PG-3A/3B/3C（定值为 300kPa）动作。

2. 机组清吹系统故障的危害

燃烧系统 DLN2.0 进入先导预混模式后，PM4 燃烧管通入燃料（此时负荷约为 110～120MW），清吹阀关闭，在切换过程中清吹阀压力开关动作跳闸，造成非计划停运考核。特别是现货期间，除了两个细则的电量考核外，还要没收非停期间的现货市场获益，对公司经济利益影响巨大。模式切换时机组负荷已较高，此时跳闸燃气轮机各部件热应力较大，损耗设备使用寿命。

燃烧系统改造为 DLN2.6+ 后燃烧模式切换点改变，机组暖机结束后 D5 燃料喷嘴退出，PM1、PM2 燃烧喷嘴投入；机组并网后负荷为 20MW 左右，PM1、PM2、PM3 燃烧喷嘴投入，这两个切换点均有清吹系统故障造成跳闸的风险。

此外，清吹阀内漏还可能造成空气漏入燃料管道中，影响燃烧的稳定性；清吹系统未正常投入，则有可能使燃料倒灌进燃料管道中造成爆燃，损坏设备；高温燃气进入管道中,还可能使燃料管道受热变形或损坏。

四、机组清吹系统故障的后续处理

结合同类型燃气轮机电厂清吹系统发生故障的经验,发现该类故障多发生在反馈装置、阀门卡涩、压力开关等几个方面,因此清吹系统采取了下列几点改进措施:

(1)燃烧系统 DLN2.6+ 改造之际,将清吹阀更换为品质更优的阀门。

(2)在清吹阀之间的压力开关取样处安装一个压力变送器远传到 MK6e 系统,便于运行人员监控以及查看历史数据。

(3)增设清吹阀试验画面,每次开机前或停运超过3天需测试清吹阀动作,并将清吹阀试验接入开机允许条件中,若动作超时或动作异常,机组不允许启动。

(4)建议将3、4号机组清吹系统移至燃料模块小间外,改善设备工作环境,有利于设备检查及维修。

五、结论

通过对3号机组清吹阀压力故障跳机事件的分析,找出了清吹系统故障的几种可能性以及处置的措施,并提出了清吹系统故障的解决方案,有效防范了类似故障的发生。

参考文献

[1]陈福湘,朱晨曦.大型燃气 - 蒸汽联合循环发电技术丛书 设备及系统分册.北京:中国电力出版社,2009.

[2]朱俊.9FA 型燃气轮机燃料管清吹阀故障原因及对策分析.无线互联科技,2017,12.

[3]暨穗璘.关于燃气轮机清吹阀故障处理与分析.贵州电力科技.2014,17(12).

案例 11 4号机组防喘阀运行中误开故障分析与处理

廖 青

一、设备概况

某公司二期 3 号机组、4 号机组同属 GE S109Fa 燃气－蒸汽联合循环机组，一套 S109Fa 机组由一台燃气轮机、一台汽轮机、一台余热锅炉、一台发电机同轴布置组成。燃气轮机压气机在运行过程中，当进入压气机的空气容积流量减少到某一个数值后，压气机就不能稳定工作，这时压气机中的空气会强烈脉动，压比也会随之上下波动，同时还伴有低频、如狂风般的响声，使压气机产生比较剧烈的振动，这种现象就是喘振。为避免喘振现象发生，9FA 型燃气轮机除了采用可转导叶外，还在压气机第 9 级、第 13 级后各布置有 2 个防喘放气阀。压气机的第 9 级和第 13 级动叶后各设有 4 个抽气口，每 2 个抽气口合并为一根管子通过防喘阀向燃气轮机扩压段排气。压气机防喘阀在机组启动过程中，发电机同期并列后关闭；在机组停机过程或事故状态下，机组解列，防喘阀打开，以增加启停过程中压气机流量，远离喘振边界线，扩大机组的稳定工作范围。

二、4 号机防喘阀运行中误开故障情况

2012 年 9 月 26 日 22：53，4 号机发出 "CBV FAILED TO CLOSE–LOAD LIMITING"，"COMPRESSOE BLEED VALVE POSITION TROUBLE"，"Comp Bld Vlv–Confirmed Failure to CLOSE"。4 号机组的 4 号防喘阀关到位信号消失，触发机组自动减负荷保护。4 号机组从 260MW 自动减负荷。检查发现 4 号防喘放气阀故障不能复归。运行人员进行 "GT Master Reset" 和 "ST Master Reset" "Diagnostic Reset"，并重新启动机组无效。仪控人员到场后仍然无法处理好防喘放气阀故障，4 号机组停机。

三、4号机防喘阀运行中误开分析

1. 误开原因分析

防喘放气阀是两位式气动执行机构，由三通电磁阀20CB-1控制9级两个防喘阀，20CB-2控制13级两个防喘阀。当三通电磁阀20CB-1、20CB-2带电时，压缩空气通过电磁阀进入防喘阀气缸推动阀门关闭；当三通电磁阀失电时，防喘阀气缸内的压缩空气通过电磁阀排气口排出，靠气缸内弹簧力使阀门打开。

在机组启动过程中，发电机同期并列后，触发电磁阀20CB-1和20CB-2得电，33CB-1/33CB-2/33CB-3/33CB-4置位，1~4号防喘放气阀关闭。在机组停机过程或事故状态下，机组解列，触发电磁阀20CB-1和20CB-2失电，33CB-1/33CB-2/33CB-3/33CB-4复位，1~4号防喘放气阀打开。如图11-1所示。

当机组正常运行时，四个防喘阀应该都关闭；当任一防喘阀位置错误（开、关信号均未置"1"）或任一防喘阀打开（开信号置"1"，关信号置"0"）时，触发减负荷信号。

从防喘阀的结构分析，误开的原因有以下几个方面。

（1）位置反馈故障。在防喘阀气缸输出轴上布置有一个位置反馈装置，内有两个磁性开关表示阀门开启、关闭状态，开关信号传送到MARK VIe控制系统作为逻辑判断依据。在实际运行中有以下几种可能导致反馈故障：①设备振动大或安装不良导致反馈信号线断线或接触不良；②反馈装置松脱，导致反馈信号抖动；③工作环境温度高，磁性开关失磁。

该公司二期机组作为调峰机组，启停时防喘阀通过高温高压空气，阀门开关时管道不可避免地振动，同类型燃气轮机电厂防喘阀也出现过由于管道振动，反馈线或者位置开关装置松脱的现象。在故障分析中，可以配合燃气轮机排烟温度共同判断，若防喘阀真实误开，则排烟温度局部可能出现低温区或排烟温度较正常温度偏低；若只是反馈信号故障，则排烟温度应与当前负荷相对应。本案例机组已在稳定运行中，最容易发生反馈故障的启停过程未见防喘阀反馈异常，但也不排除在启停过程中反馈装置已受影响，在运行中逐渐恶化发展成故障的可能性。

（2）三通电磁阀20CB-1、20CB-2故障。三通电磁阀20CB-1控制9级两个防喘阀VA2-1/VA2-2，20CB-2控制13级两个防喘阀VA2-3/VA2-4。若三通电磁阀故障，则

9F 级燃气

- 蒸汽联合循环发电厂故障案例汇编

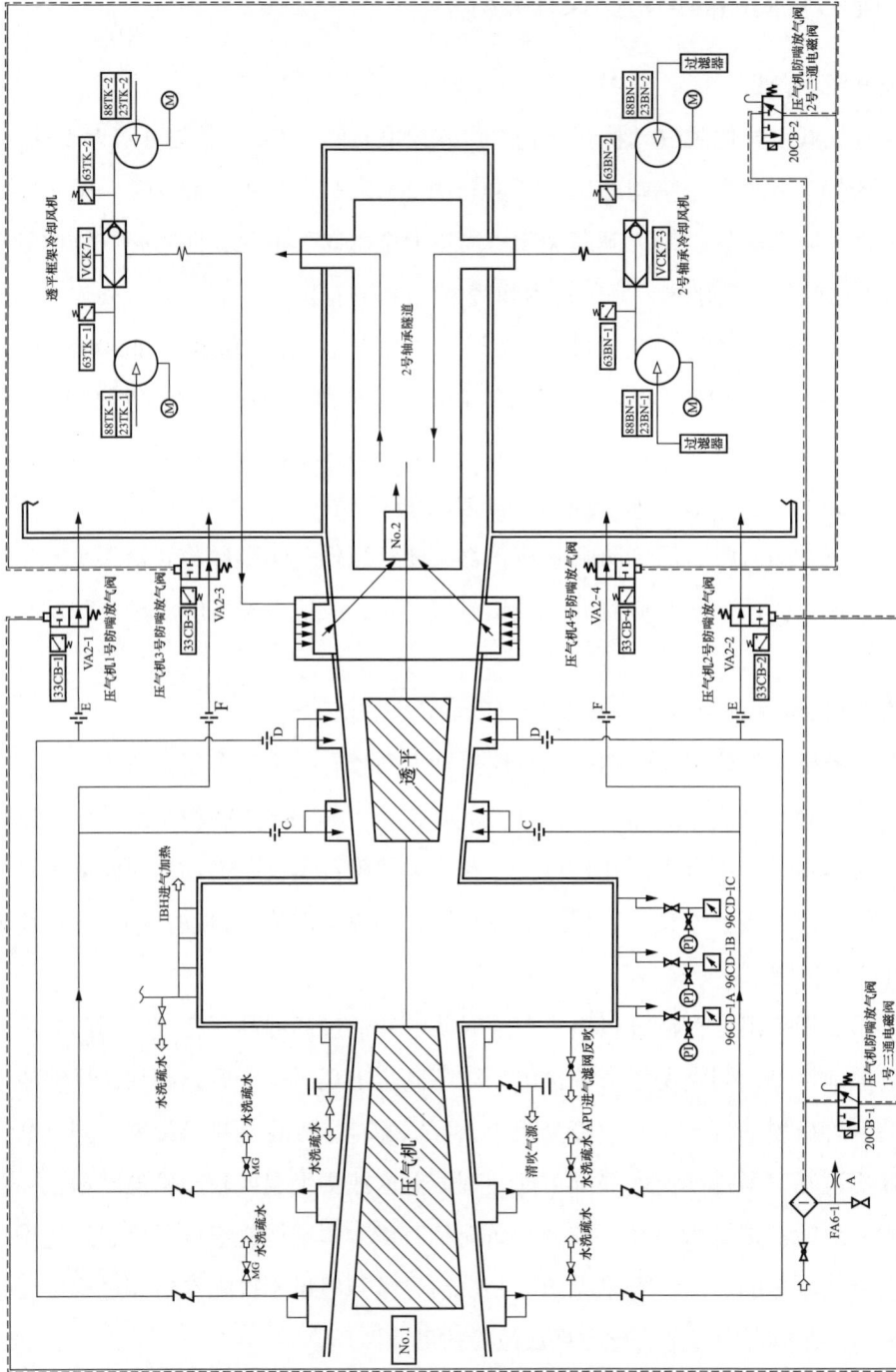

图 11-1 燃气轮机冷却和密封空气系统图

会影响其中两个防喘阀的动作。电磁阀故障可能的原因如下：①电磁阀线路故障，电源线接线端松动、脱落、短路、断路，电源线中间段故障，电线绝缘皮脱落造成线与线之间的短路；②电磁阀定位器故障；③电磁阀阀体故障，阀芯磨损卡涩等。

从分析可知，若电磁阀故障则会影响两个防喘阀正常工作，本案例中只有 4 号防喘阀异常，因此可以排除电磁阀故障的可能性。

（3）压缩空气系统故障。当三通电磁阀带电时，压缩空气通向防喘阀气缸压缩阀门弹簧，阀门关闭；当压缩空气压力低或中断时，阀门气缸内弹簧将阀门打开。故障有以下几种可能：①仪用压缩空气管道泄漏或管道阀门误关；②仪用压缩空气进气系统滤网堵塞；③压缩空气系统故障。

机组防喘阀压缩空气由一条母管送入，若外部管道泄漏、阀门误关或系统压力低，则四个防喘阀均会失去压缩空气。本案例只有 4 号防喘阀故障，则故障原因可能为排气扩压段间通往 4 号防喘阀的压缩空气分管发生泄漏。该分管管径较小，发生泄漏对压缩空气系统影响不大，但防喘阀失压后气缸弹簧会将阀门打开，因此可以配合燃气轮机排烟温度共同判断，方法如第一点所述。

（4）阀门本体故障。机组启停过程中阀门管道振动、高温均会导致阀门本体故障，一般有以下几种故障原因：①阀芯卡涩；②气缸漏气；③弹簧力调整不当；④压缩空气质量不佳，阀门锈蚀或积油。

本案例中 4 号防喘阀在启动过程中正常，运行中突发故障，该阀门在正常运行中保持关闭状态，而阀门卡涩、弹簧力调整不当、阀门内部锈蚀等不会造成突发故障。结合现象判断，阀门气缸密封圈或者连接口泄漏的可能性较大。

综上所述，4 号防喘阀运行中误开，阀门气缸或连接管道漏气的可能性较大，反馈装置故障亦有可能。

本案例中，4 号机组停机后，仪控人员进入现场检查发现压气机 4 号防喘放气阀执行器气缸气源入口卡头螺纹接头断裂。导致接头断裂的原因经分析系执行器气缸气源入口卡头螺纹接头为刚性连接管，振动和热膨胀导致执行器发生大范围移动，使刚性连接管接头承受力超过允许范围值而直接断裂。刚性连接的防喘阀控制气管路，在设计时未完全考虑振动和热膨胀对控制气管路的影响，对机组安全运行有较大的影响，需进行技术改进，减少振动和热膨胀对该控制阀的影响。阀门接头断裂情况如图 11-2 所示。

图 11-2　控制气源管和接头断裂情况

2. 防喘阀故障的危害

燃气轮机压气机启停状态下，若气体流量降低到某一范围，则可能出现气流脱离导致旋转失速，如果体积流量持续降低会造成旋转失速逐渐严重，很容易发生喘振现象。防喘阀在启停过程中打开，能增加压气机内体积流量，改善流场，可有效防止喘振发生。若防喘阀故障无法打开，则喘振几率大大增加，压气机的输出会变得不稳定，压气机出口压力产生周期性波动，机组会发生剧烈振动和脉冲性噪声，很容易导致压气机叶片因交变弯曲应力而损坏，甚至引发叶片断裂的事故。

机组在正常运行中，防喘阀应正常关闭，若故障开启，则压气机气体流场被破坏，机组振动变大，燃烧室进入的空气量变化，引起燃空比急剧变化，燃气轮机会熄火跳闸。

四、防喘阀故障的后续处理

为了防范同类事件再次发生，结合同类型燃气轮机电厂处理经验，具体整改措施有以下几点：

（1）改进防喘阀控制气源管与气动缸体的连接方式，由原来的刚性连接改为柔性连接方式，减轻接头的承载重量，减少振动和热膨胀对该控制阀的影响。

（2）选用优质的接头，从源头保证接头质量。

（3）对二期 3、4 号机组共 8 个防喘阀控制气源连接管全部进行技术改造，消除此类设备隐患。

（4）增加防喘阀手操画面。该手操页面可帮助运行以及检修人员无需强制信号即可动作防喘阀，运行人员在平日机组停机以及启机前可自行动作防喘阀，若有故障情况能及时联系检修人员。

五、结论

通过对 4 号机组运行中防喘阀误开案例的分析，找出了防喘阀故障的几种可能性以及处置的措施，并提出了防范防喘阀故障的解决方案，有效防范了类似故障的发生。

参考文献

［1］陈福湘，朱晨曦 . 大型燃气 – 蒸汽联合循环发电技术丛书　设备及系统分册 . 北京：中国电力出版社，2009.

［2］朱俊 .9FA 型燃气轮机防喘放气阀故障原因分析及解决对策 . 中国高新技术企业，2016，26.

［3］周军 .9FA 燃气蒸汽联合循环发电机组防喘放气阀检修维护故障分析及处理 . 电气工程与自动化，2021，14.

案例 12　3 号机主汽温度高甩负荷至全速空载分析与处理

罗　芸

一、设备概况

某公司 3 号机组属 S109FA 燃气 – 蒸汽联合循环发电机组，由一台燃气轮机、一台蒸汽轮机、一台发电机和一台 HRSG 余热锅炉组成，燃气轮机、蒸汽轮机、发电机在同一轴系运行。余热锅炉（HRSG）是引进东方日立公司技术生产的三压、一次中间再热、卧式、无补燃、自然循环余热锅炉。高、中、低压三个汽包前都有省煤器模块，汽包下都有蒸发器模块，汽包出口都有过热器模块。汽轮机高压缸排汽和中压过热器出口的蒸汽混合经再热器加热后到中压缸做功，高压过热器通过一级减温水减温来保证主蒸汽温度不超限，再热蒸汽由一级减温水控制温度在规定范围内。低压省煤器有再循环泵来提高低压省煤器入口水温，防止产生烟气低温腐蚀。

二、事件经过

某公司 3 号机启动过程中，机组负荷为 119MW，主汽温度为 544.6℃，过热蒸汽流量为 149t/h，高压过热器减温水调节阀开度为 20%。由于过热度计算温度小于 20℃，导致输出超驰全关高压减温水调节阀。运行人员手动开高压过热器减温水调节阀至 20%，机组主汽温度为 554.8℃，负荷为 153MW，过热蒸汽流量为 156t/h。

由于 MARK Ⅵ 上 IPC 压力控制一直未投入，所以汽轮机高压旁路开始从全关缓慢开大。当机组负荷为 232MW，主蒸汽温度为 572.4℃，主汽流量为 263t/h 时，三个主蒸汽流量差压信号为 201.8kPa，超量程测量信号坏点，高压过热蒸汽减温水调节阀超驰全关，机组主蒸汽温度超过 582.2℃，立即发出机组全速空载信号。

三、原因分析

1.过热器管壁超温常见的原因分析

（1）启动时疏水，排汽量不够，升负荷速度过快。锅炉启动过程中过热器受热面的冷却靠自身蒸汽的流动进行，此时若热偏差过大，就会引起过热器管壁金属超温，锅炉升压期间工质的流速慢，换热效果差，若不进行充分的疏水及排汽则极易发生管壁超温事故。

（2）减温水调整使用不当。减温水除了调整控制锅炉过热蒸汽温度在额定值以满足汽轮机侧的要求外，合理搭配使用过热器受热面减温水量，可以很好地控制各段过热器受热面的管壁温度在允许值内。

（3）汽水品质不良造成管内结垢。锅炉运行中，由于炉水化学处理不当或化学监督不严，未按规定进行排污，影响了锅炉的炉水品质。流经过热器受热面的过热蒸汽品质恶化，长期运行会造成过热器管道内壁结垢积盐。这样在过热蒸汽与受热面管道内壁之间形成了较大的热阻，明显降低了蒸汽对管道的冷却能力，降低了蒸汽的吸热量，很容易引起受热面管壁超温。

（4）燃气轮机运行调整方式不当。在锅炉正常运行中，在能够保证过热蒸汽、再热蒸汽温度在正常范围值以内运行时，如调整燃气轮机IGV角度不能保证炉膛出口烟气温度在正常范围，则应及时适当限制燃气轮机负荷，降低燃气轮机排气温度，防止管壁超温。

（5）锅炉超负荷运行。锅炉超负荷运行时，炉膛的热负荷强度也超过了最大设计值，必将造成炉膛出口烟气量、烟气温度超过最大允许值的情况，增强对过热器受热面的传热能力，容易造成受热面管壁的超温。由于炉膛热负荷、炉膛出口烟气温度均超过了设计允许值，所以使过热器管道间有较大的热偏差，造成部分受热强的过热器管道发生超温现象。

（6）检修安装质量不良。在安装与检修过热器管组时，应注意尽量保证过热器各管排、管道间有相同的阻力特性，以避免由于部分管组存在较大的阻力，在运行中造成蒸汽流量小而使冷却能力不足，造成管壁超温。同时应防止由于管道内部有残留异物阻塞蒸汽流通而造成管壁严重超温。

2.3 号机主汽温度高甩负荷至全速空载原因分析

机组在启动过程中，在汽轮机高压缸进完汽后，燃气轮机的排气温度开始由 566℃ 升高到 650℃，高压过热蒸汽温度也开始快速升高。此时应投入喷水减温，维持高压过热蒸汽温度在 565℃ 左右。但为了防止投入过量的减温水对管道造成水冲击，设置了当减温水后蒸汽过热度小于 20℃ 或是主蒸汽流量三个变送器同时坏点时超驰全关过热器减温水调节阀。

该次机组启动过程中，第一次由于减温水开度过大，所以高压过热器减温器后蒸汽过热度小于 20℃，导致高压减温水调门超驰全关。但是当时负荷较低且运行人员及时发现并手动调整减温水调节阀开度，未造成后果。但在汽轮机高压并汽完成且高压旁路全关后，未及时投入 IPC 入口压力控制回路，致高压旁路在 10min 内从 0 缓慢开大至 47%，主蒸汽流量也随之不断增大到 263t/h，致主蒸汽流量三个变送器测量信号超量程坏点。DCS 自动控制逻辑发出超量程坏点超驰全关高压减温水调节阀，最后导致主蒸汽温度失控，超过 582.2℃ 的高压主蒸汽温度高三值保护定值，保护动作，以致机组全速空载。

四、3 号机主蒸汽温度高超温的危害

机组在运行中会导致主蒸汽温度超温的因素有很多，主蒸汽温度变化会影响汽轮机的安全性和经济性。主蒸汽温度升高时，热效率会有所提高，运行经济效益会提高，但是主蒸汽温度升高超过允许值时，对设备的安全十分有害。主蒸汽超温对汽轮机有以下危害：

（1）主蒸汽发生严重超温，调节级叶片可能过负荷。因为主蒸汽温度升高，调节级内的焓降会增加，在机组负荷不变的情况下，调节级叶片将发生过负荷。

（2）主蒸汽发生严重超温，会加快金属材料的蠕变。若主蒸汽温度频繁变化，会造成金属部件疲劳损伤，加快设备的损坏速度，缩短设备的使用寿命。

（3）主蒸汽严重超温，会使机组发生振动，机组各受热部件发生热变形以及热膨胀，当热膨胀达到一定程度而受到外界阻碍时就会引起机组发生振动。

（4）主蒸汽严重超温，可能导致过热器发生爆管。锅炉受热面超温过大会使受热面超温严重而发生爆管事故。

五、3号机主汽温度高甩负荷至全速空载的处置措施

过热器是锅炉中工质温度最高的部件。过热蒸汽的吸热能力差，对管道的冷却能力较低，而其中的高压过热器又直接布置在水平烟道的前端，直接接受燃气轮机出口高温烟气流的对流冲刷，这使得过热器成为锅炉受热面中工作条件最恶化的部件。因此从运行角度来防止过热器管壁超温过热，保证管道金属温度长期安全工作在设计的允许值范围内是锅炉机组运行中必须考虑的重要问题。为防止过热器超温应采取以下措施：

（1）必须在启动中充分进行过热器受热面的疏水、排汽，严格按照锅炉的启动升温升压曲线运行，合理调整燃烧，严格控制锅炉的升负荷速度，尽量消除或减小过热器的热偏差现象。

（2）及时调整减温水用量，尽量降低过热器前端的蒸汽温度，以加强对管道的吸热能力，尽量降低受热面管壁温度。同时要注意防止减温水过大造成过热度不够，超驰全关过热器减温水调节阀，一旦发生过热器减温水调节阀全关应及时开回，防止过热器超温。

（3）锅炉运行中，化学人员要加强对炉水水质的监督，水质一旦恶化或不合格要及时进行处理。严格按规定进行连续排污和定期排污，保证锅炉的炉水品质合格。

（4）加强对燃气轮机的燃烧模式的监测，尤其是加负荷过程中要注意燃烧模式的切换，注意IGV角度的调整，保证燃气轮机排气温度在正常范围，防止管壁超温。

（5）锅炉运行中应避免发生锅炉超负荷运行，燃气轮机的排气温度超过规定值时，应及时限制燃气轮机负荷，保持燃气轮机的排气温度和烟气量在合理范围，避免锅炉的超负荷运行。

六、建议

（1）高压减温水调节阀自动控制逻辑中对于超驰关的信号进行重新设计处理。在手自动模式下，发出超驰关信号时，高压减温水调节阀自动切为手动，阀门关到位后，利用阀位关到位信号，逻辑自动复位超驰信号。此时运行可根据运行情况，手动调节高压减温水调节阀或投回自动。

（2）由于过热度计算温度小于 20℃将超驰关高压减温水调节阀，建议在 DCS 画面增加过冷度计算温度的显示，并作为开机过程中的重要参数监视。

（3）建议取消主蒸汽流量坏点作为超驰全关高压减温水调节阀的条件，由原逻辑中的主蒸汽流量小于 80t/h 且主蒸汽流量品质好信号作为超驰关高压减温水调节阀的判断条件。

参考文献

叶经汉 . 300MW CFB 锅炉主、再热汽温超温的处理分析 . 锅炉制造，2014，12（28）.

案例13 3号机低压缸防爆膜破裂分析与处理

罗　芸

一、设备概况

某电厂3号机属S109FA系列燃气 – 蒸汽联合循环发电机组，由一台燃气轮机、一台蒸汽轮机、一台发电机和一台HRSG余热锅炉组成，燃气轮机、蒸汽轮机、发电机在同一轴系运行。汽轮机型号为D10改进型，为三压、一次中间再热、单轴、双缸双排汽、纯凝式机组。汽轮机高中压缸为高中压合缸，低压缸为双流程向下排汽形式。汽轮机采用全周进汽，不设调节级，调节系统采用电子液压调节系统。低压缸设有向空排汽阀作为安全装置，防止低压缸和凝汽器蒸汽压力过高。向空排汽阀安装在低压缸的上半缸，低压缸内部压力超过其最大设计安全压力，向空排汽阀的防爆膜被顶穿，向空排汽阀打开，降低排汽压力至大气。

二、3号机低压缸防爆膜破裂事情经过

3号机组停机盘车自投后，运行人员发现MARKVI上CV、IV和RSV阀显示状态不对，通知热工人员检查处理。热工人员准备检查处理高压进汽和RSV阀，需要挂闸。但是运行人员在未做好挂闸相关的安全措施的情况下允许检修开始工作。热工强制信号使得汽轮机挂闸，随后对CV阀进行调试。

在CV阀全开的过程中造成汽缸进汽，热工马上取消CV阀自动校准，关闭CV阀。随后运行人员发现3号机组转速为186r/min，转速正在下降，MARKVI上显示MSV阀在关闭状态、CV阀开度为12%、IV和RSV阀在开启状态。运行人员立即按紧急停机按钮，关闭高压过热蒸汽主电动阀、开启管道疏水阀，并将高压过热蒸汽主电动阀和高压主蒸汽旁路阀拉电。当机组转速下降到零后，盘车自投，盘车电流为60A。检查轴向位移、汽缸温度和差胀、汽缸膨胀、转子偏心率、盘车声音等均正常，检修人员发现3号机组低压缸防爆膜靠中压缸侧破裂。

三、3 号机低压缸防爆膜破裂原因分析

1. 低压缸防爆膜的作用

（1）汽轮机在运行时，一旦出现凝汽器冷却水中断，大量的排汽就会进入汽轮机后缸使排汽压力升高，当超过低压缸的设计最大安全值时，会损坏低压缸。这是因为低压缸承压低，一般为了节约成本都为铸铁结构，其承压和受热能力都很低，温度和压力稍微升高都会引起后缸变形甚至破裂，还会引起低压缸尾部变形，使结合面出现间隙，加剧空气泄漏。为此，在低压缸上端装有排大气的防爆膜，当汽缸内部压力升高到超过规定的最大安全值时，会顶破防爆膜，紧急排汽，从而保护低压缸内部件及凝汽器等设备不受损伤。

（2）如果正压过高，则凝汽器内部的不凝结汽体不能及时被抽走，反而会使大量的湿蒸汽涌入低压缸叶片，造成叶片的汽蚀。同时排汽压力过高温度也会上升，会使凝汽器铜管的胀口破裂。因此一般破坏真空停机时要关闭到凝汽器的疏水，正常停运之后真空到零也要注意疏水的开关调节。凝汽机组的低压缸两边各有一个防爆膜，当运行中真空下降，排汽压力迅速升高到略高于大气压力时，低压缸防爆膜会破裂，同时蒸汽从凝汽器通过防爆膜排至大气，使低压缸和凝汽器不致损坏。

2. 低压缸防爆膜破裂的常见原因

低压缸防爆膜之所以会破裂，其直接原因就是排汽缸的压力大于设定的压力。一种情况为正常运行中发生事故，循环水中断，突然排入大量的蒸汽来不及凝结，真空突然下降，排气压力升高；另一种情况是机组在停止无真空时漏入了蒸汽，使汽缸内的压力增加。具体的原因可归纳为以下几种：

（1）机组启动前，循环水泵、凝结水泵未启动即开始暖管，疏水排至凝汽器而未冷却凝结。经过一段时间凝汽器的压力逐渐上升，压力约大于大气压时低压缸防爆膜即破裂。在暖管时，辅助蒸汽至轴封供汽电动门不严，辅助蒸汽也会漏入汽缸。另外，即循环水泵和凝结水泵启动时排汽量过大，而真空破坏门又关闭时，压力也会上升。

（2）送轴封汽后，未及时开启真空泵或真空泵故障抽不了真空。因此，送完轴封后要迅速启动真空泵，防止压力突升，导致高温高压蒸汽大量进入汽缸或凝汽器。

（3）正常运行时，循环水中断，真空下降，机组跳闸后，旁路突然开启或者本体疏水主汽管道疏水打开，蒸汽大量进入凝汽器，导致凝汽器压力温度升高。

（4）停机破坏真空后，高压管道的高压汽进入凝汽器，如主汽管道的蒸汽进入凝汽器。

（5）疏水扩容器有蒸汽或热水进入凝结器引起，停机真空到零后疏水扩容器要停用，各路疏水要改排地沟。

（6）全厂厂用电中断或循环水中断，一般会造成低压缸防爆膜破裂。

（7）破坏真空过早，真空破坏后主、再热蒸汽管道残余高温高压蒸汽及疏水进入凝汽器，导致凝结水温偏高。

（8）低压缸防爆膜承受压力与设计值不符，导致实际压力小范围波动，低压缸防爆膜即破裂。

（9）低压缸防爆膜及法兰加工不精密、不平整，装置结构不合理，检修人员安装低压缸防爆膜时工艺不符合要求，紧固螺钉受力不均，接触面无弹性。低压排汽缸防爆膜材料选择、处理不当，如材质未经压力试验，由于自身应力的不均匀而导致破裂。

3.3号机低压缸防爆膜破裂的原因分析

（1）运行人员接到检修电话通知要处理RSV阀、汽轮机需要挂闸后，对风险分析不足，因工作沟通问题，没有得到采取任何防止汽轮机进汽的安全措施反馈就允许检修开始工作。

（2）检修人员在抢修RSV阀时没有严格执行抢修管理制度，没有明确挂闸需要执行哪些安全措施，也没有会同运行人员确认安全措施是否已执行。

（3）在汽轮机挂闸后CV阀开启，高压过热蒸汽管道里的高温高压蒸汽进入汽轮机汽缸，冲刷汽轮机的叶片使汽轮机转速升高，并且使低压排汽缸的压力升高导致低压缸防爆膜破裂。

四、3号机低压缸防爆膜破裂危害分析

如果低压缸防爆膜破裂，那么空气就会通过破裂处进入汽缸，影响机组的真空。对真空的影响有以下几种：

（1）机组启动前抽真空时，如果低压缸防爆膜破裂，真空泵将无法建立起真空或是抽真空的速度很慢，机组无法满足启动条件，导致机组无法正常启动。

（2）机组运行中如果低压缸防爆膜破裂较大，漏空气严重，机组的真空不能维持，则机组可能因真空低跳闸导致机组非停，影响到机组上网的电量和非停小时数。

（3）机组运行中如果低压缸防爆膜破裂一部分，机组真空下降，但机组还能维持运行，则会导致机组的经济性下降。该种影响比较隐蔽，不容易发现，长时间运行将使机组损失大量的负荷。真空每下降 1%，机组的负荷就会下降 1%～2%。以 400MW 机组为例，真空每下降 1kPa，机组的负荷就会下降 4～8MW 以上，而且机组所带负荷越高下降越多（与负荷成比例），这样每天由于真空的下降导致全天负荷的损失就非常可观了。

五、3 号机低压缸防爆膜破裂处置措施

（1）联系厂家对低压缸防爆膜的实际破裂压力值进行校对，使其符合设计动作压力值。

（2）机组停运后控制破坏真空的速度，只有当主、再热管道压力下降至规定值以下时，方可破坏真空到零。真空到零后及时关闭高温、高压管道疏水门，关严辅助蒸汽至轴封电动门。

（3）机组启动前，对于会进入凝汽器的疏水要等循环水泵和凝结水泵启动后再开启，防止疏水排至凝汽器而未冷却凝结，使凝汽器的压力上升，导致低压缸防爆膜破裂。

（4）送轴封汽后，要及时开启真空泵，不要长时间只送轴封不抽真空，使高温高压蒸汽大量进入汽缸或凝汽器。如果真空泵故障抽不了真空要及时开启真空破坏门，并逐渐将辅助蒸汽至轴封蒸汽调整门关闭。

（5）停机时真空到零后疏水扩容器要停用，各路疏水要改排地沟。

六、建议

（1）运行部加强内部管理，解决内部沟通问题，所有的命令发出后必须要有明确反馈和回复。

（2）严格执行安规中关于设备抢修制度的规定，在危及人身和设备安全的紧急情况下，经值长许可，可以没有工作票进行处置，但必须将采取的安全措施和不办工作票的原因记在运行日志内。

（3）实行应急抢修单制度，抢修工单需列出进行抢修工作必需的安全措施。

（4）设备检修严格执行检修会同运行现场确认的安全措施制度，只有在现场确认安全措施已执行后，运行人员才能许可检修开始工作。

（5）运行人员加强工作许可的相关学习，严格执行下令、复令制度，所有命令发出后必须要有复诵命令。

案例 ⑭ 4号机甩负荷至全速空载事件分析及处理

王 璇

一、设备概况

某公司二期 3 号机组、4 号机组同属 S109FA 燃气 - 蒸汽联合循环机组，一套 S109FA 机组由一台燃气轮机、一台汽轮机、一台余热锅炉、一台发电机同轴布置组成。余热锅炉是引进东方日立公司技术生产的三压、一次中间再热、卧式、无补燃、自然循环余热锅炉。高、中、低压三个汽包前都有省煤器模块，汽包下都有蒸发器模块，汽包出口都有过热器模块。汽轮机高压缸排汽和中压过热器出口的蒸汽混合经再热器加热后到中压缸做功，高压过热器通过一级减温水减温来保证主蒸汽温度不超限，再热蒸汽由一级减温水控制再热蒸汽温度在规定范围内。低压省煤器有再循环泵来加强低压给水的循环，保证低压省煤器各受热部件不超温。高中压汽包和中低压汽包之间有联络门，启动时可以由上一级汽包给下一级汽包补充蒸汽，加快启动速度。高压过热器分为高温段（以下简称高过 2）和低温段（以下简称高过 1），分别布置在 1 号和 2 号模块中，模块间布置喷水减温器。来自高压汽包的饱和蒸汽通过连通管进入高过 1 进口集箱，再引入喷水减温器，根据高压主蒸汽集箱出口温度进行喷水减温调节后进入高过 2 进口集箱，最后引至高压主蒸汽。

二、4号机甩负荷至全速空载情况说明

2010 年 2 月 4 日：

8：28，启动 4 号机。

8：52，4 号机并网，逐步加负荷至 48MW。

9：43，高压缸进汽完成，投入 IPC IN，机组负荷为 102MW，燃气轮机排气温度为 556℃，主汽温度为 553℃，预选负荷为 260MW。

9：45，中压满足进汽条件，打开中压过热蒸汽主电动阀，中压并汽。

9：46，机组负荷为 145MW，燃气轮机排气温度为 626℃，主汽温为 571℃，DCS

发出"高压过热器出口蒸汽温度高Ⅰ值"报警。随即机组负荷升至160MW，燃气轮机排气温度为626℃，主汽温升至581.094℃，DCS相继发出"高压过热器出口蒸汽温度高Ⅱ值""高压过热器出口蒸汽温度高Ⅲ值"报警，机组甩负荷至全速空载，马上手动打开过热器、再热器疏水手动门。

9：49，全面检查机组正常，重新并网，加负荷。

10：12，机组负荷加至260MW，投入一次调频、AGC。

三、高压主蒸汽温度高原因分析

1.4号机低压蒸汽温度高原因分析

为了方便运用能量守恒对高压过热器换热进行分析，绘出高压过热器换热简图如图14-1所示。考虑散热损失的高压过热器热交换的热平衡方程式为

$$(h_3 - h_4) \times Q_y \times \eta = (h_2 - h_1) \times Q_z \tag{14-1}$$

式中：h_3、h_4 分别为高压过热器烟气侧的进、出口比焓，kJ/kg；Q_y 为低压过热器烟气侧的烟气质量流量，kg/s；h_1、h_2 分别为高压过热器蒸汽侧的进、出口比焓，kJ/kg；Q_z 为高压过热器蒸汽质量流量，kg/s；η 为高压过热器换热效率。

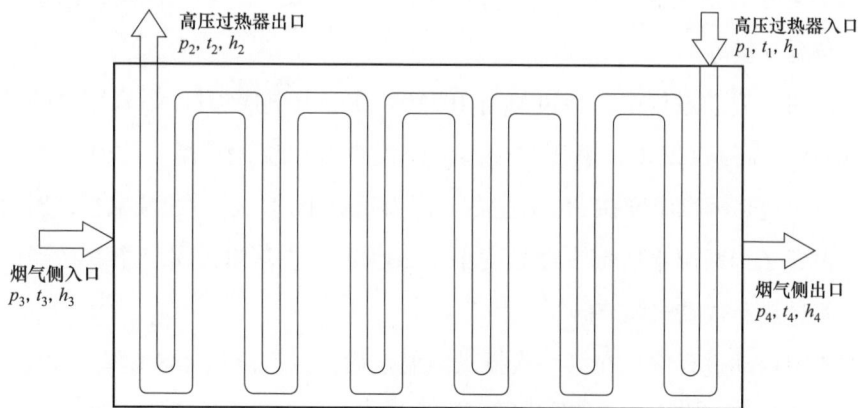

高压过热器出口
p_2, t_2, h_2

高压过热器入口
p_1, t_1, h_1

烟气侧入口
p_3, t_3, h_3

烟气侧出口
p_4, t_4, h_4

图14-1 高压过热器换热简图

高压汽水流程图简图如图14-2所示。以给水流量来计算高压过热器吸热量为

$$Q_{gg} = (h_2 - h_s) \times Q_2 + (h_2 - h_b) \times (Q_1 - Q_2) \tag{14-2}$$

式中：Q_{gg} 为高压过热器吸热量，kJ/kg；h_s 为高压省煤器出水比焓，kJ/kg；h_b 为高压汽包压力下饱和蒸汽比焓，kJ/kg；Q_1 为高压给水流量，kg/s；Q_2 为高压过热器减温水

流量，kg/s。

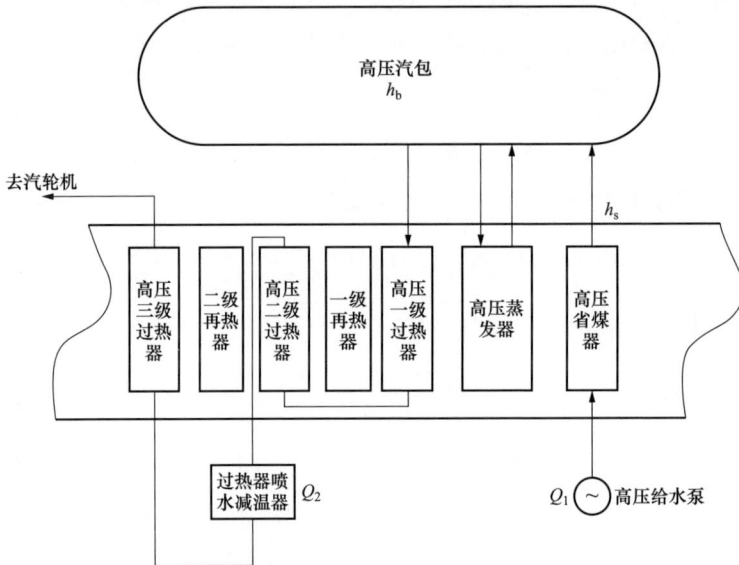

图 14-2 高压汽水系统简图

由式（14-1）、式（14-2）和图 14-2 可知，蒸汽从汽包出来后通过过热器的低温段至减温器，然后再到过热器的高温段，最后至汽轮机做功。因此影响主汽温变化的因素很多，可分为烟气侧、蒸汽侧两方面。例如蒸汽负荷、烟气温度、给水温度、给水压力、减温水量等。

在该次机组启动过程中，当负荷由 102MW 升至 160MW 时，燃气轮机的排气温度开始由 566℃升高到 626℃，高压过热蒸汽温度也开始快速升高。此时应投入喷水减温，维持高压过热蒸汽温度在 565℃左右。但为了防止投入过量的减温水，对管道造成水冲击，设置了当减温水后蒸汽过热度小于 20℃或是主蒸汽流量三个变送器同时坏点时超驰全关过热器减温水调节阀。

该次机组启动过程中，在第一次投入减温水后，主汽温从 488℃降至 484℃，为减少等待满足高压进汽条件的时间，曾关闭蒸汽减温水。随后负荷加大造成主汽温度急速上升，未能及时投入减温水。最终导致高压主蒸汽温度超过高压主蒸汽温度高三值保护定值，保护动作，以致机组甩负荷至全速空载。

2. 影响高压主蒸汽温度的因素

由式（14-1）可得影响过热蒸汽温度发生变化的因素可分为两方面：一方面是烟气侧，另一方面是蒸汽侧。

烟气侧的主要影响因素如下：

（1）燃气排烟温度的变化。当燃气排烟温度升高时，汽温则升高；当燃气排烟温度降低时，必须增加烟气量以保持锅炉蒸发量不变，从而对流吸热量增加，引起对流过热器的汽温升高。

（2）受热面清洁程度的变化。过热器受热面本身结垢，将使汽温降低；蒸发器结垢，则将引起汽温升高。因为结垢会阻碍传热，使蒸发器的吸热量减少，而使过热器进口的烟温升高，因而引起汽温升高。过热器管内壁结垢不但会影响汽温，而且可能造成管壁过热损坏。

蒸汽侧的主要影响因素如下：

（1）蒸汽量的变化。过热器爆管会导致蒸汽量的变化。致使过热器爆管的因素有很多，当化学监督不严、汽水分离器结构不良或存在缺陷，致使蒸汽品质不好时，在过热器内检修时又未能彻底清理，会引起过热器管壁温度升高；过热器、蒸发器管材焊接不合格，管内杂物堵塞，会引起过热器损坏；运行时间久，管材蠕胀，会引发过热器损坏。当过热蒸汽流量减少，明显小于给水流量时，过热蒸汽温度由于流量减少而升高。

（2）减温水变化。由式（14-2）可知，减温器中减温水流量和温度的变化将会引起过热器蒸汽侧总吸热量的变化，汽温就会发生变化。该案例中机组以高压给水作为过热器减温水，在给水系统压力增大时，即使减温水的阀门开度未变，但减温水量仍会增加，使过热器蒸汽被吸走的热量增加，因此引起汽温下降。当减温器发生泄漏时，也会引起汽温下降。

（3）饱和蒸汽变化。由图 14-2 可知，流入高压过热器的蒸汽从高压汽包而来，从汽包出来的饱和蒸汽可能会含有少量水分，正常情况下进入过热器的饱和蒸汽湿度一般变化甚小。但当运行工况不稳，锅炉负荷突增且汽包内汽水分离器的分离效果不佳时，就会大大增加饱和蒸汽湿度，增加的水分在过热器中汽化需大量吸热，因而引起汽温降低。若蒸汽带水，则汽温将急剧下降。

（4）给水温度变化。当给水温度降低时，从给水变为饱和蒸汽所需的热量增多，如烟气量不变，则蒸发量下降。而过热器传热量基本不变，因此每千克蒸汽在过热器中吸热增加，汽温升高。如维持蒸发量不变，则必须增加烟气量，这会使过热器传热量增加，从而使汽温进一步升高。因此单元机组应及时投入高压加热器，而母管制机组给水温度一般变化不大。

3. 高压主蒸汽温度控制对象的动态特性

由上部分内容可知，影响汽温变化的原因主要可归纳为蒸汽流量、烟气传热量与减温水三个方面的扰动。

（1）蒸汽流量扰动。引起蒸汽流量变化的主要原因有两个：一个是蒸汽母管的压力变化，另一个是汽轮机调节门的开度变化。不同结构的过热器在相同蒸汽扰动的情况下，汽温的变化特性是不同的。针对对流式过热器而言，随着蒸汽流量 Q 增加，流经过热器的烟气量也随之增加，汽温因此升高；对于辐射式过热器而言，随着蒸汽流量 Q 增加，余热锅炉内温度升高较少，辐射给过热器受热面的热量比蒸汽流量增加所需的热量少，因此辐射式过热器的出口汽温反而降低。该余热锅炉内所配备过热器为对流式过热器，因此过热器出口汽温随着蒸汽流量 Q 的增加而升高。

当蒸汽流量扰动时，沿过热器长度上各点的温度几乎同时变化，延迟时间较小，且由用户决定，故不能将蒸汽流量扰动作为调节信号。

（2）烟气量扰动。引起烟气传热量变化的原因有很多，如燃料成分变化、蒸汽受热面结垢等。由于烟气侧扰动沿过热器使各点的传热量发生变化，所以汽温变化反应较快，可将烟气传热量扰动作为调节信号。

（3）减温水量扰动。常用的减温方法有两种：喷水式减温和表面式减温。该机组采用喷水式减温，减温水量是经常使用的调节量。

综上所述，汽温在各个扰动下都有延迟，针对自平衡时间而言，其中减温水量扰动时其值最大，烟气扰动次之，蒸汽流量扰动时最小。

4. 高压主蒸汽温度控制及喷水减温器控制原理

该机组采用喷水减温器进行高压主蒸汽温度调节，其原理是通过改变蒸汽热焓来达到调节的目的。

（1）高压主蒸汽温度控制。高压蒸汽温度控制系统设计一级喷水减温调节，减温器布置在两个过热器之间，在控制策略上都采用串级控制方法。高压蒸汽温度控制系统以高压蒸汽温度作为被调量，以减温器后的温度作为导前汽温。用主调节器的输出与导前汽温的饱和温度再加上一个正偏置进行高选后的值作为副调节器的设定值，用以保证导前汽温具有一定的过热度。为了延长减温水调节阀的寿命，防止调节阀频繁摆动，减温水调节门应确定一个设定的最小开度。从机组启动到带满负荷，高压蒸汽温度随燃气轮机负荷的增加而爬升，当燃气轮机接近满负荷时，高压蒸汽温度也达到额定温度。在燃气轮机负荷增加的过程中，高压蒸汽温度的设定值是燃气轮机 IGV 角度的函数。当IGV角度大于70°时，燃气轮机接近基本负荷，也就是满负荷。这时，高压蒸汽温度设定值自动切换到其额定温度设定值，该值可由操作员给定。

在高压蒸汽温度随IGV角度增大而爬升的过程中，若IGV角度瞬间变化过大，将导致较大的设定值扰动。为防止出现这种情况，当IGV角度瞬间变化过大时，设定值将在当前温度测量值的基础上按一定的速率爬升。

高压蒸汽温度控制的主要特点是高压蒸汽温度设定值的确定：在启动和正常运行过程中为了充分吸收燃气轮机的排气热量，其温度设定值不为常数，而在最小与最大限值之间，且温度设定值是燃气轮机IGV角度的函数。同时在喷水控制回路中应防止过量喷水，避免减温器出口温度进入饱和温度范围。为了延长减温器寿命，防止减温器经常受热冲击，减温器必须保持一个最小喷水量。

（2）喷水减温器控制原理。高压减温水控制允许逻辑见图14-3，当满足下列条件时，高压减温水自动投入：

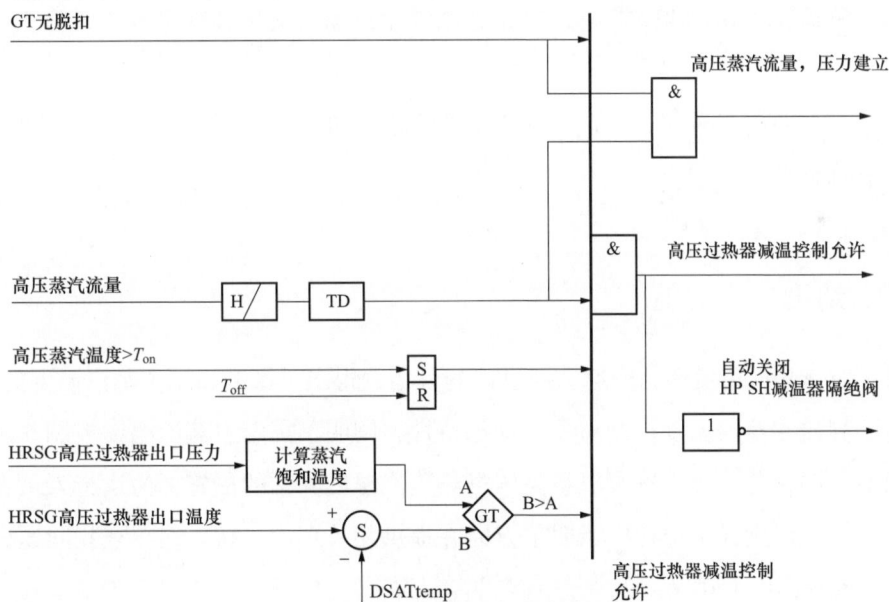

图14-3 高压减温水控制逻辑图

1）机组无跳闸信号。

2）高压减温器出口温度高。

3）高压过热器流量在一定范围内。

4）高压过热器温度在一定范围内。

5）高压过热器有一定的过热度。

四、4 号机组高压蒸汽温度异常处理

通过上述对高压主蒸汽温度影响因素的详细分析，当 4 号机组在启动过程中出现高压主蒸汽温度异常时，运行人员必须高度重视，采取相应的处理手段控制高压蒸汽温度维持在正常范围内。

（1）在机组启动前进行过热器疏水，在启动中控制锅炉的升负荷速度，减小过热器的热偏差现象。

（2）应密切关注蒸汽减温水应及时投入，并置自动位置，随时严密监视蒸汽减温水量及蒸汽温度的变化。

（3）高压并汽完成后，应检查蒸汽减温水投入情况，减温水量、蒸汽温度变化，参数正常后才可加负荷。

（4）负荷在 120 ~ 140MW 时，应注意燃气轮机加负荷率和减温水量，防止蒸汽温度超温。

（5）在加负荷过程中，随时严密监视蒸汽温度的变化，必要时采取停止加负荷、手动调节减温水。

五、结论

通过对 4 号机甩负荷至全速空载事件的分析，得出了影响高压主蒸汽温度的因素，并分析了高压主蒸汽温度控制对象的动态特性，阐明了高温主蒸汽温度控制原理及喷水减温器控制原理。提出解决机组高压过热蒸汽温度异常的措施，为运行人员在处理高压过热蒸汽温度异常过程中指明了方向并提供相关理论支持，缩短查找问题根源的时间。为此提出以下建议：

（1）控制系统在主汽减温水自动调节中加入燃气轮机 IGV 开度因素，当 IGV 开度在 49° ~ 64° 之间时，适当降低减温水自动跟踪的设定值，以避免开机出现超温问题。

（2）在加负荷过程中，随时严密监视蒸汽温度的变化，必要时采取停止加负荷、手动调节减温水。

参考文献

邓建玲 . 大型燃气 – 蒸汽联合循环发电技术丛书 . 北京：中国电力出版社，2009.

案例 15 机组温度匹配异常分析与处理

温焱明

一、引言

某电厂两套 GE 公司的 S109FA 型燃气－蒸汽联合循环单轴机组完成了从 DLN2.0+ 燃烧器升级为 DLN2.6+ 燃烧器的替换性改造,燃气轮机控制系统也从 Mark VI 升级至 Mark VIe。改造项目扩大了机组对天然气组分变化的适应范围,NO_x 排放同比降低了 50%。改造后,IGV 最小运行角从 47.5° 降至 41.5°。

二、事件经过

2018 年 3 月 24 日,4 号机组启动后成功并网。4min 后,机组负荷为 25.7MW,TNR 为 100.37,机组投入温度匹配。3min 后,机组负荷低于 –4.8MW,TNR 为 100.2,系统发出 GENERATOR BREAKER TRIP REVERSE POWER 报警,机组因逆功率保护动作跳发电机甩负荷,机组负荷降至 0。

三、原因分析

1. 燃气轮机温度匹配原理

燃气轮机发电机并网后执行温度匹配流程是为了减少汽轮机在进汽过程中产生的热应力,以保证汽轮机的安全和寿命。温度匹配通过改变燃气轮机压气机的进口可转导叶 IGV 开度或者燃料供应量,进而将燃气轮机的排气温度控制至某一计算值,最终保证余热锅炉产生的主蒸汽经过主汽门后温度稍高于汽轮机汽缸壁温,从而保证汽缸进汽后缸壁得到均匀受热,为机组进一步提升负荷做准备。当机组冷态启动时,燃气轮机排气温度相对缸温较高,需要通过开大 IGV 增加空气量来降低排气温度;当机组热态启动时,燃气轮机排气温度相对缸温较低,而此时 IGV 处于最小开度(改造前为 49°,改造后为 41.5°),需要增加燃料量来提高排气温度。

投入温度匹配后，排气温度设定值为

$$TTRXMTM\_cmd = T + 110℃ \quad (371℃ \leq TRXMTM\_cmd \leq 566℃) \quad （15-1）$$

式中：T 为汽轮机高压缸上缸内壁温度，℃；TTRXMTM_cmd 为温度匹配控制的温度设定值，℃。

　　选择高压缸进汽上缸内壁温度，加上 110℃ 作为燃气轮机排气温度标的值。将该温度作为目标温度设定值是为了保证高压主蒸汽温度能够高于高压缸进汽室金属温度，防止高压主蒸汽进入汽缸后对高压缸形成冷冲击，造成设备损伤。

2. 温度匹配异常问题

　　燃气轮机冷态启动进入温度匹配阶段时出现了机组负荷大幅度下降，甚至下降至下限负荷导致机组跳闸保护动作的情况。以某次的启动为例，在机组并网并投入温度匹配后，IGV 接收温度匹配控制程序降低排气温度的请求开始从最小开度 41.5° 逐渐开大，而机组负荷也开始由 20MW 下降至导致机组跳闸甩负荷的动作值 –4.8MW。此时 IGV 开度为 53.8°，机组解列，温度匹配强制退出。

　　为了防止甩负荷事件的发生，尝试将影响负荷的温度匹配 TNR 基准值常数 TNKTML 提高，即提高燃料量以防止功率下降至下限负荷。但更改该值过大会出现投入温度匹配前因燃料量输入偏大导致燃气排气温度超过 566℃，出现自动减负荷保护动作的情况，致使无法顺利投入温度匹配。而将该值改大至不会导致排气温度超温的数值时，又可能会出现温度匹配的整改过程 IGV 无法重新关至最小角度 41.5°。即使在某种工况下，更改该参数至合适值不会出现上述情况。但当工况变化时，如天气温度变化、压气机效率变化等，该参数又不适合了，会出现同样的问题。

3. 温度匹配异常原因分析

　　在温度匹配投入初期，汽轮机尚未进汽做功，分析简化为如图 15-1 所示的燃气轮机简单循环原理图。理论上发电机负荷 d_{watt} 的计算式可表示为

$$d_{watt} = l_t - l_y \quad （15-2）$$

　　分析温度匹配时出现的负荷下降，从能量守恒的角度看，或者是能量输入 l_t 减小，透平做功下降；或者是能量消耗 l_y 增大。

　　首先从能量输入方面来看，按照温度匹配程序的设定，投入温度匹配后，系统通过 ERRORADJ 算法将 TNR 调整至 TNKTML（控制死区 0.02）并保持不变，即燃料基准 FSR 也保持不变。

　　由此可见，燃料量输入的热量 q_1 没有发生变化。但开大 IGV 使空气量增加，进而

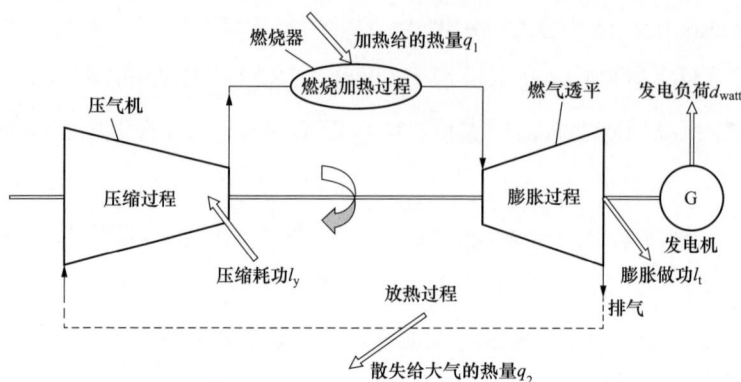

图 15-1　单轴燃气轮机的简单循环原理图

透平的膨胀做功 l_t 会增大。简化为定比热过程分析，随着 IGV 开度的增大，理论计算的透平膨胀做功从对应发电功率为 12.9MW 时的 121MW 上升至保护动作（发电机功率为 -4.8MW）时的 126MW，出力增加了 5MW。

从能量消耗方面来看，压气机消耗轴功率 l_y 根据压气机等熵压缩原理进行分析，可得出随着 IGV 开度的增大，压气机耗功也大幅增加。理论计算的压气机耗功从对应发电功率为 12.9MW 时的 106MW 上升至保护动作（发电机功率为 -4.8MW）时的 133MW，耗功增加了 27MW。可见，在 IGV 开大的过程中，压气机耗功增加量大于透平做功出力的增加量。耗功大于透平剩余用于发电的所有负荷，需要吸收电网负荷，故出现了逆功率（功率为负值）的情况。

四、处理措施

1. 温度匹配控制优化对策研究

从上述原因分析可以看出，要优化温度匹配控制程序，避免出现逆功率保护情况，可以从减少压气机耗功或增加透平出力来实现。

从压气机耗功分析可以看出，在其他条件不变的情况下，通过提高压气机效率可以降低压气机功耗。但压气机效率的提高在正常运行时只能通过压气机水洗来实现，而且压气机进气温度的变化等因素也会影响效率，所能提高的效率有限，达不到大幅度降低压气机功耗的目的。从压气机耗功变化与 IGV 开度变化的关系和公式来看，降低压气机功耗也可通过限制 IGV 开度来实现，即 IGV 开度变化量引起的功耗变化量不应超过当时的发电机功率加上逆功率下限值 4.8MW。在本案例中即 IGV 开度不能大于

50°。但限制 IGV 开度会导致燃气轮机排气温度不能下降至满足温控定值的要求，无法实现对目标蒸汽温度的控制。因此降低压气机功耗的方式不可行。

增加透平出力在透平效率一定的情况下就是要增加热量 q_1 的输入，即增加燃料量，在控制系统里就是提高 FSR 数值，也就是 TNR 的数值。在温度匹配控制程序里通过增大控制 TNR 的 TNKTML 常数可以提高 FSR。既然目标是控制发电机功率不低于保护下限值，考虑一些裕度，可以设计一套以确定功率值范围为目标的逻辑，该逻辑可以根据功率的变化情况动态自适应调整 TNKTML，从而实现对输入燃料量的调节，增加能量输入，避免出现逆功率保护。即设定一个功率下限，实际功率低于下限时以一定的速率增加 TNKTML；为保证最后 IGV 能回到最小角度，设定一个功率上限，实际功率超过上限时以一定的速率减小 TNKTML。该方案不需要考虑影响压气机功耗和透平出力变化的因素，只要以负荷为限制边界，避免发生逆功率保护，就可以解决问题，是一种有效且容易实现的方案。

2. 温度匹配参数动态自适应调整逻辑的设计

由于 TNKTML 逻辑算法在受保护逻辑页，所以无法在该逻辑页增加逻辑。鉴于在控制系统里有一个用户可编辑修改区域 CUSTOM 程序区，可以在该区域创建新逻辑 TASK 页 tempmatch，创建逻辑实现对原常数 TNKTML 的动态自适应调整，将其改为一个动态变量。

逻辑中算法块 COMPARE_1 实现对发电机功率 d_{watt} 的运行下限判断，设定下限值为 15MW；算法块 COMPARE_2 实现对发电机功率 d_{watt} 的运行上限判断，设定上限为 30MW；算法块 RUNG_1 和 RUNG_2 里的 L83TMSEL 为温度匹配投入标志，两个算法限定在温度匹配阶段 TNKTML 变量参数才执行自适应调整功能；算法 SELECT_1 是参数选择模块，当 SEL1 输入值为 1 时，选择 IN1 的输入值（0.0002）至 OUT 输出，当 SEL2 输入值为 1 时，选择 IN2（−0.0002）的输入值至 OUT 输出；算法块 ADD_1 将 IN1 和 IN2 的数值相加后通过 OUT 输出；算法 MANSETP_1 为手动设定模块，在这里主要实现输出值的上下限制和预置输出数值功能，即将 OUTPUT 值 TNKTML 限制在 100.3 ~ 100.6 之间，同时在未投入温度匹配时（L83TMSEL 信号取反）将 TNKTML 预置到 100.3，保证投入前不需要太高的负荷，防止排气温度超温。

为了防止逻辑执行调节 TNKTML 参数时变化速度过快导致负荷变化过大，需要进行变化速率控制，但系统中自带的具有速率限制功能的开关输入调节模拟量算法受权限保护限制无法使用。逻辑中设计的 ADD_1 和 MANSETP_1 算法构成的循环加法实现了速率控制功能，即 TNKTML=TNKTML+Srate，逻辑每执行一个周期，该加法执行一次，TNKTML 增加或减小 Srate（正值增加，负值减小）。Tempmatch 逻辑页所在的执行周期为 40ms，因此 1s 执行 25 周期，即每秒 TNKTML 变化 25×Srate。因系统中正常负荷调节时 TNR 的变化速率为每秒 0.00555，采用该速率作为 TNKTML 的变化速率，则 Srate=0.00555/25 ≈ ±0.0002。

设定负荷下限为 15MW 是考虑燃烧系统稳定燃烧安全裕度的经验值，负荷上限 30MW 是考虑汽轮机已经开始进气，负荷已经可以维持较高位置，因此可以开始降低 TNR，以提高联合循环整体效率且保证最后 IGV 能关至最小运行角度。因为降低 TNR 后，在控制同样的排气温度下可以相应关小 IGV，所以压气机耗功会减小。TNKTML 最小值定为 100.3 是考虑多各种工况下投入温度匹配前排气温度不会超温的数值。TNKTML 最大值 100.6 是依据系统转速不等率为 4% 时计算 0.3 对应的负荷大约为 29.25MW，已能满足各工况下压气机耗功的吸收，不会出现逆功率情况。

TNKTML 动态自适应调整逻辑实现的效果可描述为：温度匹配投入前，TNKTML 参数被预置至 100.3。投入温度匹配后，若负荷低于 15MW，则开始按每秒 0.005 的速率增加 TNKTML 最大不超过 100.6，当负荷超过 15MW 时则停止增加；若负荷大于 30MW，则开始按每秒 0.005 的速率减小 TNKTML，最小减至 100.3。TNKTML 作为参数进入温度匹配主逻辑进行 TNR 的调节。

3. 温度匹配控制系统优化效果

利用某次 4 号机组停机较长时间，需要冷态启动的机会，首先在 4 号机组 MARK VIe 上设计了逻辑并完成仿真测试。随后，在 4 号机组的实际冷态启动中验证了逻辑。投入温度匹配后，随着 IGV 的开大，负荷开始从 26MW 下降至 15MW 以下，TNKTML 自适应动态调整逻辑开始起作用，TNR 按照预定速率开始增加，负荷下降速度开始减小。至 TNR 升到 100.45 时，负荷由下降的最小负荷点 6.5MW 重新开始上升。TNR 到达最大限 100.6 时，负荷升至 14MW，并随着汽轮机进汽，负荷开始往上增加。在汽轮机继续加载，发电负荷大于 30MW 后，TNR 缓慢下降至 100.3。随着高压缸金属温度逐步上升，排气温度目标值也会随之上升，IGV 最后也顺利关至最小运行角度 41.5°。

实际运行情况证明温度匹配控制系统优化方案达到了预期的效果。成功解决了二期机组 DNL2.6 改造以来存在的问题匹配异常的问题，减少了机组启动温度匹配时间，消除了安全隐患，提高了机组运行自动化水平和可靠性。

五、结论或建议

由于燃气轮机系统相对比较复杂，所以温度匹配异常的主要原因分析、解决方案的确定，以及受权限保护逻辑的修改等方面都存在困难。但通过理论结合数据的分析，自创动态自适应调整逻辑等创新方式还是能成功解决问题。相关研究的应用已经得到了厂家的认可，国内其他相同机型机组也存在这一问题，研究成果可水平推广到这些机组，其他类型燃气轮机可参考自适应逻辑进行相应改进应用。

参考文献

［1］于国强，等.S109FA 机组的温度匹配原理 [J]. 燃气轮机技术，2007（9）：17–19.

［2］林公舒.现代大功率发电用燃气轮机 [M]. 北京：机械工业出版社，2007.

［3］王波，张世杰，等.大型燃气轮机透平冷却空气量估算 [J]. 燃气轮机技术，2009（9）：29–32.

［4］王德慧，李政，等.大型燃气轮机冷却空气量分配及透平膨胀功计算方法研究 [J]. 中国电机工程学报，2004，24（1）：180–185.

［5］温焱明.重型燃气轮机燃烧系统和控制系统升级改造 [D]. 广州：华南理工大学，2017.

第二部分

机务专业

案例 16   9FA 燃气轮机 GCV3 燃料控制阀不跟随指令 故障分析与处理

黄耀文

一、引言

燃料控制阀用于控制燃气轮机燃烧系统的燃气流量，其动力由液压缸驱动，液压缸上装有弹簧可在失效状态时关闭阀门，起到安全保护的作用。燃料控制阀的阀芯外形经过特别设计，使得阀门流通面积与阀芯行程成比例关系，同时其流线型阀芯和文氏管阀座，使其具备压阻低、压比高的高压恢复功能。高压恢复设计能够让机组在阀门供应压力低的情况下实现临界压力运行，其优点是阀门的流量与阀门进气压力及阀门流通面积成函数关系，而与阀门的压力损失无关。运行时阀门的开度大小由控制系统来控制，所供应燃气按一定的百分比分配给每路燃气通道，燃料分配比由燃烧运行模式及其基准温度来控制。

根据燃烧系统的不同有两种不同的阀门类型，一种是标准压损设计（标准燃气控制阀），另一种是低压损设计（低压损燃气控制阀）。两种设计都具有线性流量特性，即便在低压比的情况下也不会受到阀门出口压力的影响。某 GE 9FA 燃气轮机在 DLN2.6+ 改造时，燃料控制系统的阀门同步改造为低压损型，与标准燃料控制阀相比，它会使燃料喷嘴的压比更稳定，能够进一步降低阀门的压损，从而提升燃烧系统的可靠性。

二、事件经过

2017 ~ 2019 年间，二期 GE 9FA 燃气轮机在进行了燃烧器 DLN2.6+ 改造后多次发生机组启动并网燃烧模式切换时 GCV3 燃料控制阀不跟随指令跳机，系统首出报警均为 "GCV3 TRACKING FAULT-HIGH HIGH ERROP TRIP"（即燃料控制阀基准值和反馈值的差的绝对值大于 5%，延时 5s，机组停运）触发机组主保护动作，机组跳闸。缺陷发生后仪控专业立即对阀门进行静态和充氮气模拟动态开关试验，均为正常，历次重新启动机组并网也都正常。统计发现该故障具有一定的随机性，未找到明显的关联点。

三、原因分析

1. 燃料控制阀组模块介绍

该公司 9FA 燃料模块在 DLN2.6+ 改造后的布置如图 16-1 所示。阀组的动力来源于同一个液压油系统，通过伺服阀控制开关位置。根据控制顺序，开机点火时启用 D5 支路，在升速过程中 D5 退出，PM1、PM2 投用直到并网带负荷。当负荷达到一定值，温度匹配满足要求时，燃烧模式切换 PM3 投入使用。

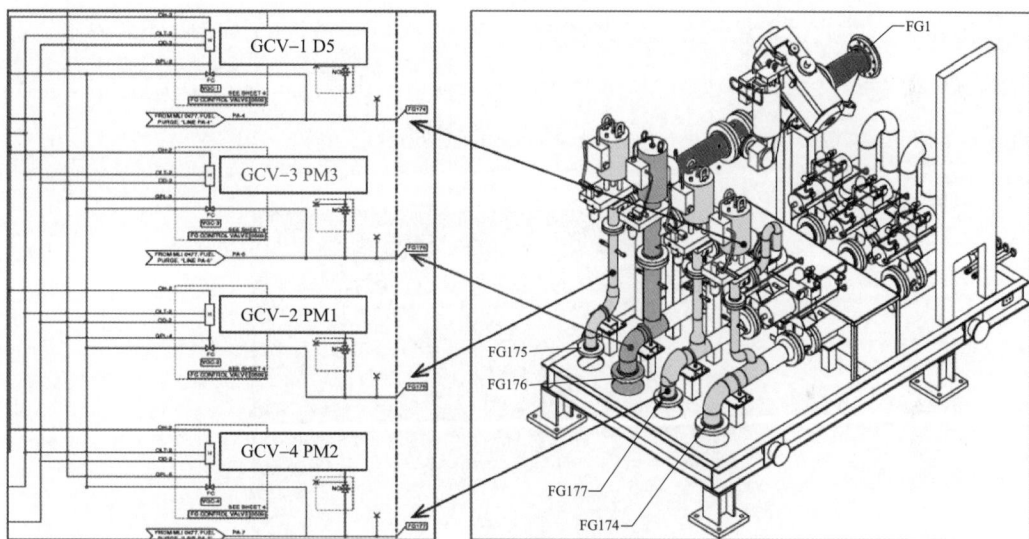

图 16-1   燃料控制阀组模块

2. 原因排查

（1）伺服阀故障。2017 年 2 月 22 日，4 号机第一次发生该缺陷后，技术人员初步判定为伺服阀故障导致阀门拒动，随后更换了伺服阀。但两周后，4 号机组再次陆续出现了该故障。一般情况下伺服阀不会如此频发出现故障，因此排除了伺服阀的问题。

（2）液压油油质。2017 年 3 月 5 日和 7 日，4 号机接连发生 3 次同一原因引起的跳机。此时分析认为是液压油油质存在问题，伺服阀动作时存在一定几率使颗粒物堵塞伺服阀导致卡涩。以防万一，停机后都更换了伺服阀，同时安排对液压油进行滤油并进行化验，结果显示指标均在合格范围内，查阅前几个周期的化验结果，亦未发现超标数据。在这之后 4 号机几个月内都未发生同样事件，因此认为油质引起的缺陷已经被彻底消除。直至 2017 年 8 月 26 日，3 号机组上出现了同样故障，排查跟踪油质数据，无明显劣化趋势，而且在不同的机组中都发生了同样故障，因此也排除了液压油油质存在问题的可能。

（3）阀门安装工艺。2017 年 4 号机接连发生几次故障都找不到原因，因此认为是4 号机的 GCV3 阀门存在质量缺陷，在排查油质的同时，3 月 7 日发生故障后决定更换该阀门。旧阀门在拆除过程中发现法兰孔存在磨损，如图 16-2 所示，怀疑阀门安装存在应力，阀体刚度不够会产生变形，导致阀杆被憋住增加摩擦的可能性。因此在更换阀门时严格控制回装质量，法兰圆周和张口控制在 0.5mm 内，保证阀门不存在扭曲。2017 年 8 月 26 日，在 3 号机组出现故障。排除了液压油问题后，阀门的安装成为重点怀疑对象，因此也重新拆装了 3 号机组的 GCV3 阀。经过近一年的验证，原本以为已经解决的问题，在 2018 年 6 月 12 日 3 号机上却再度出现，之前的结论再次被推翻。可见阀门的安装也许是原因之一，但肯定不是根本原因。

图 16-2　阀门法兰孔磨损

（4）阀组的位置布置。考虑到二期两台机组存在共性问题，技术人员对阀组间的布置形式展开调查分析，发现阀组罩壳的呼吸口在靠近 GCV1 和 GCV3 的位置，如图 16-3 所示。GCV3 阀是机组并网后切换燃烧模式时投入的，机组运行已近 0.5h，阀体入口温度基本接近燃气温度 185℃。但因为阀门的一侧正对呼吸口，在罩壳风机的作用下有持续不断的冷却空气灌入对阀体进行冷却，可能出现阀门因为前后受热不均导致阀芯与阀体不同心而卡涩的现象。而 GCV1 阀即 D5 燃料是机组启动就开始投用的，因为投入时间较短，且初始温度都相对低，所以 GCV1 阀不会出现上述现象。为了验证该想法的可能性，于是在罩壳呼吸口后、GCV3 阀前设置了一个导流板，将冷空气发散导流至四周,避免直吹 GCV3 阀,同时对阀体部分增加一层保温,降低温度对阀体的影响。

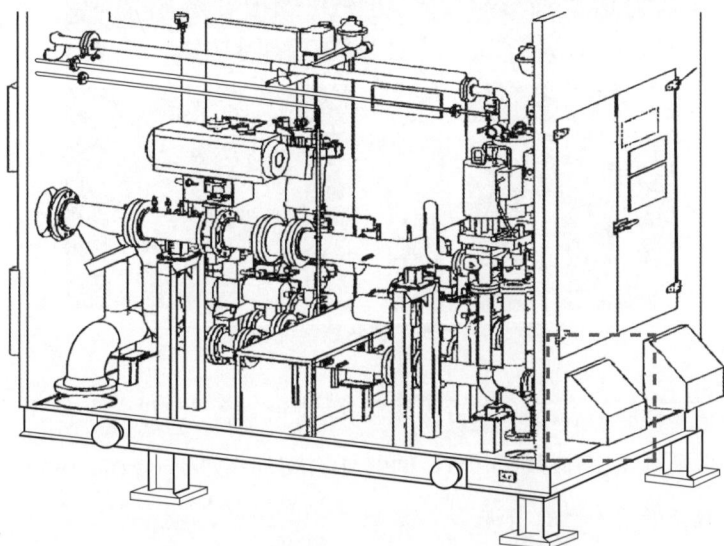

图 16-3　阀组间正对 GCV3 阀门的呼吸口

在对两机组采取以上措施后,设备稳定运行了几个月后,2018 年 10 月 1 日和 2018 年 12 月 28 日,两台机又分别再次出现了不跟随导致跳机的情况。至此,分析得出呼吸口的原因验证失败。

(5)阀门结构问题。针对 GCV3 阀门的不跟随现象,为进一步了解故障原因,排除阀体卡涩的可能性,将 4 号燃气轮机在 2017 年多次出现过故障的 GCV3 阀运送至阀门维修工厂进行解体检查。解体后发现阀芯密封线有偏移和磨损,如图 16-4 所示。该现象与阀门法兰孔有受力摩擦的情况相对应,可能存在安装不正导致外部应力作用于阀门发生变形。在深入拆检伺服阀、跳闸阀、滤网等液压缸附件时,未发现有堵塞和脏污物,再次排除伺服阀故障和油质不合格因素的影响。

阀门解体虽然未发现有明显的卡涩原因指向性,但有一个细节引起了技术人员的注意,燃料控制阀油动机的受力面积比较小,阀芯各部件如图 16-5 所示。液压缸的作用面积 $S' = S(R', r')$,而阀门开启需要克服天然气压力对应的面积 $S = S(R, r)$,从受力角度分析,阀门启动力 F_1= 油压 pS' 应大于合力 F_2=(p_2S+ 弹簧力 + 阀杆摩擦力)。从实际测算的数据中得到,启动力 F_1 与合力 F_2 基本相当,处在临界值。若轴向密封件中积存的微小颗粒与阀杆发生摩擦增加阻力,或阀杆与密封件相对长时间不动作,发生相对运动改变初始状态需要克服惯性力,或油管有油泥对油压产生节流等,都可能会导

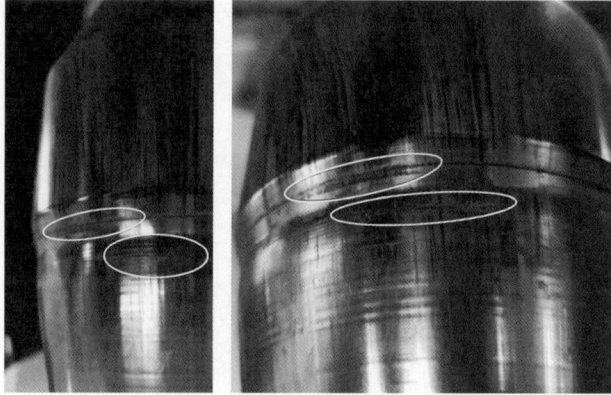

图 16-4　阀芯密封线错位和碰磨

致启动力不足以克服阻力，进而发生不跟随指令的故障。针对以上分析，专业人员将液压油压力提高至规范上限 1500 PSI，同时在启动前增加阀门活动试验，减少密封件与阀芯的吸附力。采取上述措施后，经过近 3 年的持续跟踪，机组启动 700 多次再未出现前述故障，故障已基本消除。

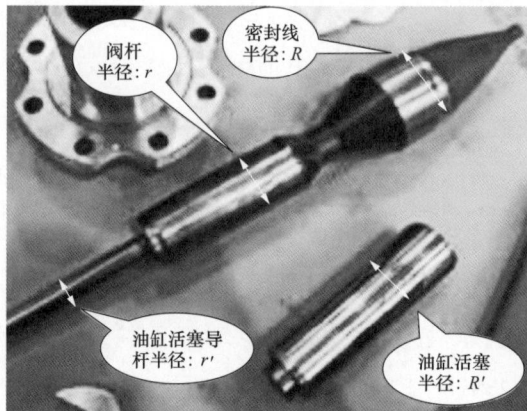

图 16-5　阀芯部件

四、处理措施

结合上述分析验证过程，处理燃料控制阀拒动的主要措施有以下几点：

（1）检查伺服阀，排查伺服阀故障。

（2）检查液压油质，这是造成伺服阀卡涩的主要原因。

（3）检查阀门的安装质量，排查是否存在野蛮施工造成阀门变形导致摩擦阻力增大。

（4）提高液压系统油压，检查油管是否存在沉积物堵塞节流。该次处理过程中提高油压后缺陷已消除，可在阀门进口处增加就地压力表，检查液压油管道是否有阻塞。

（5）增加启动前的活动试验。

（6）解体阀门，检查阀芯是否有卡涩。

五、结论和建议

燃料控制阀是燃料系统的关键组成部分，运行中只要出现故障，基本都会导致机组非停，因此设备的日常维护显得十分重要。液压缸和伺服阀结合计划检修做定期保养是一个必要的环节，平时也需要时刻关注并严格把控液压油的品质，因为液压油一旦受到污染，则整个系统的阀门安全运行都受到威胁。另外针对设计裕量是否足够的问题，需要与厂家进行进一步的交流探讨，即对于重要阀门，能否适当放大安全裕度重新选型。

案例 17 5/6 号机组闭式水箱水位快速下降分析与处理

卞 江

一、设备概况

某公司三期 5/6 号、7/8 号、9/10 号机组同属三菱 M701F4 型燃气轮机组成的燃气－蒸汽联合循环一拖一供热机组。总体配置为：一台 M701F4 型低 NO_x 燃气轮机、一台燃气轮发电机、一台无补燃三压再热自然循环余热锅炉、一台蒸汽轮机和一台汽轮发电机。以天然气作为燃料。

汽轮机是东汽 / 日本三菱公司联合生产的汽轮机组，该机组型式汽轮机采用双缸、三压、再热、抽凝汽式汽轮机组，向下排汽。蒸汽轮发电机位于低压侧，汽轮发电机采用全空冷发电机，额定功率为 145MW。闭式水箱高 2m，直径为 1m，容积为 $2m^3$。

三期 220kV 运行方式为：1M、2M 并列，5M、6M 分列；2012、2026 合闸；2015、2056 分闸。1M 包括 2205、2206、2972；2M 包括 2207、2208、2973；5M 包括 2209、2210 热备、2378；6M 包括 2301、2302、2212。5/6 号机组和 7/8 号机组运行，9/10 号机组盘车备用。6 号机组供热。

闭式水系统运行方式为：5/6 号机组闭式水泵供 5/6 号机组闭式水系统、公用系统空气压缩机，以及 9/10 号机的闭式水系统用。

二、5/6 号机组闭式水箱水位快速下降情况

2021 年 9 月 15 日 11：12，三期消防主机发出"9、10 号机零米"火警信号，消防控制电脑显示"9、10 号机零米高温架室烟感"火警，令运行工程师立即赶赴现场检查，并通知检修处理。11：14，主值发现 6 号机闭式水箱水位由 1.9m 快速下降至 1.6m。主值立即手动全开闭式水箱补水调整门，并令运行工程师至就地开启 6 号机闭式水箱的旁路补水手动门。11：15，DCS 发出"6 号机闭式水膨胀水箱水位 1.5 米低 I 值"报警，主值停运刚启动不久的 A 凝汽器补水泵，开启 6、8 号机凝汽器除盐水供水总门，恢复机组凝汽器正常补水系统，观察 6 号机闭式水膨胀水箱水位仍继续下降。

11：16，运行工程师汇报已全开 6 号机闭式水膨胀水箱的旁路补水手动门，6 号机闭式水膨胀水箱水位仍继续下降至 1.3m。主值尝试提高 7/8 号机组闭式水压力至 0.34MPa 以稳定 6 号机闭式水箱水位。

11：18，主值关闭 5/6 号机至 9/10 号机组闭式水联络电动门（供、回水电动门共 4 个），6 号机闭式水膨胀水箱水位由最低 1.25m 开始回升。11：20，8 号机闭式水箱水位缓慢下降至 1.68m，开启 8 号机闭式水箱的旁路补水手动门补水至正常后关闭。11：23，6 号机闭式水膨胀水箱水位升至 1.6m，DCS 发出 "6 号机闭式水膨胀水箱水位 1.5 米低 I 值" 报警自动复位。

11：24，现场运行工程师汇报：9/10 号机化学汽水取样间冷却器法兰大量喷水，室内有大量蒸汽，室内温度很高，雾气向上喷导致消防警铃启动。主值汇报值长，通知化学运行人员、机修、维保组人员至现场检查。化学运行人员告知：汽水取样间温度太高，雾汽太大，无法进入，将情况汇报值长。

11：28，6 号机闭式水膨胀水箱水位升至 1.9m，关闭 6 号机闭式水膨胀水箱的旁路补水手动门，用主路自动调整控制闭式水箱水位。

11：30，值长令：关闭 9/10 号机组给水泵房二楼及炉顶所有取样一、二次手动门后，再关闭 9/10 号机化学取样间闭式水进、回水手动总门，交由维保组处理。

12：30，经检查，9/10 号机化学汽水取样间冷却器共有 12 个法兰，其中有 5 个法兰垫片损坏导致大量喷水（见图 17-1）。运行人员完成隔离措施，交由检修处理。

图 17-1　高温架冷却器法兰垫片损坏照片

三、5/6 号机组闭式水箱水位快速下降

1. 5/6 号机组闭式水箱水位快速下降原因分析

9/10 号机组化学汽水取样间闭式水冷却器的 5 个法兰垫片损坏，导致闭式水从法

兰处大量泄漏，通过 5/6 号机组和 9/10 号机组闭式水联络阀，从而引起 5/6 号机组闭式水箱水位快速下降。

闭式水冷却器的法兰垫片失效损坏有如下原因：

（1）压力分布不均匀会导致法兰垫片之间产生间隙，最终会导致泄漏情况的出现。而造成压力失衡则可能是有多个原因。

1）人为因素，施工中预紧螺栓不对称，容易造成不均匀。

2）法兰错位对压缩力有很大的影响。法兰夹紧理论上完全平行于密封面。由于管道的中心线不能绝对同心，所以在拧紧螺栓时，弯矩作用在法兰上，使法兰上的应力不均匀、不对称，导致密封面或多或少地变形，降低了密封夹紧力，在工作载荷下容易发生泄漏（见图 17-2）。

图 17-2　法兰图片

3）在布置时螺栓的密度对压力也有一定的影响。

（2）应力松弛和扭矩损失。应力松弛和扭矩损失也是泄漏的主要原因。螺栓在法兰因机械振动、温度上升或下降而拧紧后，垫片在工作过程中会经历应力松弛，螺栓扭矩会逐渐减小，导致扭矩损失和泄漏。

（3）在安装的过程中，密封面的表面粗糙度和密封面的形状不一样。

（4）温度变化和冷却对密封效果也有很大影响。

经过仔细查验和分析，9/10 号机化学汽水取样间高温架冷却器共有 12 个法兰，法兰选用橡胶垫片，因工作环境为高温、高压，橡胶垫片承受长期高温高压环境致发生损坏泄漏，此次直接损坏 5 个法兰。事件后检修将全部法兰更换为金属缠绕垫片，冲压注水检查无漏后恢复取样间冷却器运行。

2. 闭式水箱水位快速下降的因素及危害

（1）闭式水箱水位快速下降的因素及分析。造成闭式水系统闭式水箱水位快速下降的因素具体有以下几方面。

1）任一闭式水用户出现泄漏等情况时，将会造成闭式水的喷水流失，引起闭式水箱水位下降。三期机组闭式水系统用户包括：燃气轮机润滑油冷却器、汽轮机润滑油冷却器、燃气轮机发电机氢冷器、汽轮机发电机空冷器、燃气轮机控制油冷却器、汽轮机控制油冷却器、燃气轮机密封油油冷却器、高 / 中 / 低压给水泵润滑油冷却器、化学取样系统。

2）打开闭式水系统联络门时，两侧闭式水系统压力不同或有较大压力差，将引起闭式水从压力高的一侧往低的一侧流动，造成压力高的一侧闭式水箱水位快速下降。

3）闭式水联络门关闭状态下关不严，将使该机的闭式水通过联络门漏进其他机组，引起该机闭式水箱水位下降。

4）人员误操作。误操作开启闭式水系统放水门或排空门等，引起闭式水放水泄漏导致闭式水箱水位下降。

5）阀门关闭不严或者调整门故障等。闭式水系统放水门关闭不严，或者补水调整门无法自动开启补水，也将引起闭式水系统放水及补水不及时导致水箱水位下降。

该次事件中 9/10 号机组化学汽水取样间闭式水冷却器的 5 个法兰垫片损坏，导致闭式水从法兰处大量泄漏，通过 5/6 号机组和 9/10 号机组闭式水联络阀，引起 5/6 号机组闭式水箱补水不及，造成闭式水箱水位快速下降。

（2）闭式水箱水位快速下降危害。5/6 号机组闭式水箱水位快速下降，如处理不及时，将造成闭式水泵跳闸，闭式水中断。闭式水系统压力低或者闭式水中断，将会造成公用系统空气压缩机失去冷却水而超温跳闸。空气压缩机系统跳闸，将无法维持压缩空气压力，燃气轮机的防喘放气阀会因失去压缩空气而导致燃气轮机保护动作机组跳闸。

三期运行中机组（5/6、7/8 号机）故障跳闸，将影响对外供热蒸汽的参数波动甚至是供热中断，影响供热用户的用汽及生产，事件影响范围大，危害严重。

并且闭式水箱水位低，还可能造成闭式水水泵入口处压力低，当压力低至水的汽化压力时将形成水蒸气气泡，产生汽蚀。

四、闭式水箱水位快速下降异常处理

1. 闭式水系统异常的处理原则

闭式循环冷却水系统向主厂房、余热锅炉岛区域内的辅机设备提供冷却水，包括回水的冷却、升压输送和调节。闭冷水系统一次水为循环水，二次水为除盐水。每台机组配备两台 100% 容量闭式冷却水泵和两台 100% 容量的管式水 – 水热交换器，正常情况下一台闭式却水泵和一台闭式循环冷却水热交换器运行即可满足整个系统所需的冷却水量。

闭式水系统异常的处理原则，首先对于参数异常要及时发现、果断调整，尽快恢复闭式水系统运行参数正常稳定。如因闭式水系统设备异常及泄漏爆管等原因，造成闭式水系统无法维持，应果断对相应机组及设备系统进行停运，防止设备因冷却水中断而损坏。并且要对相应机组的闭式水系统通过联络阀进行隔离，防止影响其他运行机组的闭式水。同时对闭式水用户进行检查，防止因公用系统设备运行异常而影响在运机组，造成事故扩大。

2. 实际运行中闭式水箱水位快速下降处理手段

通过上述对闭式水箱水位快速下降危害的详细分析，当三期机组在实际运行过程中出现闭式水箱水位快速下降时，运行人员必须高度重视，采取相应正确的处理手段控制闭式水箱水位以及闭式水系统压力在正常范围内，保障闭式水用户的稳定可靠运行。

（1）加强监视闭式水系统运行参数，做好相关参数的声光报警。当发现有异常报警发出时，及时处理并进行调整。

（2）发现膨胀水箱的水位下降或有下降趋势，应及时通过电动补水调节阀和旁路手动阀快速加大补水，维持水位。

（3）检查闭式水系统的供水和回水压力在正常范围，必要时可切换闭式水泵运行并对闭式水泵仔细检查。

（4）检查闭式水各用户的运行情况，若任一部分工作不正常，则应检查其相应的冷却水水量、水温和压力等并及时调整。如因闭式水用户自身异常泄漏，应及时根据实际情况进行隔离，避免影响范围扩大，保证闭式水系统及其他用户正常运行。

（5）当闭式水系统因泄漏无法维持运行时，及时对闭式水系统通过闭式水进回水联络阀进行隔离，停运相应机组及闭式水用户运行，防止影响其他正常运行机组。

五、结论

本案例通过对某公司三期5/6号机组闭式水箱水位快速下降的现象进行原因分析，进而对闭式水系统用户化学取样法兰垫片损坏原因进行相关分析，总结列举出闭式水箱水位下降的因素及影响危害，最后提出了出现该系统异常的处理原则和处理手段。通过进行以上分析和提出手段，能够为运行人员在出现该异常时指明方向并提供支持，提高运行人员的应急处置水平，避免造成事故扩大，影响安全生产。

案例 18 上游天然气压力波动大引起 9/10 号机组跳闸分析与处理

卞 江

一、设备概况

某公司三期 5/6、7/8、9/10 号机组同属三菱 M701F4 型燃气轮机组成的燃气－蒸汽联合循环一拖一供热机组。总体配置为：一台 M701F4 型低 NO_x 燃气轮机、一台燃气轮发电机、一台无补燃三压再热自然循环余热锅炉、一台蒸汽轮机和一台汽轮发电机。以天然气作为燃料。空气由燃气轮机的进气装置引入压气机压缩，然后进入环绕在燃气轮机主轴上的分管式燃烧室。天然气经过加热、过滤，与进入燃烧室的压缩空气进行预混，通过燃料喷嘴喷入燃烧室后燃烧。

机组的天然气供气系统由天然气末站首先进入调压站；调压站采用露天布置，设有防雨棚，天然气在调压站内经过计量、过滤、升温、调压后流出调压站，在厂区内通过地埋管路进入燃气轮机的前置模块区域；在前置模块内天然气流经流量计、天然气性能加热器、终端过滤器后进入燃气轮机 FG 模块，在 FG 模块内燃气经压力、流量调节后进入燃气轮机的 20 只燃烧器进行燃烧。

三期 220kV 运行方式（分段运行）为 1M/2M 并列运行，1M 包括 2205、2206、2972，2M 包括 2207、2208、2973。5M/6M 并列运行，5M 包括 2209、2210、2301 热备，6M 包括 2378、2212、2302 热备。7/8 号机组和 9/10 号机组运行，5/6 号机组盘车备用。8 号机组供热。

二、上游天然气压力波动大引起 9/10 号机组跳闸情况

2019 年 10 月 31 日 15：27：16，天然气末站到电厂三期调压站入口天然气压力由 4.05MPa 突然下降，15：28：19 降至 3.16MPa。

15：27：53，7 号机 TCS 发出 "GT FUEL GAS SUPPLY PRESSURE LOW" 报警。

15：27：53，9 号机 TCS 发出 "GT FUEL GAS SUPPLY PRESSURE LOW" 报警。

15：28：02，7 号机 TCS 发出 "GT FUEL GAS SUPPLY PRESSURE LOW RUW BACK"

报警。由于天然气压力低于 3.25MPa，所以触发燃气轮机自动减负荷保护。7/8 号机组自动减负荷，从 270MW 开始下降，最低降至 200MW。

15：28：02，9 号机 TCS 发出"GT FUEL GAS SUPPLY PRESSURE LOW RUW BACK"报警，由于天然气压力低于 3.25MPa，所以触发燃气轮机自动减负荷保护。9/10 号机组自动减负荷，由 300MW 降至 240MW。值长立即电话至气调，要求马上调整天然气压力，恢复正常供气。

15：28：22，电厂三期调压站入口天然气压力由 3.16MPa 突升，最高升至 5.026MPa。

15：30：18，9 号机 TCS 发出"GT FG SUPPLY PRESSURE LOW TRIP（GTP）"报警，9 号燃气轮机跳闸，9 号机负荷降至 0；值长立即命令将 1 号 0 机手动打闸停机，将 9、10 号机安全停运。向中调汇报 9/10 号机组跳闸原因为上游天然气压力波动大导致电厂 9/10 号机组跳闸。

15：35，在 9 号机组 DCS 检查天然气降压站 9 号燃气轮机天然气调压支路出口压力为 3.06MPa。

15：45，就地检查确认 9 号燃气轮机天然气 A、B 路调压支路的 SSV 阀处于关闭状态。9 号燃气轮机调压站调压支路在天然气压力瞬时大幅波动，SSV 阀前压力达到高限值时关闭，导致 9/10 号机组供气中断，9/10 号机组跳闸。

16：28，检查 5/6 号机和 7/8 号机的 SSV 阀在开启状态，与气调确认上游天然气压力已经能够稳定供气，将 7/8 号机组负荷加至 270MW。16：30 重新打开 9 号燃气轮机天然气 A、B 路调压支路的 SSV 阀，恢复 A、B 路运行。汇报中调恢复机组备用。

三期天然气调压站入口压力波动曲线见图 18-1。

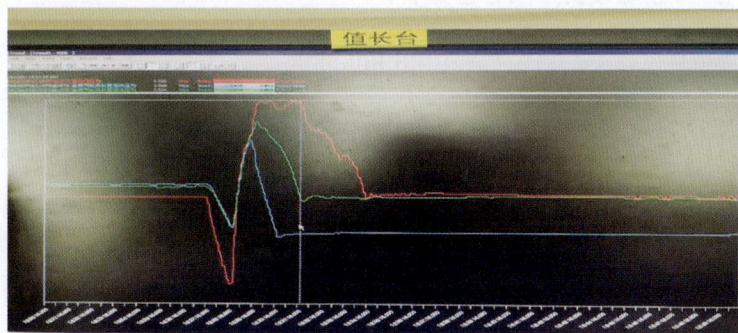

图 18-1　三期天然气调压站入口压力波动曲线图

红色曲线—电厂三期天然气调压站入口压力；绿色曲线—7/8 号机组调压支路后压力；
蓝色曲线—9/10 号机组调压支路后压力（压力波动幅度大，时间短）

三、上游天然气压力波动大引起 9/10 号机组跳闸原因及危害

1. 上游天然气压力波动大引起 9/10 号机组跳闸原因分析

该次事件的原因是广东管道调压撬调压指挥器堵塞造成调节失效，导致上游天然气压力波动大。调压指挥器是指调压阀的调整器，通过调整指挥器的调整螺栓，可以调整调节阀的开启敏感度及调节阀后压力，从而达到运行所需要的压力值。

通过图 18-1 所示入口压力波动曲线可以看出，进口天然气压力先是下降至 3.16MPa，后压力快速升高至 5.026MPa，导致 9 号燃气轮机调压支路调压单元调节阀后的压力超过快速切断阀（SSV）设定的动作值。为保护调节阀后的管线运行安全，SSV 阀动作关闭，将进气切断。9/10 号机 A、B 两路的调压支路 SSV 阀关闭，燃料供应被截断，燃气轮机侧失去燃料，9/10 号机组跳闸。

7/8 号机组因该调压支路的 SSV 阀机械整定不同，在上游天然气压力波动瞬间未造成该支路的 SSV 关断，燃料未中断。天然气压力降至 3.16MPa，低于 3.25MPa 触发机组自动减负荷。后天然气压力恢复正常，机组重新加负荷至正常运行。

该公司天然气压力保护动作值如下：

（1）二期燃气轮机在天然气压力低于 2.897MPa 时会自动减负荷。

（2）三期燃气轮机在天然气压力低于 3.25MPa 时会自动减负荷，低于 3MPa 时跳机。

1）当燃气供气压力小于等于 3.5MPa 时，TCS 发报警。

2）当燃气供气压力小于等于 3.25MPa 时，燃气轮机自动快速降负荷到 150MW。

3）当燃气供气压力小于等于 3.0MPa 时，延时 1s，燃气轮机跳闸。

2. 天然气压力波动大因素及危害分析

（1）天然气压力波动大因素。天然气调压撬即压力控制系统，是天然气长输管道输气站、输配气站等场合使用的气体调压装置，主要用于将上游压力、流量调节、稳定至用户所需生产参数。由于整个系统采用模块化、撬装方式供货，所以俗称"调压撬"，其需要在用户多变的气量需求下，实现静态与动态条件下生产参数的稳定。

天然气调压单元主要包括快速切断阀、监控调压器、工作调压器、安全放散阀、隔断球阀等。它是天然气调压站的核心设备，主要功能为对燃气进行降压、稳压，具有压力自动调节功能，并且当压力超过设定压力时自动切断供气支路并切换到备用调压路，实现无间断供气以及保护下游设备。快速切断阀（SSV）在压力高于切断阀设定

值时自动做紧急切断动作，快速完全地切断气源，起到安全保护的作用，对安全生产运行具有重要意义。快速切断阀、监控调压阀、工作调压阀应为相互独立的设备。正常情况下，快速切断阀和监控调压阀处于全开位置，由工作调压阀对下游压力进行控制。当工作调压阀出现故障，无法控制下游压力时，监控调压阀开始工作，以维持下游压力在安全范围。若监控调压阀也出现故障，不能控制下游压力，快速切断阀则自动切断气源。

通常造成调压阀失效的原因包括皮膜损坏、冰堵、指挥器失效、弹簧失效、调压器机械磨损及导气管堵塞等。当出现以上原因造成调压失效时，会引起天然气进气压力波动，进而影响机组供气单元，达到保护动作值将造成机组减负荷甚至跳闸的后果。

（2）天然气压力波动大危害。燃气机组的天然气调压站在天然气输送过程中起着调节和控制作用，安全、高效地运行是保证天然气输送的重要环节。调压撬作为压力调节设备，其稳定性是保证输气系统安全运行的关键，是确保向下游用户正常供气的重要因素。快速切断阀（SSV）是调压撬的重要组成部分，一旦发生故障关断就会导致站场停输，严重影响对下游用户供气的稳定性，更有使工业用户停产的风险。

上游天然气压力波动，达到定值将引起机组减负荷，甚至跳闸。如三期供热机组因天然气中断导致故障跳闸，不仅影响电网的稳定性，还会造成对外供热蒸汽的参数波动甚至是供热中断，影响供热用户的用汽及生产，造成一定的经济损失及政治影响。

四、上游天然气压力波动大异常处理

1. 上游天然气压力波动大的处理原则

本着"保人身、保电网、保设备"的原则，正确、有效和快速地处置上游天然气压力波动影响，及时恢复稳定机组运行，最大限度减少上游天然气压力波动大甚至全停气造成的经济损失和政治影响，维护公司声誉，减少和避免设备损坏及其他经济损失。

如发生上游天然气停气，则停气后由于管网内还有部分余气可供公司运行机组安全停运，天然气末站大概还能提供 5 万 m^3 天然气，运行人员可利用余气对运行机组进行减负荷停机处理，需要在 0.5h 内使所有运行机组与电网解列，燃气轮机熄火。假如管网余气不足，天然气压力达到燃气轮机自动减负荷或跳机值会造成燃气轮机自动减负荷甚至跳机，特殊情况下需要人为手动紧急停机。二期燃气轮机在天然气压力低于 2.897MPa 时会自动减负荷，三期燃气轮机在天然气压力低于 3.25MPa 时会自动减负荷，低于 3MPa 时跳机。

2. 实际运行中上游天然气压力波动大的处理手段

（1）当发现天然气压力下降，并伴有相关报警及保护动作时，立即由值长沟通上游气调了解原因，并进行如下处理。

1）发现燃气压力下降，在查找原因的同时密切监视压力变化，若燃气压力持续降低，则燃气轮机降负荷。

2）检查燃气入口滤网差压（差压大于等于 0.05MPa 报警），发现滤网堵塞，切换至备用管路运行，清理或更换堵塞滤网。

3）联系检修检查压力传感器，发现问题及时进行处理。

4）检查供气系统各阀门位置是否正确。如有误关阀门，立即开启。

5）发现燃气泄漏，立即进行隔离，若泄漏严重无法隔离，则停止燃气轮机运行。

6）调整无效，燃气供气压力小于等于 3.0MPa，检查燃气轮机应跳闸，否则手动停机。

（2）如上游天然气压力低造成燃气轮机降负荷，应注意如下事项。

1）燃气轮机手动减负荷，可按正常负荷变化率降至 150MW。

2）燃气轮机减负荷至 150MW，需要继续降低出力时，负荷变化应缓慢。

3）紧急情况下需要燃气轮机继续快速减负荷，应严密监视汽轮机上、下缸金属温差、振动、轴向位移、胀差等参数的变化，发现异常停止降参数，及时调整正常。

4）燃气轮机降负荷时应保证汽轮机主、再热蒸汽过热度不低于 50℃，并高于相对应汽缸最高金属温度 50℃以上。

5）若汽轮机运行，则燃气轮机负荷不允许降至 90MW 以下。

（3）如上游天然气波动大引起 SSV 阀关闭造成天然气中断，燃气轮机侧失去燃料跳闸。

1）立即检查燃气轮机转速，转速飞升后应逐渐回落稳定至 3000r/min，当燃气轮机转速超过 3300r/min 超速保护未动作时立即打闸停机。

2）燃气轮机甩负荷后，汽轮机应跳闸，如汽轮机未跳闸，则立即手动打闸，按正常停机处理。

3）供热机组在停运时由运行人员停运机组侧正常供热系统，投用事故供热系统，对外工业供热转为利用余热锅炉余热供应。

4）供热机组停运操作阶段，锅炉高、中压系统尽量维持较高压力，减少蒸汽的消耗以备事故供热需要。在机组全停后，余热锅炉的余热大概可以满足 40t/h 供热流量

2h，尽量为热网系统的应急处置争取足够时间。

5）如果机组停运后天然气管道内压力足够，可以短时间开启启动锅炉增加供热流量，但是供应时间不能太长，当天然气管道压力下降过快时要尽快停运启动锅炉。

6）机组全停后厂用电转由外部电网供应，运行人员注意监控厂用电运行情况。

7）机组和启动炉停运后厂区内天然气管道压力至少维持在 1MPa，避免管道抽空以利于系统恢复。

8）值长了解上游天然气压力波动原因。安排人员重新打开调压支路的 SSV 阀，恢复天然气系统正常供气，汇报中调恢复机组备用。

五、结论

本案例通过对某公司三期上游天然气压力波动大引起 9/10 号机组跳闸的现象进行原因分析，并分析造成天然气压力波动的因素及危害，最后提出了在实际工作中出现天然气压力波动时的处置原则和处理手段。通过进行以上分析和提出手段，能够为运行人员处理该事故指明方向并提供支持，减少其他损失，保障安全生产。

参考文献

［1］金振初，常鸿翔 .M701F4 燃气轮机调压站 SSV 阀频繁动作的处理分析 . 内燃气轮机与配件，2018.

［2］林佳奇 . 浅析降低调压撬 SSV 故障率 . 建筑技术开发，2019.

［3］赵景宇 . 三菱 M701F4 型燃气轮机天然气系统设备常见故障的分析与处理 . 电力设备管理，2020.

案例 ⑲ 4号机润滑油温高紧急停机分析与处理

曾锦民

一、设备概况

某公司二期3、4号发电机组的闭式循环冷却水系统是一个加压的封闭系统。其作用是用水做介质对整个发电机组的各个重要辅助设备及装置中需要冷却的部件和流体进行冷却，以确保设备能在符合要求的温度下安全可靠运行。冷却水系统是非常重要的系统，在整个联合循环装置中，需要冷却的部件包括：轴承润滑密封油的冷却器、发电机的氢冷器、锅炉的给水泵、燃气透平的支撑架、真空泵工作及冷却水、仪用压缩空气系统等。闭式水冷却水系统的冷却源为开式循环水系统，取自海水。

闭式水系统的热量通过两套管式水－水热交换器内的开式循环水带走（如图19-1所示）。

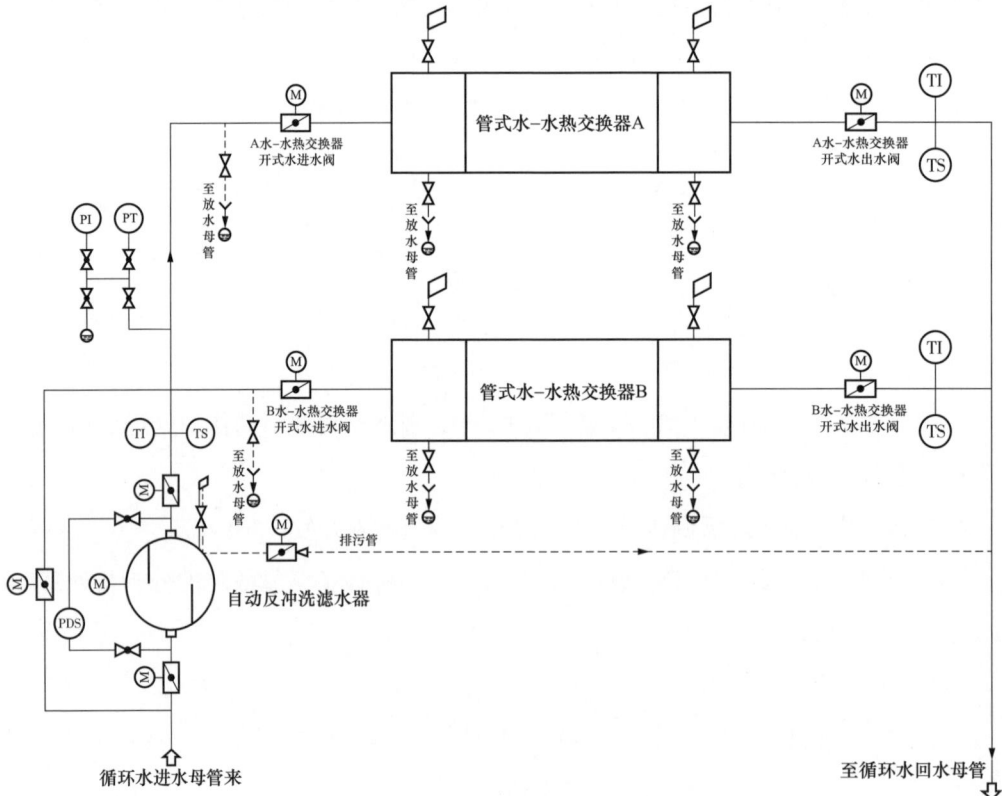

图 19-1 闭式循环冷却水系统简图

开式循环水取自循环水泵供水母管，其先经过一套自动反冲洗滤水器进行过滤，再进入水－水热交换器吸收闭式水的热量后回水汇至循环水出水管。水－水热交换器正常情况下一套运行，一套备用，并定期转换运行、解列冲洗垃圾。自动反冲洗滤水器定期投入，将滤网上面的垃圾冲走。

闭式循环冷却水系统的补充水接至膨胀水箱，再引入冷却水泵的入口，膨胀水箱水位的稳定可以确保整个闭式水系统水量的充足及水泵入/出口压力的稳定。其补水来自凝结水系统，注水由凝汽器输水泵提供。

二、事件经过

某日18：24，运行人员监盘发现4号机闭式水母管水温由34.9℃开始慢慢升高，立即派人就地检查闭式水系统。就地人员到现场检查后告知闭式水管道未发现明显异常，闭式水泵运行正常。

18：30，由于天气炎热，查看曲线闭式水温上升较为和缓且与负荷同步相关。考虑闭式水温升高可能是受负荷及气温影响，运行人员启动4号机凝汽器输水泵通过膨胀水箱向闭式水系统注入温度较低的水，打开闭式水系统排污门进行闭式水排补，尝试将闭式水温降低。同时将厂区公用闭式水转至3号机供，以减轻4号机闭式水的负荷。18：35，因排水过大，膨胀水箱水位低停止排补。

18：41，闭式水水温继续上升且有加快情况，值长下令将备用的4号机A侧水－水热交换器投入运行，就地人员对投入后的A侧水－水热交换器进行检查正常。

18：47，4号机两套水－水热交换器投入后监视闭式水温仍在上升，投入自动反冲洗滤水器冲洗，并打开旁路阀，加大开式循环水流量。

18：58，由于闭式水水温仍没好转，值长下令将负荷由300MW减至260MW，并启动备用的4A循环水泵，增大循环水流量，开始闭式水温度有下降，不过很快又回升。值长下令将机组负荷继续降低至230MW。

19：07，打开闭式水系统排污门进行闭式水排补，19：20因膨胀水箱水位低停止排补。

19：30，继续对闭式水进行排补，但是闭式水膨胀水箱水位下降较快，紧急把相关排补水的阀门关回，同时加大流量补水。

19：34，经各方面调节无效，且闭式膨胀水箱水位下降至1m以下，闭式水泵水位低保护跳闸，而闭式水温继续升高，达52℃，润滑油出口油温达60℃，机组自动减负荷。

19：36，负荷降至 172MW 时，最高瓦温 4A 达 124℃，值长令：机组紧急停机，闭式水箱补水到正常水位后立即启动闭式水泵，保持正常水压。

三、事件分析

该次 4 号机故障停机的直接原因是润滑油温度高导致汽轮机瓦温上升超过限制值。而引起润滑油温高的直接原因是闭式水温的不正常上升，润滑油冷却器内的闭式水无法对润滑油有效冷却，导致润滑油出口温度高并引起减负荷过程中汽轮机 4 号瓦温的上升超过极限值而破坏真空紧急停运。

机组停运后对闭式水温异常上升的原因做详细排查，取调相关数据，发现故障发生时闭式水泵出口压力稳定正常，膨胀水箱水位未出现明显波动。对各主要冷却用户进行检查，可以排除由于部分闭式水用户温度快速上升传导热量而使闭式水系统温度上升。检查水－水热交换器出入口温度温差较平常明显有异常。异常发生前 B 水－水热交换器运行中，其循环水侧入口温度为 33℃，出口温度为 36℃，闭式水侧入口温度为 39℃，出口温度为 35℃，闭式水出口与入口温差有 4℃；18：00 之后出入口温差逐渐缩小且入口温度持续升高，循环水侧同样出现相同情况，说明水－水热交换器换热效果持续恶化；18：47 投入备用的 A 水－水热交换器后仍无法改变闭式水温持续升高的情况。由于闭式水压力正常，可以排除闭式水管路堵塞或泄漏等，故障定位于循环水侧，且在水－水热交换器前。

进一步查调相关数据，发现与平时正常运行时的情况相比，异常的数据还出现在自动滤水器前后循环水的压力变化方面。其中自动滤水器前循环水压力升高，水－水热交换器进口前压力却出现了明显下降。18：58 启动备用循环水泵后，自动滤水器前后压力都有所上升，由于水－水热交换器后无压力测点，所以无法判断进入换热器内的水量是否增加。但从效果看，闭式水温稍有回落后再次上升。由此可判断，水－水热交换器前循环水管路存在不通畅的问题，结合自动滤水器旁路阀打开后仍见不到有明显的效果，故障基本锁定在自动滤水器后至水－水热交换器前。

结合当时循环水滤网压差持续较高，表明循环水中垃圾较多，且海水正处于退潮期，专业判断是由于开式循环水中垃圾较多，堵塞自动滤水器后至水－水热交换器前管道，江水退潮期前，循环水量不够导致闭式水冷却不足。根据此判断，检修在机组停运后对相关管道进行解列检查，最终确认了循环水管道出现严重堵塞的异常。

四、防范措施

（1）由于水 – 水热交换器的结构，开式循环水垃圾容易在其内部管壁积存，所以有定期工作需要对换热器内部进行冲洗清理。但很少发生垃圾直接堵塞自动滤水器后管道的情况，判断可能是由于处于江水退潮期，循环水流量流速较正常工况差，垃圾较多，大量堆积在自动反冲洗滤水器的滤网上。当滤水器冲洗转动时，大量垃圾会被抖落在进水管道内并随循环水冲至后管道。同时由于后管道存在一段长的弯道，也导致大件垃圾容易堆积。为此，对自动反冲洗滤水器的投入运行做出更细化的规定，将其作为每班的定期工作，并通过修改逻辑优化自动投入运行功能。同时对在循环水量变小、大雨期间、江水垃圾明显增加的情况下增加手动投入运行次数做出明确的规定。

（2）操作人员对闭式水系统的排补操作经验不足，同时系统很多参数只有显示，却没有相关报警，事故出现情况下不能在早期就引导运行人员准确分析处理。为此，系统增加水 – 水热交换器出口压力、自动反冲洗滤网差压等测点，并增加有关报警；同时鉴于闭式膨胀水箱的补水管道较细，加装补水旁路管道，以便在紧急补水时增加流量。

（3）增加定期维护工作，从源头处减小垃圾对开式循环水系统的影响。安排每周对循环水江水取水口处的隔污栅进行清理，可有效减少大件垃圾的进入，还能从现场实际情况判断近期江水中的垃圾情况，并做出相应的应对措施，提高开式循环水系统运行的可靠性，防止再次出现相同的事故。

案例 20　3号机甩负荷至机组全速空载事件分析与处理

曾锦民

一、设备概况

某公司二期3号机组汽轮机高压缸主汽门（MSCV）为组合阀设计，阀体可分为截止阀（MSV）及调节阀（CV）。其中截止阀是为了提供应急保护用的，是紧急跳闸系统的一部分，其功能是在事故状态或应急控制装置动作时，即有跳机信号时，快速全关。调节阀的主要功能是进行负荷和速度控制，正常运行时接受电液控制系统的电信号，调整阀门开度，用于改变进入汽轮机主蒸汽的压力和流量；汽轮机正常卸载时，CV阀在停机程序的控制下逐步全关。

二、事件经过

某日，3号机按照调峰要求进行热态开机，08：00，运行当班按照热态启机操作票执行启机操作。

08：08，机组达到空载转速3000r/min，检查各参数正常后进行3号机组并网且成功。

09：11，主蒸汽温度、压力升至规定值，汽轮机高压缸满足进气条件，执行对汽轮机高压缸进气操作，CV阀逐渐打开。09：20，高压缸CV调节阀全开，高压缸进汽完成。

在机组启动过程中，出现高压过热蒸汽减温水调节阀无法投入自动的异常，通知有关检修人员检查处理，将减温水调节阀切为手动方式进行手动操作。

09：41，操作人员在3号机MARVKVI画面投入"IPC IN"，紧接着用键盘（右侧）数字键输入设定值为39kg/cm^2，按键盘中间ENTER（回车）键确认输入。IPN投入后将DCS侧高压旁路投入自动模式，检查并确认高压旁路调整阀全关，自动设定值已更改为当前压力+0.34MPa。

高压主蒸汽减温水无法投入自动的异常仍未处理好，暂时维持当前负荷为160MW。

09：43，运行人员监视发现3号炉高压汽包水位出现异常下降，进一步检查发现高压CV阀在关闭，主汽压力升高导致高压汽包水位波动加大。操作员立即退出IPC功能，打开并调整高压旁路开度，维持高压汽包压力稳定，控制水位、凝汽器真空等参数正常。同时对机组进行减负荷，并在MARKVI上对GT及ST诊断进行复位，重新点击机组START，但未能终止CV阀的关闭。

09：45，高压主过热蒸汽温度高超过582.2℃，3号机组甩负荷至全速空载（FSNL）运行，发电机开关52G分闸与系统解列。

三、原因分析

该次3号机甩负荷至FSNL的直接原因为锅炉高压过热蒸汽出口温度达到机组保护动作值，动作结果是机组负荷全部甩去，发电机开关分闸与系统解列，机组转速维持3000r/min全速空载运行。

事故发生后对相关报警文本、历史数据及趋势进行梳理，得出关键事件点推理如下：

（1）09：41：15，IPC IN，L83IPC=1。

（2）09：41：26，汽轮机Auto Stop信号触发，即L94X=1，L43STOP=1。

（3）09：41：33，CV阀开始关闭。

（4）09：44：19.869，RESET FROM GT，即进行了燃气轮机主复位。

（5）09：44：20.869，RESET FROM GT，即进行了燃气轮机主复位。

（6）09：45：09.532，Brkr Trip via DCS Runback to FSNL Signal，即由DCS急减负荷指令至全速空载信号导致解列。经历史趋势查得，致使DCS发急减负荷至解列的首出为主汽温度大于582.2℃（达到584℃）。

（7）09：45：09.653，GENERATOR BREAKER TRIPPED，即52G解列。

对事件逻辑关系进行梳理，找出当时工况下CV阀关闭的逻辑传递过程如下：汽轮机AUTO STOP按钮触发L43STOP=1 → 汽轮机停机令L94X=1 → L3SDTRIP_EN=1 → L83LD_SP-Z=1 → LDR_CMD=0 → LDR=0 → TPWRX=0 → TPWR=0 → 最小选择算法 → TN_LD=0 → V1_REF=0 → CV1_STROKE=0 → CVR_R1=0 → 指令CV1_out=0。

综合上述关键事件点的时间顺序以及历史趋势、逻辑分析，事件之间的因果关系推理如下：汽轮机AUTO STOP信号触发，使主汽调节阀开始关闭，关阀过程中DCS侧主汽温度超温发急减负荷指令至全速空载信号，发电机出口开关解列（见图20-1）。

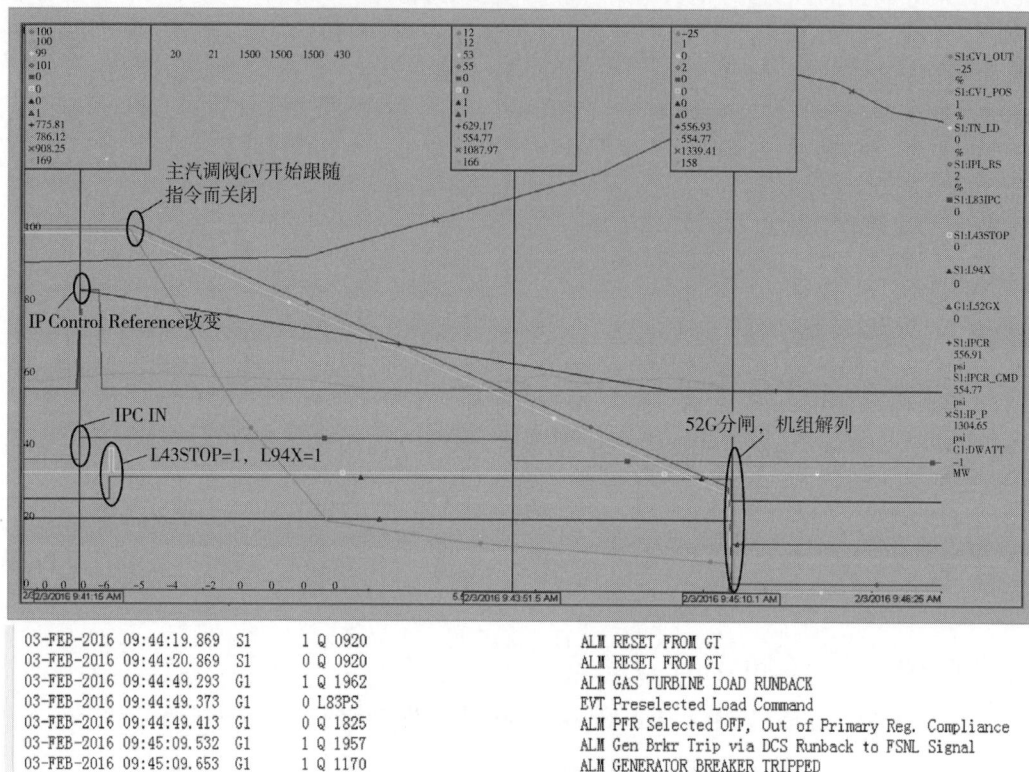

图 20-1　故障事件发生的历史曲线

因此，从上述分析可以推出以下结论：在投入 MARKVI 上高压进气压力控制功能 IPC 时，由于某种原因 AUTO STOP 指令几乎同时被触发，汽轮机开始卸载，CV 阀关闭过程中主蒸汽温度高导致机组 FSNL。AUTO STOP 与 IPC 设置在同一画面且位置相邻，回顾操作人员投入 IPC 时的情况，其中有一关键点，在输入"IPC IN"并设定定值后，不是使用鼠标操作确认，而是通过键盘中间 ENTER（回车）键确认。调查人员事后对该情况进行模拟操作，发现在点击 IPC 设定值按钮时，由于与"AUTO STOP"按钮位置太靠近且无明显区别，很容易同时激发"AUTO STOP"窗口，同时弹出的"AUTO STOP"窗口被 IPC 设置窗口覆盖，此时按键盘 ENTER 键确认，将导致出现连续一起确认了"AUTO STOP"的异常情况。

在 CV 阀开始关闭后，由于工况的突然变化，导致主蒸汽温度出现了异常的升高情况。这是由于 CV 阀关闭过程中，IPC 仍处于投入状态，高压旁路设定值为跟踪当前压力值加偏置值 0.34MPa，旁路阀仍保持全关。这样在 CV 阀逐渐关小的过程中，主蒸汽流量也将逐渐变小。而当时余热锅炉排烟温度仍保持在较高水平，主蒸汽停留在受热面上的时间变长，过热蒸汽吸热过长，将导致主蒸汽出口温度升高直至超温跳闸。这是最主要的原因。原因是主蒸汽减温水无法投入自动，在手动模式下，调节粗放容易由于降温速度或过热度低的影响导致阀门经常出现超驰全关的情况，总体来说对主蒸汽的温度调整效果欠佳。也与锅炉出口热量具有滞后性有关。机组正在开机过程中，按照燃气轮机的控制逻辑，排烟温度在100～140MW这一阶段将由560℃快速上升至650℃左右并保持，相对应的主蒸汽温度也由500℃左右快速上升，即使在减温水的参与之下升温过程也将滞后一段时间，在负荷加至160MW时出口汽温达到最大值。此时叠加CV阀异常关闭，高压蒸汽流量降低，蒸汽出口温度上升更容易导致超温。

四、防范措施

（1）该次事故暴露了燃气轮机系统操作画面存在缺陷，AUTO STOP被触发后，无论是MARKVI系统还是DCS，都未有声光提示或光牌报警，且当时"AUTO STOP"按钮在激发后也没有变为红色，这直接影响了操作人员的判断，产生误导，影响了应急处理措施的准确性。事故发生后由检修部组织研究并解决画面操作缺陷的问题，将"AUTO STOP"操作窗口弹出位置移离"IPC IN"操作窗口区域，并改进画面使燃气轮机"AUTO STOP"动作后按钮变红，另外在DCS上增加新的有关主汽门异动的相关报警。同时举一反三，继续排查3、4号机其余燃气轮机各操作画面，如"FSR"手动按钮、超速试验转速探头测试按钮等运行人员不需操作的操作界面，报请总/副总工批准后，屏蔽运行人员操作权限，避免误操作。

（2）由于高压过热减温水手动操作容易达到保护动作而被强制关闭，所以检修与运行经协商后修改了二期3、4号机高压过热减温水调节逻辑，调整了超驰关逻辑中手动操作的优先级，调节阀自动关闭时可以手动操作打开，机组启动时应注意观察调节是否正常。另外还为DCS光字牌增加了"高压主蒸汽过热度不足""高压过热减温器前后温度异常""再热蒸汽过热度不足""再热减温器前后温差大"等报警。

（3）操作人员对CV阀关闭过程中的参数变化及如何调整缺乏经验，部门对此组织专业人员对相关异常情况编写相关操作指引及应急方案，同时通过仿真机加强演练，达到提高运行人员对该类故障的应急能力的目的。

案例 21 8 号机旋转隔板故障分析及处理

梁 莹

一、设备概况

某电厂三期配置机组为 3 套由三菱 M701F4 型燃气轮机组成的燃气－蒸汽联合循环一拖一供热机组。每套机组总体配置为：一台 M701F4 型低 NO_x 燃气轮机、一台燃气轮发电机、一台无补燃三压再热自然循环余热锅炉、一台蒸汽轮机和一台汽轮发电机。以天然气作为燃料。其中汽轮机系东汽 / 日本三菱公司联合生产的汽轮机组，该机组汽轮机采用双缸、三压、再热、抽凝汽式汽轮机组，向下排汽。汽轮机具备抽汽供热能力，正常供热来自汽轮机中压缸抽汽，高压抽汽采用座缸阀进行调节，低压抽汽采用旋转隔板（LCV）进行调节。从汽缸抽出的蒸汽经气动止回阀、液压快关阀进入减温器，减温后蒸汽参数满足对外供热要求。为防止汽缸超压，在抽汽口与止回阀之间设置安全阀。额定供热工况下，高、低压抽汽口参数分别为 2.36MPa、525℃和 1.33MPa、448.5℃，经减温后满足对外供热蒸汽的参数要求，即 2.3MPa、320℃和 1.3MPa、260℃。单台机组对外供额定热负荷为 459.25GJ/h。

二、8 号机旋转隔板（LCV）故障情况

2019 年 9 月 27 日 08：13，7/8 号机组负荷为 270MW，机组未供热，且未投入供热备用，运行人员在 7/8 号机组 DCS 上发现 EH 油箱油温为 56.7℃，EH 油压力为 12.363MPa，EH 油箱油位为 261mm，8A EH 油泵运行，电动机电流 52.3A。现场检查 EH 油系统冷却水压力、阀门位置均正常，系统无泄漏，检查 EH 油系统有压回油滤网无堵塞，泵出口溢流管路正常。全开冷油器温控阀旁路手动门，退出 EH 油再生装置，油温继续缓慢升高，无效果。

2019 年 9 月 27 日 08：25，切换 EH 油泵运行后，由 8A 转 8B EH 油泵运行，电动机电流为 53.83A，EH 油压力为 13.304MPa，EH 油箱油温为 58.4℃，无效果。

2019 年 9 月 27 日 08：35，旋转隔板（LCV）开始缓慢由 100% 关至 15%，DCS 报"LP extract press1"，即低压抽气压力高报警，EH 油压力降至 12.31MPa。将 8A EH 油

泵启动，压力回升至13.2MPa，仅一台油泵无法维持油压正常运行。检查EH油箱油位降至238mm，联系机修加油至326mm。

2019年9月27日09：27，仪控检查发现旋转隔板（LCV）指令为100%的情况下实际开度维持在15%，怀疑为旋转隔板（LCV）油路问题导致EH油油压无法稳定。

2019年9月27日10：04，经研究决定现场确认问题原因是否为旋转隔板（LCV）滤网堵塞。打开旋转隔板（LCV）滤网旁路阀过程中旋转隔板（LCV）开度由15%降至10%，抽气压力升高至1.624MPa，导致低压供热安全门动作（动作值为1.65MPa）。

2019年9月27日10：08，将旋转隔板（LCV）进油滤网入口手动门及旁路门打开，机组减负荷至210MW。联系仪控强制负荷条件，投入8号机低压供热运行（与1号0机并列供热供），8号机低压抽汽压力降低后安全门复位，检查机组各项参数均正常，EH油温稳定在67.5℃。

因机组运行中处理旋转隔板（LCV）故障问题存在不可控因素，研究决定机组保持当前负荷（210MW），待调峰停机后对其进行处理。

三、8号机旋转隔板（LCV）故障分析

事故前的运行方式为：7/8号机组负荷为270MW，5/6号机组负荷为270MW，9/10号机组负荷为320MW，9/10号机组供热。机组暂未投入供热备用，7/8号机组旋转隔板（LCV）为全开状态，供热快关阀为关闭状态，供热出口电动门为关闭状态。

1.8号机旋转隔板（LCV）故障原因分析

根据8号机EH油压降低、单台泵无法维持EH油压正常压力，油位降低、油温升高、外部检查无漏油现象，以及旋转隔板（LCV）指令为100%的情况下实际开度维持在15%等现象，综合判断为8号机旋转隔板（LCV）部位EH油路异常打通，引起油压、油位、油温等变化。为了方便对旋转隔板（LCV）的故障进行分析，首先对旋转隔板（LCV）的油路及油路动作情况等做简要说明。

（1）旋转隔板（LCV）的油路说明（见图21-1）。

1）下腔室卸荷阀。OPC油失去时，在弹簧力的作用下，打开下腔室与回油的通路泄去下腔室的油压。

2）上腔室卸荷阀。OPC油失去时，在弹簧力的作用下，打开上腔室与供油的通路加速阀门的关闭。

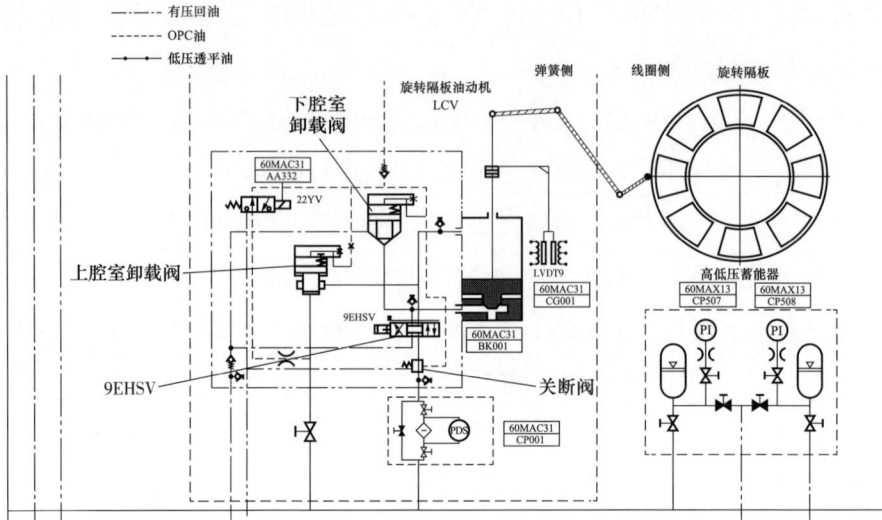

图 21-1　旋转隔板（LCV）油路图

3）关断阀。OPC 油失去时，在弹簧力的作用下，截断压力油到伺服阀的供油。

4）9EHSV 伺服阀。当指令大于反馈时，伺服阀左侧油路接通；当指令等于反馈时，伺服阀中间油路截止；当指令小于反馈时，伺服阀右侧油路接通。

（2）旋转隔板（LCV）挂闸时、运行时（开阀、关阀）、OPC 动作时油路动作情况分析。

1）挂闸时。如图 21-2 所示，压力油经过节流孔板，由于已挂闸，OPC 回油管路已被截断，形成 OPC 油。经过 22YV 电磁阀（此时电磁阀失电状态）分三路：一路去下腔室卸荷阀，截断下腔室与回油的通路；另一路去上腔室卸荷阀，截断上腔室与供

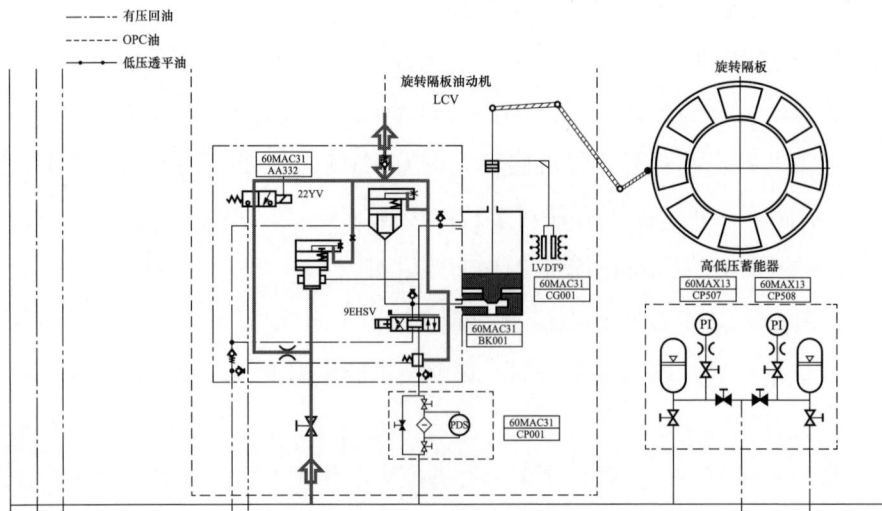

图 21-2　挂闸时油路动作情况

油的通路；还有一路去关断阀，打开到伺服阀的通路。

2）运行时（开阀）。如图21-3所示，当在画面上点击 RUN 时，伺服阀接受 100% 指令。此时指令大于反馈，伺服阀左侧油路接通，下腔室进油，上腔室卸油，阀门开启，直到反馈等于指令，伺服阀回到中间位置，保持当前阀位。

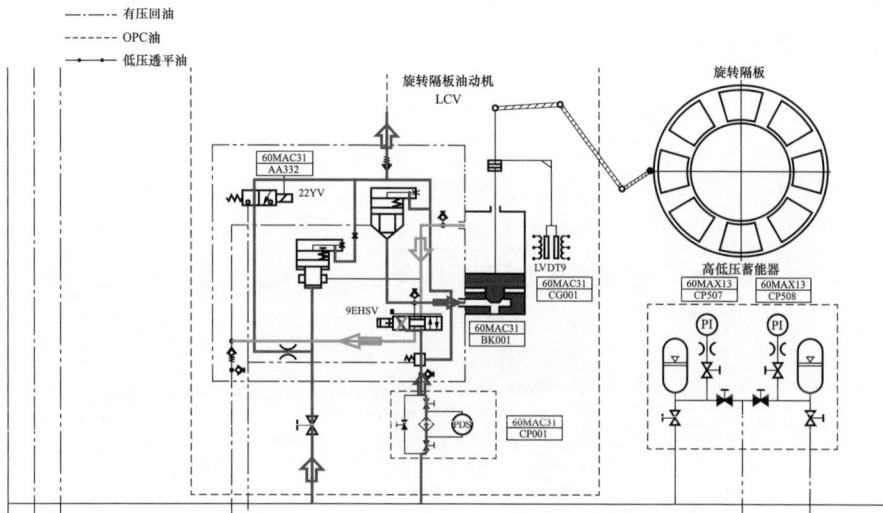

图21-3　运行时（开阀）油路动作情况

3）运行时（关阀）。如图21-4所示，当伺服阀接受关闭指令时，指令小于反馈，伺服阀右侧油路接通，下腔室泄油，上腔室进油，阀门关闭，直到反馈等于指令，伺服阀回到中间位置，保持当前阀位。

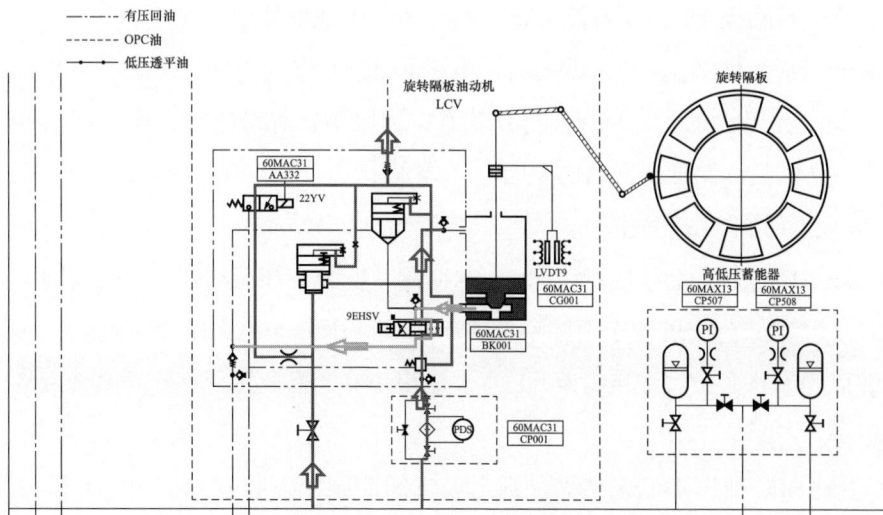

图21-4　运行时（关阀）油路动作情况

4）OPC 动作时。如图 21-5 所示，22YV 带电，OPC 油失去，在弹簧力的作用下打开下腔室卸荷阀，打开下腔室与回油的通路；在弹簧力的作用下打开上腔室卸荷阀，打开上腔室与供油的通路，加速关闭阀门，一路去关断阀，截断到伺服阀的通路。此时逻辑中伺服阀接受电磁阀的动作指令，强制伺服阀指令 –3，此时指令小于反馈，伺服阀右侧油路接通，下腔室泄油，上腔室进油，阀门关闭，直到反馈等于指令，伺服阀回到中间位置，保持当前阀位。

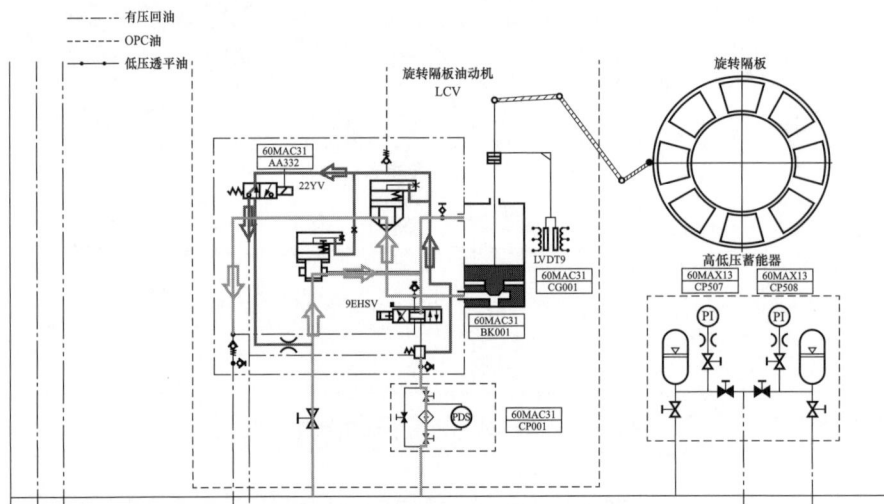

图 21-5　OPC 动作油路动作情况

（3）旋转隔板（LCV）故障原因。通过上述对旋转隔板（LCV）的油路所做的详细说明，只有旋转隔板（LCV）油路形成回路，才会出现事件中的现象。

在旋转隔板（LCV）为全开状态时，电磁阀 22YV 在失电状态，上腔室卸荷阀、下腔室卸荷阀在关闭状态，关断阀在打开状态，伺服阀在等待指令工作状态。可考虑使用控制变量法查找油路形成回路的原因。

1）假设电磁阀 22YV 故障。

a）假设 OPC 油压会消失。则上腔室卸荷阀、下腔室卸荷阀打开，关断阀关断。压力油通过上腔室卸荷阀供油至上腔室；关断阀关断压力油，无压力油供应；下腔室至下腔室卸荷阀油路泄压。旋转隔板（LCV）会由 100% 至全关，不形成油路回路，与故障现象不符。

b）假设 OPC 油压降低未消失。则上腔室卸荷阀、下腔室卸荷阀微开，关断阀微开。压力油通过上腔室卸荷阀供油至上腔室，下腔室至下腔室卸荷阀油路轻微泄压，导致旋转隔板（LCV）缓慢关小。但是由于旋转隔板（LCV）指令为100%，为将阀门保持100%开度，故伺服阀左侧油路接通，下腔室进油，上腔室卸油。压力油通过伺服阀供应给下腔室，但是经微开的下腔室卸荷阀将油卸至有压回油油路返回油箱，至此形成了油路的回路。分析与故障现象相符。

2）假设关断阀故障，则无压力油供应，此时无旋转隔板（LCV）开、关指令，旋转隔板（LCV）会保持100%开度不变。旋转隔板（LCV）油路不形成回路，与故障现象不符。

3）假设伺服阀故障，旋转隔板（LCV）关闭，则伺服阀右侧油路接通，下腔室泄油，上腔室进油，阀门关闭。但是不形成油回路，与故障现象不符。

4）假设上腔室卸荷阀故障，上腔室卸荷阀打开，压力油通过上腔室卸荷阀供油至上腔室，旋转隔板（LCV）可能会出现抖动，但是不形成油回路，不会导致油压降低、油温升高、油位降低等现象，与故障现象不符。

5）假设下腔室卸荷阀故障，下腔室卸荷阀打开，下腔室卸油旋转隔板（LCV）关小。但是此时旋转隔板（LCV）指令为100%，为将阀门保持100%开度，故伺服阀左侧油路接通，下腔室进油，上腔室卸油。由于下腔室卸荷阀打开，所以下腔室开阀油压无法建立正常，无法将阀门打开至100%开度。也就是说压力油通过伺服阀供应给下腔室，但是经故障打开的下腔室卸荷阀将油卸至有压回油油路返回油箱，至此形成了油路的回路。同时旋转隔板（LCV）在上腔室弹簧力作用下，缓慢关小。分析与故障现象相符。

综合判断，该次故障有下列两个直接原因：

（1）电磁阀22YV故障。导致OPC油压降低但未消失，造成卸荷阀上的OPC油可能压不住卸荷阀的弹簧，导致卸荷阀处于半卸荷半关闭状态，上下腔室与回油形成三通道有压回油管道回到油箱，造成EH油压下降，同时造成EH油不断循环导致油温升高。另外回油管充满油是导致油箱油位降低的原因。

（2）下腔室卸荷阀故障。下腔室卸荷阀打开，下腔室卸油旋转隔板（LCV）关小。但是此时旋转隔板（LCV）指令为100%，为将阀门保持100%开度，故伺服阀左侧油路接通，下腔室进油，上腔室卸油。由于下腔室卸荷阀打开，所以下腔室开阀油压无法建立正常，无法将阀门打开至100%开度，也就是说压力油通过伺服阀供应给下腔室，但是经故障打开的下腔室卸荷阀将油卸至有压回油油路返回油箱，至此形成了油路的回路。同时旋转隔板（LCV）在上腔室弹簧力作用下，缓慢关小。

根据现场拆检维修情况，发现电磁阀、卸荷阀设备的塑料密封件老化情况较为严重，另外汽轮机旋转隔板（LCV）现场环境温度（达 100℃）较高，故判断温度过高造成密封件老化是该次故障的间接原因。

2. 8 号机旋转隔板（LCV）故障危害

该次旋转隔板（LCV）故障，对机组负荷、安全运行造成了较大的危害，主要表现在以下方面。

（1）影响机组负荷。该次事件，汽轮机旋转隔板（LCV）开度由 100% 关小至 10%，汽轮机低压供热压力会从 1MPa 升高到 1.65MPa 以上，造成机组供热安全门动作。该次将机组负荷从 270MW 降低至 210MW，旨在降低低压抽汽压力，使安全门回座。故旋转隔板（LCV）故障影响了机组负荷。

（2）威胁机组安全运行。该次事件，导致 EH 油油路形成回路，造成 EH 油压力不稳定，油温快速升高，油位下降明显。EH 油的参数异常，机组随时可能跳闸，威胁到了机组的安全运行。

四、8 号机旋转隔板（LCV）故障处理

1. 处理原则

依据"保人身、保设备、保电网"的原则进行处理，同时要尽可能保证机组安全运行不跳闸，保证设备安全或将影响降低到最低程度。

2. 处理手段

（1）维持 EH 油参数正常，避免机组跳闸。注意 EH 油压力、油位、油温控制。压力过低则开启备用油泵运行；油位过低，通知检修加油；运行及时调整油温参数。

（2）避免供热超压，安全门持续动作。出现汽轮机旋转隔板（LCV）开度由 100% 关小，汽轮机低压供热压力会从 1MPa 升高到 1.65MPa 以上，机组供热安全门动作，运行人员要注意调整运行参数。一方面在必要时将机组负荷降低至 210MW，旨在降低低压抽汽压力；另一方面是打开低压供热出口电动门和低压供热快关阀，增加机组的供热流量，减少机组因旋转隔板（LCV）关小供热压力憋压造成机组供热安全门动作的情况。

（3）停机后安排维修处理。停机后拆检发现电磁阀、伺服阀、卸荷阀等设备的塑料密封件老化情况较为严重，更换旋转隔板（LCV）电磁阀、伺服阀、卸荷阀及相关备件和密封件，挂闸试运正常。

五、结论

通过8号机组旋转隔板（LCV）的故障现象，对伺服阀、卸荷阀、电磁阀等故障变量进行分析，找出旋转隔板（LCV）故障的原因，提出了有效的解决办法。为检修人员在机组停机后处理旋转隔板（LCV）的问题指明了方向并提供了相关理论支持，缩短查找问题根源的时间，提高了检修效率。同时也为运行人员应急处理旋转隔板（LCV）故障问题提供了应急措施。另外提出以下建议：

（1）仪控专业应每年定期更换机组旋转隔板（LCV）的伺服阀、电磁阀。

（2）机务专业应每年定期更换机组旋转隔板（LCV）的卸荷阀，更换机组旋转隔板（LCV）的管道密封件。

（3）机务专业对旋转隔板（LCV）部位的保温进行整改，控制温度在要求范围内，避免温度过高造成设备老化故障频发。

（4）运行人员加强对设备工作环境的巡视，避免不耐高温设备在高温环境下长期运行。

案例22 4号机燃气轮机灭火系统二氧化碳储罐泄漏分析处理及预防

汤永祥

一、设备概况

某公司 4 号机燃气轮机采用低压二氧化碳灭火设备，其主要由制冷机组、液位仪、安全阀、爆破装置、先导控制柜、制冷控制柜、报警灭火控制柜等组成，见图 22-1 和表 22-1。

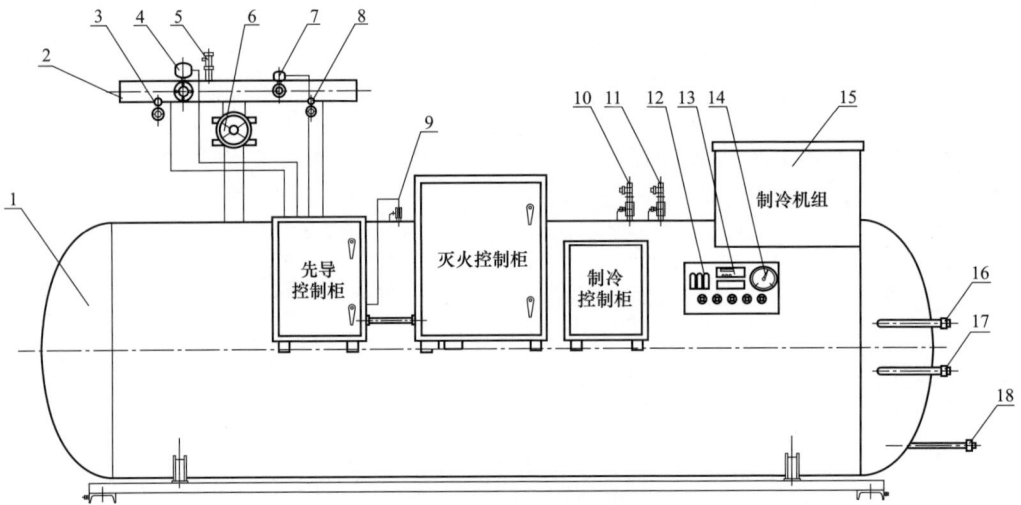

图 22-1　燃气轮机结构简图

表 22-1　　　　　中燃气轮机的设备名称及平时状态

序号	名　称	功　能	平时状态
1	罐体及保温	储存并对二氧化碳灭火剂进行保温	受压
2	分配管	灭火时输送二氧化碳灭火剂	受压
3	一区续放选择阀	控制一区二次灭火时二氧化碳灭火剂的流动	受压
4	一区主放选择阀	控制一区灭火时二氧化碳灭火剂的流动	受压
5	分配管路安全阀	分配管路内压力过高时自动开启排气以保护储罐	受压

案例22 4号机燃气轮机灭火系统二氧化碳储罐泄漏分析处理及预防

续表

序号	名 称	功 能	平时状态
6	总检修阀	平时打开，装置检修时关闭	受压
7	二区主放选择阀	控制二区灭火时二氧化碳灭火剂的流动	受压
8	二区续放选择阀	控制二区二次灭火时二氧化碳灭火剂的流动	受压
9	启动管路检修阀	平时打开，检修装置、启动管路时关闭	受压
10	储罐安全阀、罐体安全阀	储罐内压力过高时自动开启排气以保护储罐	关闭
11	防爆装置	储罐内压力过高，膜片爆破开启排气以保护储罐	关闭
12	压力开关组	1只控制制冷机组的开停，2只检测储罐内的压力，并提供高、低压报警信号	受压
13	液位仪	显示储罐中液位高低和容积	受压
14	耐振压力表	显示储罐中压力	受压
15	制冷机组	保持储罐内二氧化碳压力正常	自动
16	气相充装阀	充装时打开，通过二氧化碳气体	关闭
17	液相充装阀	充装时打开，通过二氧化碳液体	关闭
18	排污阀	储罐检修保养时排出罐内杂质、污物	关闭

储罐本体中存有低压二氧化碳，二氧化碳以液态形式存在，内部温度为 $-20 \sim -18℃$，压力范围为 $1.95 \sim 2.1MPa$。与本体连接的阀门处于常带压状态，安全阀和防爆装置前端均存在气态的二氧化碳。

二、4号机燃气轮机灭火系统二氧化碳储罐泄漏情况

2020年11月，人员巡查4号机低压二氧化碳储罐间，发现就地控制器发出液位低、压力低报警，显示屏显示 $0.007m$、储罐压力为 $0MPa$。从仪表上看出，储罐内的二氧化碳已完全释放，内部可能存有干冰，属于大面积释放。

三、4 号机燃气轮机灭火系统二氧化碳储罐泄漏分析

（一）4 号机燃气轮机灭火系统二氧化碳储罐泄漏原因分析

1. 液位仪显示分析

液位低报警说明储罐中的二氧化碳低于储罐设定充装量的 90%。存在原因如下：

（1）罐体连接管路不严密，二氧化碳慢泄漏，长时间导致。

（2）压力过高，安全阀自动打开排放，压力下降后关闭（压力下降后，密封不住）。

（3）爆破装置膜片疲劳损伤，爆破压力降低，膜片爆破，大面积释放。

（4）液位仪故障。

（5）设备喷放二氧化碳，液位很快下降。

（6）其他人为误操作。

2. 压力值显示分析

压力低报警说明储罐中的二氧化碳压力低于 1.8MPa。存在原因如下：

（1）罐体连接管路不严密，二氧化碳泄漏。

（2）启动的制冷机组未自动停止。

（3）压力过高，安全阀自动打开排放不复位。

（4）爆破装置膜片疲劳损伤、泄漏。

（5）压力开关故障。

（6）设备喷放二氧化碳。

（7）其他人为误操作。

3. 爆破装置的维护保养及更换要求

爆破片装置属于压力敏感元件，长期处于应力状态下，容易因金属疲劳而产生失效，标准要求爆破片定期检查周期不应超过 1 年，爆破片更换周期一般为 2～3 年，苛刻条件下应缩短为半年。爆破片装置属于易损精密元件，通过设定压力下破裂泄压保护承压设备的安全，该装置长期处于应力状态下，容易因金属疲劳而产生提前失效破裂，使设备被迫停止运行。因此为了保证正常的生产需求，定期检查和确定爆破片装置的更换周期变得尤为重要。

（1）爆破片装置定期检查。使用单位应经常检查是否有介质渗漏，应用在较为复

案例22　4号机燃气轮机灭火系统二氧化碳储罐泄漏分析处理及预防

杂的工况条件下应查看是否有表面破损、腐蚀和明显变形等现象，定期检查周期不应超过1年。

爆破片装置定期检查内容如下：

1）爆破片装置安装方向是否正确，铭牌上的爆破压力和爆破温度是在否符合工况条件下使用。

2）爆破片外表面有无损伤和腐蚀情况，是否有明显变形，有无异物黏附和泄漏等。

3）与安全阀串联使用时，检查爆破片装置与安全阀之间的压力指示装置，确认爆破片装置、安全阀是否泄漏。

4）排放管道是否畅通、腐蚀，支撑是否牢固。

5）带刀架的夹持器需检查刀片是否有损伤或者变钝。

6）如果爆破片装置前有截止阀，检查其是否处于全开状态，铅封是否完好。

（2）爆破片更换周期。根据使用工况条件，一般情况下爆破片更换周期为2~3年，苛刻条件下更换时间应缩短为半年。

（3）确定爆破片更换周期的目的。

1）在长时间正常工作下，受腐蚀、污垢、较大幅度的温度或压力波动等影响，使得爆破片装置的原有性能发生变化，达到金属的疲劳强度，在低于设计压力范围内破裂泄压，影响设备的安全和正常的生产。

2）爆破片生产厂家在一批爆破片制造完成后，随机选择标准规定的爆破片数量进行爆破压力试验，以验证爆破压力是否符合规定的要求，这仅能保证爆破片出厂时的爆破性能。

影响爆破片更换周期的因素如下：

1）爆破片形式的选择。

2）爆破片材料的选用，对相应介质和环境介质的耐腐蚀性，在高温条件下爆破片材料的蠕变特性以及密封膜、保护膜材料的致密性、耐蚀性变化、发生老化等。

3）实际使用的操作压力比。

4）在承压设备上所受的温度及温度波动。

5）在承压设备上所受的压力及压力波动。

（4）确定爆破片更换周期的方法。

1）由爆破片生产厂家确定。爆破片生产厂家拥有多种形式爆破片的试验（腐蚀、疲劳）数据、历史记录和相应工程试验结果，可根据相应的数据对比给出合理的爆破片更换周期。使用单位也可将工作一段时间的爆破片小心拆下寄给爆破片生产厂家进行检查和测试，并通过与出厂原始数据对比，合理地对爆破片更换周期做出调整。

2）由爆破片使用单位确定。爆破片使用单位熟悉既定工作条件下，爆破片的材质和性能所受到的影响，并有比较详细的工作或检查记录，可根据现有的经验自行确定爆破片的更换周期。

爆破片需立即更换的情况如下：

a）存在装反、不符合工况使用、表面损伤、腐蚀、变形、异物黏附、泄漏问题。

b）设备运行中出现超过最小爆破压力而未爆破。

c）设备运行中出现温度超过爆破片材料允许使用温度范围。

d）拆卸下来后。

e）设备长时间停工后（超过 6 个月），再次投入使用。

爆破片装置中夹持器在爆破片更换时应及时做相应的清洗和检查，如未出现变形、裂纹、较大面积腐蚀、密封面破损，带刀架的未出现刀片破损或者变钝的情况，可正常使用。

4. 结论

现场观察压力为 0MPa、液位为 0.007m，该次不是低泄漏导致，观察各阀门开关状态正常，初步判定泄漏出在安全阀和爆破装置上，拆下爆破装置，发现爆破膜片已破裂。

现场维护保养项目不完善，爆破片工作多年，夹持器大面积腐蚀未及时更换，爆破片由于疲劳损伤导致破裂，二氧化碳排空。

（二）灭火系统二氧化碳储罐泄漏导致危害

二氧化碳储罐运行过程中，如果长时间维护不当或未进行维护保养，那么就有可能发生二氧化碳泄漏。另外在使用过程中如果不注意正确操作，或者是遇到意外，那么也可能发生泄漏。因此，为了以防万一，对于相关操作人员来说，一定要掌握一定的处理办法，从容应对泄漏事故，保证相关人员安全。如果发生的是小规模的泄漏，泄漏量较少，主要是因为阀门没有关好或者是管道漏气造成的泄漏，则应找到泄漏点，然后关闭主要阀门，不让二氧化碳继续泄漏。这个过程一般不会对现场人员造成太大的危害，但是即便是少量的泄漏，如果在长时间内没有得到解决，则也会造成一定的危害。这时如果是密闭的环境，就要注意先打开通风设备，让室内环境保证良好的通风，再去寻找原因。

如果发生的是二氧化碳储罐大量泄漏，则对于已经发生的事故，如造成人员二氧化碳中毒，就要积极处理，先抢救人员。在抢救过程中要注意使用防毒面具和穿戴防冻服等。在处理过程中找到最终的泄漏源是最关键的步骤，这样才能有效阻止事故的进一步发展。

因为二氧化碳储罐中的二氧化碳是液态的，所以如果发生泄漏则很容易造成低温，而且如果发生二氧化碳大量泄漏，而又来不及离开现场，则很容易造成二氧化中毒和窒息。

该次储罐内二氧化碳灭火剂经防爆装置排空，导致灭火系统失效，设备无法运行停止，存在严重的安全隐患。设备后期还需重新保压，再次充装二氧化碳，造成比较大的经济损失。

四、4号机燃气轮机灭火系统二氧化碳储罐泄漏处理措施

1. 标准要求

在 GB 150.1—2011《压力容器　第一部分：通用要求》中规定：

"B.3.6 当容器需要安装泄放装置且没有特殊要求时，应优先选用安全阀。

B.4.7 符合下列条件之一者，必须采用爆破片装置：

a）压力快速增长（如增加分子量的化学反应、化学爆炸、爆燃等）；

b）对密封有更高要求；

c）容器内物料会导致安全阀失效；

d）安全阀不能适用的其他情况。"

2. 安全阀计算书

根据现场实际情况，储罐本体自带 2 个安全阀，单个安全阀计算见图 22-2。

3. 安全阀与爆破装置的比较

（1）爆破片。是利用爆破元件在较高的压力下即发生断裂而排放气体的。

1）优点。密封性能好，在容器正常工作时不会泄漏；爆破片的破裂速度高，故卸压反应较快；介质中若含有油污等杂物也不会对装置元件的动作压力产生影响。

2）缺点。在完成泄压动作后，爆破元件即不能继续使用，容器一旦超压就要被迫

二氧化碳储罐安全阀计算书			
已知条件			
工作温度	℃		−35
设计温度	℃		−40
工作压力	MPa	p_w	2.2
设计压力	MPa		2.5
筒体外直径	m	D_0	1.428
筒体壁厚	m	δ_n	0.014
设备总长	m	L	5.2
保温材料			发泡聚氨酯
保温厚度	m	δ	0.3
介质			LC02
介质摩尔质量	kg/kmol	M	44
气体绝热系数		k	1.3
安全阀排放系数		K	0.65
安全阀数量			2
气体特性系数		C	347
泄放压力下的饱和温度		t	−13.7
常温下绝热材料的导热系数K_j/(m·h·℃)		λ	0.16
容器受热面积m²		A_r	25.25
$A_r = \pi D_0 (L + 0.3D_0) = 3.14 \times 1.228 \times (7.328 + 0.3 \times 1.228) = 29.69 (m^2)$			
泄放压力下液体的汽化潜热	kJ/kg	q	235
气体在操作温度压力下的压缩系数		Z	0.78
气体的临界压力			7.53
对比压力$p_r = (2.38 + 0.1)/(7.53 + 0.1) =$			0.325
气体的临界温度			31.1
对比温度$T_r = [273 + (-35)]/(273 + 31.1) =$			0.78
气体的温度$T = 273 + (-40)$	K	T	233
选用全启式安全阀 公称直径D_N25（喉径d_1为15）			15
安全阀最小排气截面积	mm²	A	176.71
$A = \pi \dfrac{d_1^2}{4}$			
计算			
1）确定气体的状态条件并计算安全阀的泄放量			
设P_o为安全阀出口侧压力（绝压）0.103MPa（近似为0.1MPa）			
则P_d为安全阀泄放力（绝压）			
$P_d = 1.1 p_w + 0.1$	MPa	p_d	2.52
当安全阀出口侧为大气时：$P_o/P_d = 0.103/2.52 = 0.04$			
而$[2/(k+1)]^{k/(k-1)} = [2/(1.3+1)]^{1.3/(1.3-1)} = 0.52$			
则$P_o/P_d < [2/(k+1)]k/(k-1)$是属于临界状态条件，安全阀排放能力按下式计算			

$W_s = 7.6 \times 10^{-2} CK p_d A \sqrt{\dfrac{M}{ZT}} =$	3756	kg/h
2）容器安全泄放量的计算		
盛装液化气体容器安全泄放量，按下式来确定		
$W_s = \dfrac{2.61(650-t)\lambda A_r^{0.82}}{\delta q} =$	55.51	kg/h
	合格	

图 22-2 二氧化碳储罐安全阀计算书

停止运行；爆破元件长期处于高应力状态，容易因疲劳而过早失效，因而元件寿命较短，需定期更换。

此外，爆破元件的动作压力也不易准确预测和严格控制。

（2）安全阀。它是通过阀的自动开启排出气体来降低容器内的过高压力的。

1）优点。仅排放压力容器内高于规定的部分压力，而当容器内的压力降至正常操作压力时，它即自动关闭，所以能避免容器超压就需要把全部气体排出而造成的浪费和生产中断。装置本身可重复使用多次，安装调整也比较容易。

2）缺点。密封性能一般；由于弹簧等的惯性作用，阀的开启有滞后现象，因而泄压反应较慢。

4.处理方案

根据现场实际情况，储罐本体自带2个安全阀，单个安全阀泄放面积已符合设计要求，可取消爆破装置。

在此基础上将二氧化碳储罐的相关参数引入DCS，并设置报警，使得人员可以远程查看实际数据。

五、结论或建议

吸取该次事故的经验，应加强对设备的维护保养，健全保养手册，不遗漏、不漏检、不马虎。

为此提出以下建议：

（1）建立完善的低压二氧化碳灭火设备维护保养手册。

（2）加强人员培训。

（3）做好设备预防性维护。

（4）根据以上分析，单个安全阀泄放面积已符合设计要求，取消爆破装置，对设备的安全运行无影响，减少泄漏风险。

案例 23 低压蒸发器流动加速腐蚀解决方案

汤永祥

一、引言

某电厂锅炉为三压、再热、无补燃、卧式自然循环型余热锅炉，配 9FA 燃气轮机机组，于 2008 年 5 月投入运行。锅炉低压蒸发器曾发生两起爆管泄漏事件。

（1）第一次事件：发现低压蒸发器中间联箱下方的一根受热面管在管座弯管处发生泄漏。在之后的处理过程中，割掉 16 条低压蒸发器受热面管并进行了封堵。

（2）第二次事件：机组准备两班制停机消缺。凌晨机组停运，7∶00 发现炉底有水滴出。经现场检查，发现低压蒸发器中间联箱靠 A 侧炉墙处的一根受热面管在管座弯管处发生泄漏。

为分析爆管原因，电力科学研究院针对爆破管段开展了宏观检查、成分分析、金相组织观察，并且进行了分析讨论。

图 23-1 所示为试验管样，其中 1 号为第一次爆管弯管段，2 号为第二次爆管弯管段，3 号为第二次爆管带鳍片的直管段。

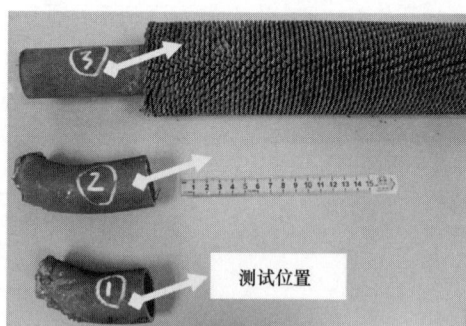

图 23-1 低压蒸发器试验管样

图 23-2 所示为低压蒸发器系统图以及爆管位置示意。爆管点位于低压蒸发器上集箱引出的弯头。管子设计材质为 20G，直管段管子规格为 $\phi 38mm \times 2.9mm$，弯头规格为 $\phi 38mm \times 4.5mm$。值得注意的是，上集箱管座与弯头之间为焊缝连接；弯头与直管

段之间也为焊缝连接。由于规格不同，所以该处为异径管连接。

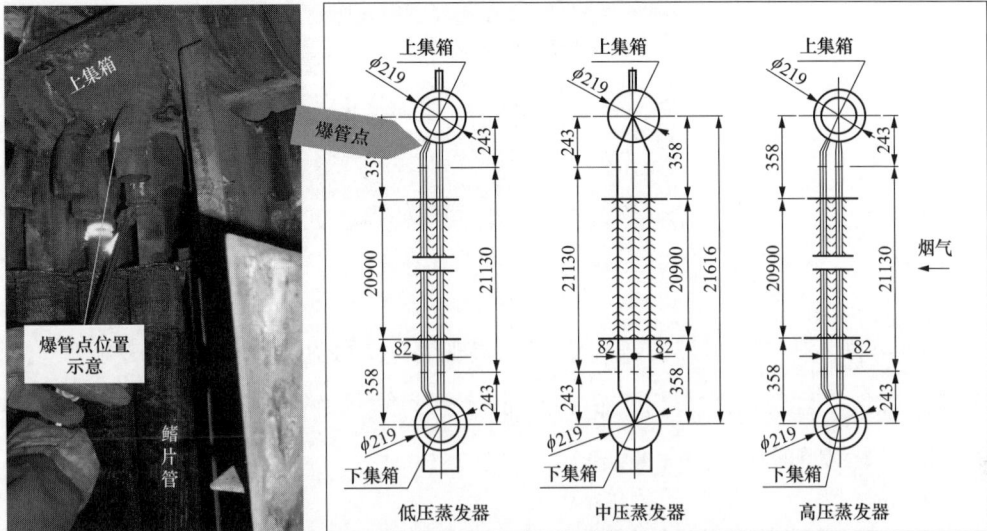

图 23-2   低压蒸发器系统图以及爆管位置示意

二、试验情况

1. 宏观检查与尺寸测量

选取有代表性的位置对三个管样进行尺寸测量，测量位置如图 23-1 所示（注：1号管和 2 号管的测量位置为弯头直段）。表 23-1 所示为尺寸测量结果。

表 23-1   管子尺寸测量   mm

管样编号	管子规格	外径测量结果			壁厚测量结果				
		0°	180°	平均值	0°	90°	180°	270°	平均值
1 号管样	$\phi 38 \times 4.5$	38.24	37.46	37.85	3.74	3.44	3.50	3.52	3.55
2 号管样	$\phi 38 \times 4.5$	37.92	38.24	38.08	3.54	3.04	3.20	3.32	3.28
3 号管样	$\phi 38 \times 2.9$	38.04	38.10	38.07	3.20	2.96	3.22	3.34	3.18

由表 23-1 可知，1 号管样和 2 号管样的管子壁厚明显低于设计壁厚；而 3 号管样的管子壁厚大于设计壁厚。此外，管子外径没有发现异常，与设计值接近。

图 23-3 所示为 2 号管样爆口宏观形貌及管壁减薄情况，破裂处壁厚仅 0.8mm，壁厚减薄严重。

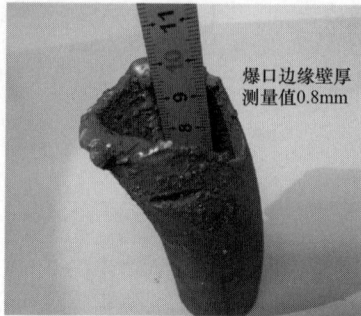

图 23-3　爆口宏观形貌及管壁减薄情况（2 号管样）

图 23-4 所示为 1～3 号管样管子内壁的宏观照片。可见，1 号管样和 2 号管样内壁出现了腐蚀坑，呈现马蹄坑（horse-shoe pits）或鱼鳞状特征的腐蚀形态；3 号管样内壁正常，未出现腐蚀坑。

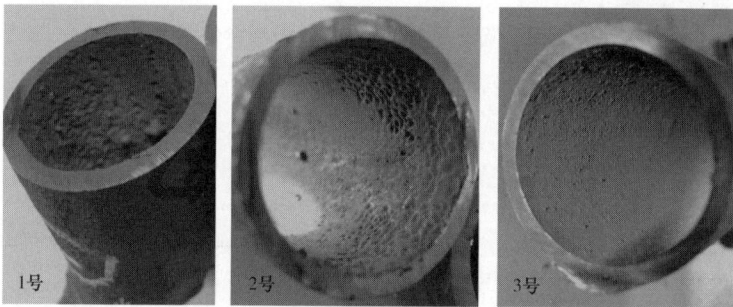

图 23-4　管内壁宏观照片（1～3 号管样）

2. 成分分析

经切割取样、磨样，采用岛津 PDA-7000 型火花光电直读光谱仪对试验管样进行材质分析，成分分析结果见表 23-2。根据 GB 3087—2008《低中压锅炉用无缝钢管》的技术要求，20G 钢管的化学成分应符合 GB/T 699—2015《优质碳素结构钢》的规定。因此，表 23-2 列出了 GB/T 699—2015 对 20G 的成分要求。

表 23-2　　　　　　　　测试样成分分析结果（质量分数）　　　　　　　%

管样编号	C	Si	Mn	Cr	Ni	Cu*	P	S
1 号管样	0.19	0.25	0.50	0.05	0.03	0.04	0.017	0.006
2 号管样	0.18	0.23	0.48	0.02	0.01	0.05	0.016	0.005
3 号管样	0.19	0.20	0.44	0.02	0.03	0.09	0.008	0.007
GB/T 699—2015	0.17～0.23	0.17～0.37	0.35～0.65	≤0.25	≤0.30	≤0.25	≤0.035	≤0.035

* 热压力加工用钢铜含量应不大于 0.20%。

可见，管子的成分符合国家标准 GB/T 699—2015 对 20G 的要求。

3. 金相试验

为了研究管子内部以及腐蚀坑处的金相组织变化，公司外送选取 2 号管样和 3 号管样（第二次爆管泄漏）的横截面试样和纵截面试样进行分析。经切割取样、磨样、抛光并用 4% 硝酸酒精溶液腐蚀，采用 Leica DMI 3000 型光学显微镜，观察选取试样的金相组织形貌。

图 23-5 和图 23-6 所示分别为 2 号管样（弯头直段）和 3 号管样（直管段）的 500× 金相组织照片。可见，选取试样的金相组织均为正常的铁素体 + 珠光体组织。管子在长时高温运行条件下，珠光体并没有发生球化。然而，沿着轧制方向呈现出一定程度的带状组织分布。

（a）　　　　　　　　　　　　　　　　（b）

图 23-5　弯管段 500× 金相组织照片（2 号管样）

（a）横截面；（b）纵截面

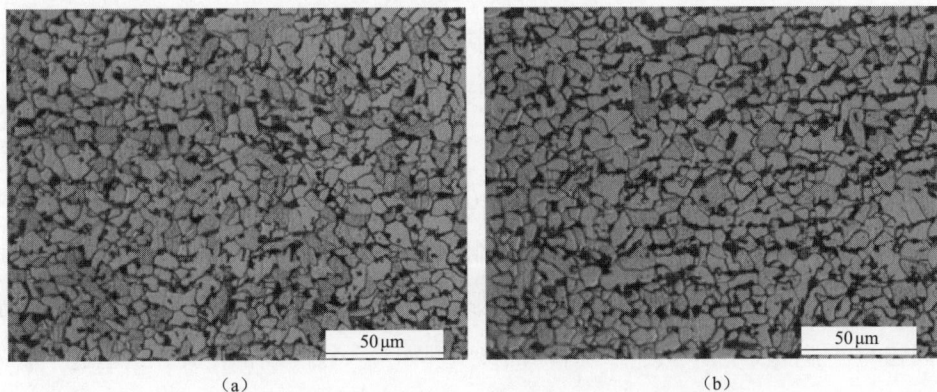

（a）　　　　　　　　　　　　　　　　（b）

图 23-6　直管段 500× 金相组织照片（3 号管样）

（a）横截面；（b）纵截面

图 23-7 和图 23-8 所示为 2 号管样管内壁横截面金相组织观察结果。图 23-7 示意了管内壁腐蚀坑的位置，图 23-8 则展示了腐蚀坑附近的管内壁金相组织。由图 23-8 可见，管内壁金相组织没有明显变化，未观察到腐蚀产物层。

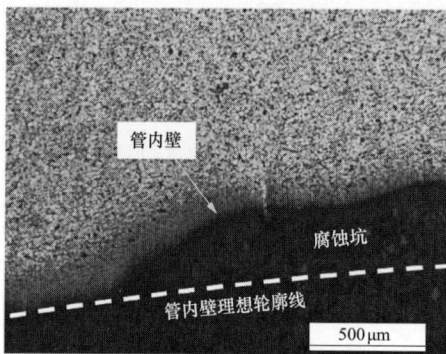

图 23-7　腐蚀坑的位置示意
（2 号管内壁金相照片 50×）

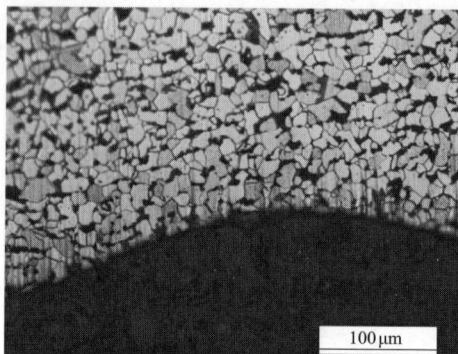

图 23-8　腐蚀坑附近组织
（2 号管内壁金相照片 200×）

三、分析讨论

上述试验结果表明：

（1）弯头直段的管子壁厚低于设计壁厚，泄漏点处壁厚严重减薄。

（2）弯管段内壁出现了鱼鳞状特征的腐蚀坑，而与弯头相距较远的直管段内部未出现腐蚀坑。

（3）管子取样分析的实测成分符合 GB/T 699—2015 对 20G 的成分要求，未错用材质。

（4）管子本体金相组织正常，腐蚀坑附近金相组织未发生变化（与管子本体金相组织一致），未见腐蚀产物层（流体流速较快，腐蚀产物被流体冲刷掉）。

（5）管子泄漏处出现在管道弯头处，并且泄漏点附近存在管座焊缝和异径管连接处。

通过宏观检查、壁厚测量、成分分析、金相组织观察，发现管子破坏的特征与流体加速腐蚀（flow accelerated corrosion，FAC）的特征比较吻合。宏观检查发现鱼鳞状特征的腐蚀坑，管壁严重减薄，管子金相组织正常，未见腐蚀产物，这些都符合 FAC 的特征。此外，带鳍片的直管段内壁宏观形貌正常，未出现腐蚀的现象，这表明水质存在问题的可能性较小，否则整个管段都将出现如弯头段的腐蚀情况，这也进一步佐证了 FAC 的存在。可见，这两次爆管泄漏事件是由于 FAC 导致壁厚严重减薄而造成的，同时，在长时高温运行后并受 FAC 影响，弯头段管子实测壁厚明显低于设计壁厚。

FAC 是在强还原环境下的紊流区，如管道弯头、三通以及异径管连接处发生的加速性腐蚀。FAC 可以分为两个过程：第一个过程是腐蚀（化学）过程，即氧化膜 / 水界面产生可溶解的亚铁离子，氧化膜主要是疏松多孔的 Fe_3O_4 覆盖层；第二个过程是流体动力学（物理）过程，即亚铁离子通过扩散边界层向主体溶液迁移，该过程受扩散梯度控制。前者是造成 FAC 的主要成因，后者对 FAC 的发生具有促进作用。FAC 的机理见图 23-9。

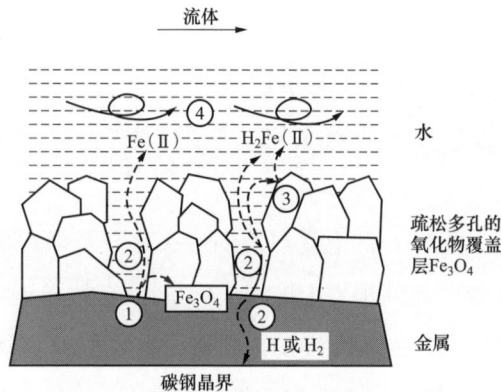

图 23-9   流体加速腐蚀（FAC）机理

影响 FAC 的因素概括起来可以将其分为以下三类：

（1）环境因素。包括工质的温度、pH 值、氧浓度以及亚铁离子含量。

（2）材料合金元素的因素。主要是指钢的化学成分，作用最大的合金元素是 Cr，通常 1wt% 的 Cr 含量就能使 FAC 速率降到很低甚至可以忽略。

（3）流体动力学因素。包括流体流速、管道几何形状等。特别值得注意的是，管道几何形状对局部腐蚀有比较大的影响。管道几何形状的改变致使流线弯曲，流速分布相应发生变化，严重时甚至产生涡流，形成严重的紊流。

因此，当流体流经管道弯头时也会导致弯管中的流体局部紊流。同理，流体流过异径管连接处时（由于截面突变和焊缝不规则凸起）也容易产生局部紊流。这些局部紊流是加速 FAC 的重要原因。

四、结论与措施

试验结果表明，弯头直段实测剩余壁厚小于设计壁厚，弯头泄漏点处壁厚严重减薄；弯管段内壁出现了鱼鳞状特征的腐蚀坑，直管段内部未发现腐蚀情况；管子未错用材质；组织为正常的铁素体 + 珠光体组织，腐蚀坑附近未见腐蚀产物层；管子泄漏处出现在管道弯头处，泄漏点附近管道存在几何形状的改变。可以推断，低压蒸发器爆管泄漏事件是由于 FAC 导致管子壁厚严重减薄所造成的，此外管子实测壁厚低于设计壁厚也是一个值得考虑的方面。具体改进措施如下：

（1）以工质为条件：虽然 HRSG 的频繁启停会大大增加金属接触过渡性水质的时间，但在给水品质满足条件时，通过提高给水含氧量和通过加药提高给水 pH 值仍是防止 FAC 的有效措施。

（2）以水力为条件：HRSG 给水系统的流速较低，是诱发 FAC 的次要因素。在水力条件较为恶劣的弯头部分可采用盲管的形式改善流场，达到减缓 FAC 的目的。

（3）以材质为条件：将 FAC 低温受热面的弯头部分及低压蒸发器的材质改为含有一定量 Cr 元素的低合金钢，是从根本上防止 FAC 的最有效措施之一。

（4）以焊接质量为条件：控制焊接工艺质量，减少因管道焊缝凸起而引起的流体加速腐蚀。此外，做好管壁清理措施，避免管内存在明显的异物或内凸、焊瘤的焊缝。

（5）以普查壁厚为条件：对低压蒸发器受热面管子壁厚进行普查，一旦发现管子实测剩余壁厚低于设计壁厚，应进行相应处理。

（6）以定期检测为条件：定期对容易发生流体加速腐蚀穿孔的弯头、焊缝下游部位、异径管连接处进行超声检测（或壁厚测量），提前发现腐蚀较薄部位并进行有效处理，减少非计划停机或爆管泄漏事件的发生。

五、结束语

锅炉经过对上部弯头整体更换为 $\phi 38 \times 4.5/20$ 的 15CrMo 低合金钢弯头改造后，在同等正常给水 pH 值的情况下，减少了流体加速腐蚀，提高了锅炉低压蒸发器运行的稳定性，没有再出现同类爆管漏水现象，为整个机组降低了运行成本，提高了经济效益。

参考文献

［1］宋幼澧 . 流动加速腐蚀的危害与防止 [J]. 华东电力，2003，31（3）：50–51.

［2］唐迥然 . 流动加速腐蚀引起的碳钢管壁减薄 [J]. 核科学与工程，2001，21（2）：189–190.

［3］毕法森，孙本达，李德勇 . 采用给水加氧处理抑制流动加速腐蚀 [J]. 热力发电，2005，35（2）：52–53.

［4］NESSLER H，PREISS R，EISENKOLB P. Developments in HRSG technology[C]. The 7th Annual Industrial& Power Gas Turbine O & M Conference. UK：Birmingham，2001.

［5］PORT R D. Flow accelerated corrosion [J]. Corrosion，1998（721）：2–4.

案例 24 3A 高压给水泵跳闸原因分析与处理

吴文青

一、引言

某电厂二期机组每台余热锅炉配备两台高压给水泵，正常运行时一台变频运行，一台工频备用；每台高压给水泵配备两台润滑油泵，一用一备。2011 年 7 月发生了一起因高压给水泵润滑油泵跳闸而导致的高压给水泵跳闸事件，事件发生后经过加强对运行人员的培训和高压给水泵润滑油泵逻辑的优化，避免了后续同类型事件的发生。

二、高压给水泵跳闸事件情况

1. 高压给水泵跳闸前机组运行方式

3 号机组负荷为 320MW；3 号 A 高压给水泵变频运行，3 号 B 高压给水泵工频备用，联锁投入；3 号 A 高压给水泵 A 润滑油泵因热力机械工作票"3 号机 A 高压给水泵油站 A 润滑油泵电动机有异声"退出运行进行检修。3 号 A 高压给水泵的 B 润滑油泵在运行状态。

2. 高压给水泵跳闸事件经过

19：30，应工作票负责人要求，送上 3 号 A 高压给水泵 A 润滑油泵电源，A 润滑油泵电动机和泵体联轴器断开，空载试验 3 号 A 高压给水泵 A 润滑油电动机验证电动机转向的正确性。

19：33：04，启动 3 号 A 高压给水泵 A 润滑油泵，空载试验 3 号 A 高压给水泵 A 润滑油泵电动机转向，检查转向正确。

19：33：09，3 号 A 高压给水泵 B 润滑油泵运行中跳闸。

19：33：11，3 号 A 高压给水泵低油压保护动作跳闸，3 号 B 高压给水泵工频联动正常，高压给水调节阀自动关小至 30% 开度，高压过热器减温水调节阀自动关小至 20% 开度。

19：33：12，3 号 A 高压给水泵非驱动端轴承 Y 方向振动突升至 100μm/s。

19：33：13，3 号 A 高压给水泵非驱动端轴承 Y 方向振动降至 34μm/s。3 号 A 高压给水泵各轴承温度正常，最高为 46.5℃。

3. 高压给水泵跳闸事件处理过程

19：33：12，由于 3 号 A 高压给水泵低油压保护动作跳闸工频联动 3 号 B 高压给水泵，导致高压给水调节阀自动关小至 30% 开度，高压过热器减温水调节阀自动关小至 20% 开度。当班人员立即手动对高压给水调节阀和高压过热器减温水调节阀进行调整，维持锅炉高压汽包水位和高压过热蒸汽温度正常，保持机组负荷稳定。汽包水位和高压主蒸汽温度正常稳定后将高压给水调节阀和高压过热器减温水调节阀投入自动控制。停运 3 号 A 高压给水泵的 A 润滑油泵，恢复 B 润滑油泵运行。

19：34，当班人员汇报值长，同时通知仪控值班人员和电二值班人员到场检查。

20：22，检修人员告知 3 号 A 高压给水泵 A 润滑油泵检修工作完成，解除 3 号 A 高压给水泵 A 润滑油泵的检修安全措施，3 号 A 高压给水泵 A 润滑油泵带载试运行正常，结束热力机械工作票"3 号机 A 高压给水泵油站 A 润滑油泵电动机有异声"。3 号 A 高压给水泵恢复备用。

三、高压给水泵跳闸原因分析

1. 高压给水泵跳闸的根本原因

高压给水泵跳闸保护逻辑为：低压汽包选择液位低于 −650mm，延时 30s；A 高压给水泵电动机任一相两个测点温度高于 145℃，延时 10s；高压给水泵 A 驱动侧、非驱动侧轴承温度及推力轴承温度高于 85℃，延时 3s；高压给水泵 A 电动机轴承温度高于 95℃，延时 3s；高压给水泵 A 运行，延时 10s 后且高压给水泵 A 出口电动阀全关；A 高压给水泵驱动侧、非驱动侧轴承振动大于 60μm；A 高压给水泵润滑油母管压力小于 0.05MPa。

高压给水泵润滑油泵跳闸逻辑为：当 B 润滑油泵在自动位，且 B 润滑油泵在运行状态，若 A 润滑油泵启动运行 5s 后，将发出跳 B 润滑油泵指令。

3 号 A 高压给水泵 A 润滑油泵检修时，运行人员在执行安全措施时，仅退出了润滑油泵联锁开关，但未将运行中的 B 润滑油泵切为手动，导致高压给水泵润滑油泵跳闸，触发了高压给水泵低油压保护动作，这是该次跳泵事件的根本原因。

2. 暴露问题

（1）部分运行人员对 DCS 控制逻辑不熟悉，在设备检修时未根据实际情况查阅 DCS 逻辑而制订安全措施。

（2）运行部对运行人员培训不足，致使部分运行人员未能熟练地在操作员站查阅控制保护逻辑。

（3）运行人员的工作责任心不强，在设备试运前未能做好充分的风险分析，事件发生后，值班记录与实际情况也有较大出入。

（4）二期 DCS 相关逻辑保护设计不合理，有待进一步优化。

（5）技术检修部未建立二期 DCS 控制系统仪控逻辑说明手册，高压给水泵转速不准、润滑油压失灵缺陷一直没处理好。

3. 整改措施

（1）加强对运行人员的技术培训，对 DCS 保护逻辑、联锁查阅及 MARK Ⅵ控制逻辑举办专场讲座，以提高运行人员对风险的控制能力。

（2）运行部加强教育，提高员工的责任心，对运行记录的填写严格要求，对重大操作推行作业风险分析制度，对隔离设备的安全措施要有充分的风险预测。

（3）仪控专业与厂家进行充分讨论，对 DCS 逻辑中不合理的地方进行改进。

（4）技术检修部在十月底前完成二期控制系统 DCS 逻辑说明手册的编写，并发给仪控人员和运行人员学习。

（5）技术检修部要提高消缺率，对影响机组安全的缺陷要及时跟进备品采购情况，有机会时及时处理，以便运行人员对机组重要设备参数进行监视，在发生事故时提供可靠的分析依据。

四、结语

高压给水泵作为余热锅炉的重要辅机，不仅维持着高压给水系统的安全运行，而且是高压过热蒸汽减温水的来源，关系到高压主蒸汽温度控制的稳定性。而高压给水泵润滑油泵作为高压给水泵稳定运行的保障，其重要性不言而喻。在该次事件发生以后，经过仪控人员与厂家进行充分的讨论和论证，决定取消高压给水泵润滑油泵联锁停止和保护停止逻辑，在一定程度上杜绝了同类型事件的再次发生。

案例 25　3号机主蒸汽超温甩负荷至全速空载事件分析与处理

吴文青

一、引言

二期机组自投产以来曾多次出现因主蒸汽温度超温而造成机组甩负荷至全速空载事件，究其原因大致有设备缺陷、逻辑不完善、运行人员经验不足等。现以 2010 年 5 月 21 日事件进行说明。

二、3号机组主蒸汽超温事件经过

2010 年 5 月 21 日，7：01，3号机启动；7：26，3号机并网；8：18，高压缸进汽完成，投入 IPC IN，机组负荷为 100MW，燃气轮机排气温度为 592℃，主汽温度为 539℃。8：22，机组负荷为 138MW，燃气轮机排气温度为 649℃，主汽温度为 572℃，DCS 发出"高压过热器出口蒸汽温度高Ⅰ值"报警。操作员检查发现主蒸汽减温水电动阀和调整阀都在关闭位，立刻降负荷并开启减温水电动阀，将减温水调整阀切手动打开。在减负荷过程中，8：22：50，主汽温升至 582℃，DCS 相继发出"高压过热器出口蒸汽温度高Ⅱ值""高压过热器出口蒸汽温度高Ⅲ值"报警，机组甩负荷至全速空载。

三、3号机组主蒸汽超温原因

1. 高压主蒸汽温度超温的危害

（1）金属材料的机械强度降低，蠕变速度加快。主蒸汽温度过高时，主蒸汽管道、自动主汽阀、调速汽阀、汽缸和调节级进汽室等高温金属部件的机械强度将会降低，蠕变速度加快。汽缸、汽阀、高压轴封坚固件等易发生松弛，将导致设备损坏或使用寿命缩短。若温度的变化幅度大、次数频繁，这些高温部件会因交变热应力而疲劳损伤，产生裂纹损坏。这些现象随着高温下工作时间的增长，损坏速度加快。

（2）机组可能发生振动。汽温过高，会使各受热金属部件的热变形和热膨胀加大，若膨胀受阻，则机组可能发生振动。

2. 高压主蒸汽温度调节的相关规定

按照相关标准规定：高压缸进汽完成后加负荷阶段，应检查确认高压过热器减温水和再热器减温水电动阀已打开，减温水调节阀已投自动；主蒸汽压力高于 45kg/cm² 且高压旁路开度小于 10%，高压汽包水位在正常值时把汽轮机的控制模式切换至压力控制，即投入 IPC IN，设定值为 39kg/cm²，检查高压旁路设定值为当前压力加 0.34MPa；负荷在 120 ~ 160MW 之间时由于燃气轮机排烟温度升高和 IGV 开大，需要注意燃气轮机加负荷速率和减温水量，防止主汽温和再热蒸汽超温。

3. 高压主蒸汽温度保护配置

高压过热器出口蒸汽配置三个温度传感器，使用三取二表决方式。其高一值为高压过热器出口蒸汽温度达到 573.9℃，延时 15min，机组快速降负荷。高二值为高压过热器出口蒸汽温度达到 578.3℃，无延时立即快速降负荷；578.3℃ 以上持续达到 3min，机组马上全速空载。高三值为高压过热器出口蒸汽温度达到 582.2℃，无延时，机组全速空载。

4. 高压主蒸汽超温事件原因

2010 年 5 月 21 日，当班运行操作人员在汽轮机高压缸进汽完成后未注意调整主蒸汽温度，造成主蒸汽温度超温。当操作员发现主汽温快速上升，再投入减温水控制时，已经无法控制主汽温的升高。这是导致机组甩负荷至全速空载的直接原因。

分析经过，发现操作员有以下操作失误：

（1）当机组开始加负荷时，操作员忙于处理真空低问题，未严密监视主汽温的变化。

（2）当汽轮机高压并汽完成后，操作员未投入高压主蒸汽温度调节的情况下（高压过热蒸汽减温水电动门和高压过热蒸汽减温水调整门未投入），就马上加负荷，从而造成主汽温快速上升。

四、压主蒸汽控制的优化

随着电力改革向纵深发展，现货交易竞争日益激烈，上网电价形成机制的变化，天然气价格的上涨，机组全年运行小时数的降低，优化启停机操作，缩短启动时间，对于降低发电成本、加强市场竞争力显得尤为必要。而主蒸汽温度在启动阶段的控制对于缩短启动时间尤为重要。

随着智慧化工作的不断推进，以及操作和控制手段的不断优化，在二期运行人员和仪控人员的不断摸索下，高压主蒸汽温度的调节方式已逐渐成熟。

1. 手动方式下高压主蒸汽的控制手法

在机组热态启动过程中，投产初期采用的运行方式都是高压缸进气完成后，再根据高压主蒸汽温度进行减温水的调节。但这个时期燃气轮机排气温度可达 649℃，锅炉蒸发量却不大，因此这个时期主蒸汽温度升高最为剧烈，极易造成高压主蒸汽超温。

通过运行人员的不断摸索，发现在高压 CV 阀开度超过 10% 以后，适当手动开减温水，使高压减温器后温度保持在 300℃ 左右，此时保证了高压主蒸汽温度维持在较低水平，且有足够的过热度；在开始加负荷后只需保证高压过热器减温水流量在 20t/h 以上，保持减温器后温度保持在 300℃ 左右，可以保证高压主蒸汽温度在加负荷阶段不会超温，大大缩短了启动期间加负荷的时间。

2. 自动方式下高压主蒸汽的控制手法

随着运行人员急剧减少，智慧化要求的不断提高，高压主蒸汽温度的自动控制对于机组的安全运行尤为重要。

（1）原设计思路为在机组启动过程中，当负荷小于 250MW 时，主蒸汽温度调节为单冲量控制，通过主蒸汽温度变化直接作用于高压过热蒸汽减温水调节阀；当机组负荷大于 250MW 时，采用三冲量控制，即通过负荷、主蒸汽温度、高压过热蒸汽减温器后温度控制高压过热蒸汽减温水调节阀开度。机组停机过程中，当负荷小于 240MW时，采用单冲量控制。机组启动过程中主蒸汽温度超温现象频繁，单冲量无法实现自动控制。

（2）高压过热蒸汽温度自动控制逻辑。当机组启动至负荷小于 250MW 时的控制方式如下：

1）当主蒸汽温度低于 520℃ 或高于 545℃ 且 CV 阀开度小于 20% 时，采用单冲量控制。即以机组负荷与温度之间的函数输出作为高压过热蒸汽减温水温度 PID 设定值，进而控制高压过热蒸汽减温水调节阀。

2）当主蒸汽温度高于 520℃ 且低于 545℃ 时，采用三冲量控制。即主控制器根据负荷函数设定值控制主蒸汽温度，PID 输出值根据数据分析确定范围为 303 ~ 405，且输出值为副控制器设定值。该输出值与高压过热蒸汽减温水后温度 PID 输出值控制高压过热蒸汽减温水调节阀开度，输出值范围根据启动数据经验设置为 0 ~ 50。

（3）高压过热蒸汽温度自动控制逻辑优化效果。在机组启动过程中，主蒸汽温度被良好控制在 565℃以内（报警值为 570℃）。实际运行情况证明高压过热蒸汽温度自动控制系统优化达到预期效果，成功解决了高压过热蒸汽（简称主蒸汽）温度自动调节逻辑在机组启动过程中无法投用的问题，减少了启动时间，增加了机组升负荷速率，减少了运行人员操作次数，提高了机组运行的自动化水平和可靠性。

五、结论

通过对高压主蒸汽温度的手动控制方式的总结优化，以及高压主蒸汽温度的自动控制的实现，解决了一直以来高压主蒸汽温度超温的痛点，对于新形势下运行人员的减少、智慧化建设的推进有着积极的作用。但是机组的安全运行不仅依赖于运行人员的操作和逻辑的优化，设备的稳定性也同样重要。近期 4 号机组高压主蒸汽超温甩负荷问题再次出现，说明逻辑还存在优化的空间，因此提出以下建议：

（1）控制逻辑进一步优化。如手自动闭锁逻辑、报警功能还存在一些缺陷，还应继续提升操作水平。

（2）需要逐步加强对现场温度元件的日常维护。针对振动大的管道上的测量元件，应加强预防性维护，定期检查、更换固定螺栓。

（3）增加高压主蒸汽减温器后的温度测点。目前该温度测点只有一个，而该测点在主蒸汽温度控制中无论手动或自动都有着非常重要的作用。该点故障情况下将导致高压主蒸汽减温水的调节缺少依据，无法判断高压主蒸汽的过热度，将可能导致高压主蒸汽带水，或者高压主蒸汽调节的迟缓，导致加负荷时间加长，不利于机组运行的安全性和经济性。因此建议增加高压主蒸汽减温器后的温度测点，在一点故障的情况下仍有其他点可监视，增加机组运行的安全性。

案例 26　天然气调压站压力突降的分析与处理

薛志敏

一、引言

某电厂 3、4 号机组同属 S109FA 燃气 – 蒸汽联合循环机组，一套 S109FA 机组由一台燃气轮机、一台汽轮机、一台余热锅炉、一台发电机同轴布置组成。天然气调压站有两台过滤器（2×100%），正常两台机组运行时一台过滤器运行，另一台备用。在过滤器前配置两台水浴炉，用于加热天然气，保证进入过滤器的天然气温度。水浴炉根据天然气组分和温度决定运行状态，两台水浴炉配置天然气旁路，天然气可通过旁路阀而不用通过水浴炉加热直接进入过滤器。每台燃气轮机各有两条天然气调压支路，一路运行，另一路备用，每路调压支路有两个调整阀，分别为监控调压阀和工作调压阀。监控调压阀位于工作调压阀上游，正常运行时全开，当工作调压阀失控时进行调压。工作调压阀位于监控调压阀下游，正常运行时起调压作用。

二、事件经过

2014 年 4 月 27 日凌晨，上游通知某气田投产增量，供电厂气源热值有较大变化。根据天然气成分分析表，发现天然气低位热值由 33.13MJ/m³ 上升至 35.64MJ/m³（标准状态下）甚至更高，甲烷含量由 85% 升至 90% 左右。而 3、4 号机组属 GE 燃气轮机（型号为 PG9351FA），在运行维护手册中规定运行时天然气热值变化不能超过 ±5%，否则会造成燃烧不稳定，严重时会出现熄火现象或烧坏燃烧部件。考虑到以上因素，电厂运行人员加强了对天然气成分及其他相关参数的跟踪。

2014 年 4 月 28 日中班，3、4 号机组运行状况正常，3 号机负荷为 330MW，4 号机负荷为 330MW，AGC 和一次调频投入。天然气调压站过滤器和 4 条调压支路运行参数正常，3 号机天然气供气压力为 3.232MPa，4 号机天然气供气压力为 3.258MPa。

17：59，运行当值人员发现天然气调压站 4 号机供气压力由 3.2MPa 快速下降至 2.952MPa，4 号燃气轮机天然气压力低自动减负荷保护动作，机组由 330MW 开始自动减负荷。经过运行人员及时处理，4 号机组负荷稳定在 160MW，工作调压阀全开，天然气压力为 3.012MPa。18：05，运行人员很快又发现天然气调压站 3 号机供气压力由 3.232MPa 快速下降至 2.858MPa，3 号燃气轮机天然气压力低自动减负荷保护动作，机组由 330MW 开始自动减负荷。经过运行人员快速处理，负荷维持在 180MW，工作调压阀全开，天然气压力为 3.041MPa。18：20，运行人员结合过滤器压差变化及机组调压支路前压力下降，怀疑天然气内有异常成分，将天然气调压站原运行的 A 过滤器切换至备用的 B 过滤器运行，联系检修人员拆开 A 过滤器检查。18：21，运行人员发现 3、4 号机调压支路供气压力又突然升至 3.732MPa 和 3.768MPa，动作调压阀把调压阀后压力调整至正常值。18：59，运行人员将 3 号机负荷加至 260MW，3 号机供气压力为 3.282MPa；4 号机负荷加至 260MW，4 号机供气压力为 3.334MPa。

19：25，运行人员发现天然气调压站 3、4 号机供气压力又出现突降至压力低自动减负荷保护动作，3、4 号机组都自动减负荷至 105MW，3、4 号机组天然气压力分别稳定在 3.035、2.968MPa。20：45，检修人员报告 A 过滤器滤纸不是很脏，但是底部发现较多水一样的东西，如图 26-1 所示，A 过滤器更换新的滤纸后投入备用状态。考虑到消声器像滤网状，孔径小而密，且切换过滤器后仍旧出现天然气压力突降现象，怀疑天然气调压站 4 条调压支路调压阀的消声器可能会受到影响。21：10，经过专业分析，经上级领导同意，检修依次拆开 4 条调压支路的消声器进行检查，调压支路检查顺序依次为：4 号机 B 调压支路、3 号机 A 调压支路、3 号机 B 调压支路、4 号机 A 调压支路。运行和检修配合首先退出 4 号机 B 调压支路运行进行置换，拆出该调压支路上监控调压阀和工作调压阀上的消声器检查。22：00，由于电厂 4 条调压支路同时出现天然气异常下降现象，怀疑天然气成分变化较大造成设备内部有结冰现象导致天然气压力无法维持。22：05，检修拆出 4 号机 B 调压支路上监控调压阀和工作调压阀的消声器，发现消声器处都有较多水一样的东西，如图 26-2 所示，而且工作调压阀上的消声器有破损现象，如图 26-3 所示。22：15，检修拆除消声器后，运行恢复 4 号机 B 调压支路运行，4 号机加负荷至 260MW，天然气压力为 3.222MPa，机组投入 AGC 控制。4 号机运行时燃烧脉动有波动，排气分散度比之前要大（分散度最高达 50℃，之前最高只有 30℃）。22：30，运行和检修配合退出 3 号机 A 调压支路运行进行置换，拆出该调压支路上监控调压阀和工作调压阀上的消声器检查。23：47，检修拆出 3 号机 A 调压支路工作调压阀上的消声器，发现有结冰现象。00：06，投入 3 号机 A 调压支路运行，3 号机组负荷加至 260MW，天然气压力为 3.232MPa，机组投入 AGC 控制。

00：57，检修拆出 3 号机 B 调压支路工作调压阀上的消声器，发现有结冰现象，如图 26-4 所示，且该消声器也出现破损现象，如图 26-5 所示。01：00，恢复 3 号机 B 调压支路运行。03：00，检修拆出 4 号机 A 调压支路工作调压阀上的消声器，发现有结冰现象。03：10，恢复 4 号机 A 调压支路运行。

图 26-1　A 过滤器底部有水

图 26-2　4 号机 B 调压支路消声器有水

图 26-3　4 号机 B 调压支路消声器损坏

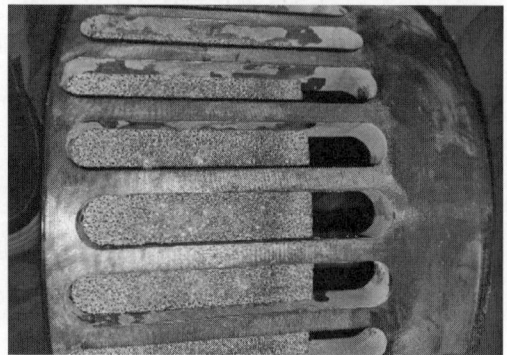

图 26-4　3 号机 B 调压支路消声器结冰

图 26-5　3 号机 B 调压支路消声器损坏

三、事件原因分析

1. 天然气压力低保护

从 Mark Ⅵ控制系统可查天然气压力低相关保护有：机组转速处于运行转速（95%额定转速以上），当阀组间天然气压力 p_1 小于 2.882MPa 时，机组天然气压力低自动减负荷动作；机组带负荷运行时，当阀组间速比阀后压力 p_2 小于 p_2 基准值减去 0.0689MPa 时，机组天然气压力低自动减负荷动作。

2. 天然气压力低分析

（1）天然气压力低原因分析。若联合循环机组正常运行过程中，出现天然气压力低现象，需从以下几方面进行原因分析。

1）从天然气调压站、前置模块、阀组间天然气压力变送器判断天然气压力下降的真实性。若是变送器故障引起的，则检修校验变送器处理，若故障变送器涉及保护，则需将机组降低负荷稳定运行后，退出相应的保护再处理。因为事件中的各天然气压力变送器数值正常，所以排除压力变送器故障的原因。

2）末站送至天然气供气母管压力下降。事件中末站送至天然气调压站 ESD 阀前压力为 3.83MPa，ESD 阀后压力为 3.83MPa，天然气母管压力属正常，因此排除末站送至天然气供气母管压力下降是天然气压力突降的原因。

3）调压站过滤器或前置模块过滤器堵塞。事件中天然气压力第一次突降过程中，发现调压站过滤器前后压差增大超过 80kPa 报警，且过滤器前压力为 3.81MPa、过滤器后压力为 3.25MPa。运行人员将 A 过滤器切换至备用的 B 过滤器运行后，3、4 号机调压支路供气压力又突然升至 3.732MPa 和 3.768MPa，说明该次天然气压力突降是调压站过滤器堵塞造成的。而第二次天然气压力突降过程中，机组调压支路供气压力正常、调压支路后压力下降，排除调压站过滤器堵塞是造成第二次天然气压力突降的原因。两次天然气压力突降过程中，3、4 号机组前置模块过滤器差压正常，且各压力变送器数值与机组调压支路后天然气压力趋势一致，排除前置模块过滤器堵塞。

4）天然气调压支路调压阀调整不正常，备用调压阀未能自动投入。事件过程中，就地检查 3、4 号机组天然气调压工作支路和备用支路的工作调压阀、监控调压阀状态全开，排除调压阀调整不正常，备用调压阀未能自动投入。

5）天然气调压支路调压阀前快速关断阀关闭。事件过程中，就地检查 3、4 号机组天然气调压工作支路和备用支路的调压阀前快速关断阀状态全开，排除快速关断阀关闭是天然气压力突降的原因。

6）天然气组分变化。从事件前后天然气组分表可知，事件过程中的天然气组分中 C4+ 较事件前含量增加 6%，特别是 C6+ 含量增加 1%，且事件过程中天然气温度仅为 10℃，低于烃露点温度，造成液烃析出，进而在过滤器或类似过滤器的消声器堵塞，造成天然气压力突降。事件中 A 过滤器底部有水、调压支路消声器有水或结冰，是天然气组分变化造成天然气压力突降的原因。

（2）天然气组分分析。在天然气的压力、温度发生变化时，当天然气的温度低于一定压力下的烃露点后，天然气中较重烃类就会析出形成液相，这些液相组分的存在将对管道输送、天然气利用产生不同程度的不利影响。天然气烃露点是指在一定压力下天然气中烃类开始冷凝的温度。水露点（也称露点）是指在一定压力下，天然气中水开始冷凝的温度。为防止天然气在管输过程中有液烃或水析出，烃露点或水露点应低于当地环境最低温度。从天然气组分表可知，事件前后水含量为 0，但 C4+ 含量增加 6%，特别是 C6+ 含量增加 1%，对应的烃露点约为 15℃，而此时天然气温度仅为 10℃，低于烃露点温度，造成液烃析出，进而在过滤器或类似过滤器的消声器中造成堵塞。

3. 天然气压力低对燃气轮机运行的影响

天然气压力稳定对燃气轮机正常、平稳运行至关重要。天然气进入阀组间起到压力保护和燃料分配的作用，天然气压力保护的主要目的是监视天然气的供气压力。当天然气压力过低时，Mark Ⅵ 控制系统发出"天然气压力低"报警，燃气轮机自动减负荷动作。珠海某电厂曾因天然气压力过低导致燃料不足，进而引发燃气轮机快速降负荷而报警跳机的事件。

四、天然气压力低的处理措施

若机组正常运行过程中出现天然气压力低，则应执行以下处理措施：

（1）若是由天然气压力变送器故障引起的，则检修校验压力变送器处理。

（2）当阀组间速比阀后压力 p_2 下降时，应减负荷恢复 p_2 压力，若 p_2 下降至自动减负荷保护动作，应通过减负荷使得 p_2 复位维持机组运行，尽快查找天然气压力下降的原因，并处理恢复 p_2 正常，以恢复机组加负荷正常运行。

（3）若末站送至天然气供气母管压力下降，应联系末站和分输站提高天然气供气压力。

（4）若调压站过滤器或前置过滤器堵塞，应切换过滤器运行。

（5）若调压阀工作不正常或调压阀前快速关断阀关闭，应切换备用调压阀，并尽快打开快速关断阀。使用备用调压阀供气，恢复速比阀前压力时必须做到压力上升缓慢，同时为了防止燃气轮机超温可以适当降低负荷。

（6）若为天然气组分中烃类组分含量增大影响，需通过调压站启动炉加热天然气温度，保证天然气温度高于烃露点和水露点，防止过滤器堵塞。

五、建议

通过对天然气调压站天然气压力突降的原因及危害分析，制定相应的处理措施，保证机组的安全运行。为此提出以下建议：

（1）根据天然气压力下降的原因分析，按天然气处理流程，可将天然气供气母管、调压站过滤器、调压支路、前置模块、阀组间压力下降的现象模型化，进行判断与预警，提高运行应急处置的准确性和效率。

（2）校准调压站天然气组分分析仪，做到天然气组分实时在线监视与报警。

（3）定期试运调压站水浴炉，保证水浴炉随时可用。运行参与电厂天然气处理流程的设备，注重过滤器差压、过滤器液位等参数的检查与维护。

（4）与供气方加强沟通，保证进入电厂的天然气组分满足机组安全运行的要求。

（5）运行人员加强事故预想，制定天然气调压站压力突降的应急处置方案并组织进行演练，不断提高运行人员的应急处置能力和操作水平。

参考文献

［1］曾文平，熊钢.计算法获得天然气烃露点影响因素探讨 [J].石油与天然气化

工，2011，40（5）：510–513.

［2］周理，张镭，蔡黎，等 . 天然气烃露点预测研究进展 [J]. 石油与天然气化工，2017，46（4）：87–92.

［3］刘汉钦 . 关于天然气供应压力低跳燃气轮机的事件分析 [J]. 中小企业管理与科技（中旬刊），2016（11）：185–186.

案例 27 燃气－蒸汽联合循环机组汽轮机中压缸进汽调节阀全关导致机组全速空载分析与处理

薛志敏

一、引言

某电厂 3、4 号机组同属 S109A 燃气－蒸汽联合循环机组，一套 S109FA 机组由一台燃气轮机、一台汽轮机、一台余热锅炉、一台发电机同轴布置组成。汽轮机型号为 D10 改进型，为三压、一次中间再热、单轴、双缸双排汽、纯凝式机组。汽轮机高中压缸为高中压合缸，低压缸为双流程向下排汽形式，配置高压、中压和低压蒸汽旁路，各蒸汽旁路蒸汽流入凝汽器。由于汽轮机、燃气轮机和发电机同轴布置，所以燃气轮机启动时，汽轮机也跟随一起转动，这时余热锅炉还没产生满足参数要求的蒸汽进入汽轮机。随着转速的提高，汽轮机送风热量增加，汽轮机需要引入辅助蒸汽冷却低压通流部分。

二、事件经过

2013 年 9 月 8 日 20：20：22，4 号机 Mark-VI 控制系统发出 "COOLING STEAM REQUIRED""HOT Reheat Steam Pressure Trouble""MSV LIMIT SWITCH TROUBLE" 报警，事后通过 IE 报警事件查询发现当时还有一个报警信号 "INTERCEPT VALVE TRIGGER OCCURRENCE（中压缸进汽调节阀 IV 阀位偏差大于 10% 触发事件）"。值班员立即检查发现 4 号机中压缸进汽调节阀 IV1 和 IV2 两个阀的阀位已经由 100% 变成 0，中压缸进汽截止阀 RSV 的阀位由 100% 变成 93%，高压缸进汽截止阀 MSV 的阀位由 98% 变成 91%，高压缸进汽调节阀 CV 的阀位没有变化仍旧是 100%。机组负荷由 342MW 瞬间甩至 246MW。

值长令 4 号机组立即手动减负荷。20：21：00，再热器进口压力由 1.9MPa 升至 3.08MPa，再热器出口压力由 1.9MPa 升至 2.98MPa，超过再热器进口安全门动作值（2.98MPa/2.9MPa）和再热器出口安全门动作值 2.75MPa。再热器进口两个安全门和出口一个安全门动作，大量蒸汽排放出来，流量达 250t/h。中压过热蒸汽压力由 2.073MPa 升高超过中压 PCV 阀动作值，PCV 阀自动开启泄压。中压汽包由于压力升高

案例27　燃气-蒸汽联合循环机组汽轮机中压缸进汽调节阀全关导致机组全速空载分析与处理

使汽包水位由 –3mm 快速降至 –261mm 后回升。中压旁路自动开启至 20% 左右开度，给中压过热蒸汽系统泄压。值长立即命令值班员注意维持各汽包水位正常，并手动操作高、中压旁路控制高、中压系统压力，同时转辅汽由 3 号机供，并通知热工人员立即到现场检查处理。20∶26，热工告知无法强制打开 IV1、IV2。20∶27，值长令解列 4 号汽轮机。20∶30∶18，4 号炉再热蒸汽温度高三值保护动作，4 号机全甩负荷与电网解列至全速空载状态。20∶30∶33，4 号机高压缸进汽调节阀 CV 全关后，高压主蒸汽压力上升至 10.43MPa，4 号炉高压过热蒸汽 PCV 阀动作泄压。热井水位下降至 150mm 造成凝结水泵跳闸，20∶31∶45，低压汽包水位低至 –600mm，延时 60s 后机组会熄火跳闸。20∶32∶03，根据现场情况及考虑机组设备安全，值长令手动紧急停机。

三、事件原因分析

4 号机 Mark-VI 控制系统汽轮机伺服控制卡板 VSVO 在运行中故障，导致中压缸进汽调节阀 IV1、IV2 在机组高负荷运行中突然由全开状态变成全关状态，再热器内再热蒸汽不流通。而此时燃气轮机排气温度仍高达 620℃，导致再热蒸汽温度达到高Ⅲ值 582.2℃保护动作，进而机组全甩负荷，与电网解列至全速空载。

（一）中压缸进汽调节阀 IV1 和 IV2 关闭原因分析

1. 中压缸进汽调节阀 IV1 和 IV2 关闭现象

汽轮机中压缸进汽调节阀 IV1 和 IV2 关闭后，因再热蒸汽系统无蒸汽旁路系统泄压，则再热蒸汽压力会快速上升，同时高压缸排汽与再热系统相连，会造成高压蒸汽系统压力上升和流量下降。

汽轮机中压缸进汽调节阀 IV1 和 IV2 关闭后，再热蒸汽无法进入汽轮机做功及高压缸做功略有下降，则机组负荷下降。根据能量守恒和质量守恒定律，可计算出汽轮机的发电出力 W_1 为

$$W_1 = h_1 - h_2q_1 + h_3 - h_5q_1 + q_2 + h_4 - h_5q_3 \times 0.98 \times 0.99 \qquad (27-1)$$

式中：h_1 为高压缸进汽比焓，kJ/kg；h_2 为高压缸排汽比焓，kJ/kg；q_1 为高压缸蒸汽流量，t/h；h_3 为中压缸进汽比焓，kJ/kg；q_2 为中压缸蒸汽流量，t/h；h_4 为低压蒸汽比焓，kJ/kg；h_5 为低压缸排汽比焓，kJ/kg；q_3 为低压缸蒸汽流量，t/h；0.98 为机械效率；0.99 为发电机效率。

收集 4 号机中压缸进汽调节阀 IV1 和 IV2 关闭前汽轮机相关的运行数据，如表 27-1 所示。由表 27-1 中的温度、压力可查得相应的比焓 h_1=3537.52kJ/kg、h_2=3184.95kJ/kg、h_3=3598.3kJ/kg、h_4=3038.56kJ/kg、h_5=2396.44kJ/kg，代入式（27-1）可求得汽轮机发电出力约为 130MW。中压缸进汽调节阀 IV1 和 IV2 关闭后，再热蒸汽无法进入中低压缸做功，而减少的发电出力约为 98MW，与机组负荷 342MW 瞬间甩至 246MW 基本一致。

表 27-1　　　　　　　　　　机组负荷 342MW 时汽轮机的运行数据

高压缸					中压缸			低压缸			
进汽温度（℃）	进汽压力（MPa）	进汽流量（t/h）	排汽温度（℃）	排汽压力（MPa）	进汽温度（℃）	进汽压力（MPa）	中压流量（t/h）	低压蒸汽温度（℃）	低压蒸汽压力（MPa）	低压蒸汽流量（t/h）	凝汽器压力（kPa）
563	9.347	266.3	372.6	2.078	559.6	1.912	36.1	285.3	0.306	39	5.838

2. 中压缸进汽调节阀 IV1 和 IV2 关闭原因分析

经过事后分析，RSV1 和 RSV2 的反馈均采用单个 LVDT 的测量。4 号机 Mark-VI 控制系统汽轮机伺服控制卡板 VSVO 在运行中故障，导致 RSV1 和 RSV2 反馈降至 95% 以下联锁关闭 IV1、IV2，进而导致中压缸进汽调节阀 IV1 和 IV2 在机组高负荷运行中突然由全开状态变成全关状态。而汽轮机伺服控制卡板 VSVO 故障是由于卡板使用寿命及维护周期到期，且电子间环境温度、湿度等指标不满足设备要求。

（二）机组全速空载分析

1. 余热锅炉蒸汽温度超温保护

按照由主设备厂家提供的设备技术规范，汽轮机高压主蒸汽温度、再热主蒸汽温度设计值分别为 566.3、565℃，余热锅炉高压过热蒸汽温度、再热蒸汽温度设计值分别为 566.3、567.6℃。根据余热锅炉、汽轮机材料耐温能力及设计参数，设置余热锅炉蒸汽温度超温保护为：高压过热蒸汽温度或再热蒸汽温度超过 578.3℃，延时 15min，自动减负荷；高压过热蒸汽温度或再热蒸汽温度超过 582.2℃，延时 3min，Runback 至全速空载。

2. 机组全速空载分析

汽轮机中压缸进汽调节阀 IV1 和 IV2 关闭后，机组负荷由 342MW 瞬间甩至 246MW，若 Mark-VI 控制系统未自动退出预选负荷，则会以 342MW 为目标负荷增加燃气轮机负荷。此时余热锅炉烟气热量增加，而再热器蒸汽只能通过 PCV 阀和安全阀泄压，造成蒸汽流量下降。由换热器能量守恒可知，再热蒸汽温度会上升。若机组减负荷速率过慢，则燃气轮机排气温度维持在最高值附近，虽然此时 IGV 角度减小和再热蒸汽流量下降，但再热蒸汽温度会快速上升，容易出现再热蒸汽温度超过保护定值而全速空载。至此，Mark-VI 控制系统未快速减负荷至 566℃附近是造成机组全速空载的原因。

（三）其他异常分析

事件过程中，凝汽器真空由 7.427kPa 最低降至 22kPa，备用真空泵联动，是由于机组轴封系统处于自密封状态下。中压缸进汽调节阀 IV1 和 IV2 关闭，机组轴封蒸汽量减少，轴封压力不断下降，当运行人员立即把轴封供汽由自密封转至由辅助蒸汽供时，轴封压力恢复正常，凝汽器真空逐渐回升至正常值。热井水位下降至 150mm 造成凝结水泵跳闸，是由于热井补水量无法满足再热蒸汽系统安全阀的蒸汽排放量。低压汽包水位低至 –600mm，是由于凝结水泵因热井水位低跳闸后需要热井补水至 450mm 才能重新启动凝结水泵，低压汽包一直无法上水。

（四）中压缸进汽调节阀异常关闭的危害分析

通过事件分析，中压缸进汽调节阀异常关闭的危害主要有以下几个方面。

（1）因中压旁路连通的是余热锅炉中压过热蒸汽系统和再热蒸汽系统，无旁路系统，所以若中压缸进汽调节阀异常关闭，则再热蒸汽系统无法通过中压旁路系统泄压，只能通过再热系统安全阀、疏水阀进行泄压，造成工质浪费和蒸汽噪声。若安全阀无法正常动作，则可能会出现再热蒸汽系统超压损坏设备或紧急停机。

（2）若中压缸进汽调节阀异常关闭后运行异常处理机组减负荷速率小，容易造成燃气轮机排气温度较高。而此时再热蒸汽流量低，则会导致再热蒸汽温度达到高Ⅲ值582.2℃保护动作，进而机组全甩负荷，与电网解列至全速空载。

（3）若中压缸进汽调节阀异常关闭时汽轮机处于自密封状态，则轴封蒸汽量会减少，轴封压力不断下降，凝汽器真空会快速下降，备用真空泵联动。若真空泵联动故障或运行人员调整轴封压力不及时，则可能会出现机组因凝汽器真空过低跳闸。凝汽器真空低会闭锁汽轮机旁路，则可能会造成高压蒸汽系统压力升高而安全阀动作，造成工质浪费和蒸汽噪声，若安全阀无法正常动作，则可能会出现高压蒸汽系统超压损坏设备或紧急停机。

（4）若蒸汽系统安全阀动作，则会出现凝汽器热井补水量满足不了安全阀的蒸汽排放量，造成热井水位降低，出现凝结水泵因热井水位过低跳闸，进一步导致机组因低压汽包水位过低跳闸。

（5）若中压缸进汽调节阀异常关闭，则可能会出现汽轮机振动、轴向位移异常增大，造成机组保护动作跳闸。

四、中压缸进汽调阀异常关闭的处理措施

若机组正常运行过程中出现中压缸进汽调节阀异常关闭，则应执行以下措施：

（1）自动退出预选负荷，快速将燃气轮机负荷降低至排气温度 566℃以下运行，将汽轮机退出运行以保证高、中压及再热系统温度、压力不超限。

（2）将轴封供汽转为辅助蒸汽供汽，维持轴封压力正常，以避免出现真空异常。

（3）检查高、中压系统压力，自动或手动打开高、中压旁路以保证高、中压系统不超压，并减少进入再热器的蒸汽流量。

（4）若高、中压及再热系统压力超限，检查系统 PCV 阀和安全阀正常打开，若压力仍上升超限，则紧急停机处理。

（5）若出现 PCV 阀或安全阀动作，则应加大热井补水量，以维持热井水位正常。若无法维持热井水位，则应在安全范围内尽量减少低压系统给水量。

（6）处理过程中，调整好各汽包水位，防止水位超限或过低跳闸；关注机组振动，若振动危及机组安全运行，则应破坏真空紧急处理；若处理过程中出现主蒸汽或再热蒸汽温度超限甩负荷，则按机组甩负荷处理。

（7）待机组状态稳定后，检修尝试检查打开中压缸进汽调节阀，若阀门能打开，则加负荷至正常运行；反之，则停机处理。

五、建议

通过对 4 号机组中压缸进汽调节阀异常关闭的原因及危害分析，制定相应的处理措施，保证机组的安全运行。为此提出以下建议：

（1）检修加强对保护卡板的计划性维护，多途径了解卡板的使用寿命及维护周期，做好保护卡板的预防性维护。

案例27　燃气－蒸汽联合循环机组汽轮机中压缸进汽调节阀全关导致机组全速空载分析与处理

（2）确定电子间环境温度、湿度等指标要求，以满足设备要求。

（3）RSV1 和 RSV2 反馈均采用单个 LVDT 测量，运行中存在较大的风险，检修专业应与主设备厂家人员分析 RSV1 和 RSV2 反馈降至 95% 以下保护关闭 IV1、IV2 的必要性。

（4）增加汽轮机重要阀门异常关闭的模型判断与预警，将中压缸调节阀异常关闭的处理措施逻辑化，以提高异常处理的快速性和准确性。

（5）运行人员加强事故预想，制定高、中压主汽阀异常关闭的应急处置方案并组织进行演练，不断提高运行人员的应急处置能力和操作水平。

案例28 3号汽轮机6号瓦低速碾瓦事件

严国利

一、设备概况

某电厂3号机组为联合循环单轴机组，汽轮机型号为D10改进型，为三压、一次中间再热、单轴、双缸双排汽、纯凝式机组。该机组具备不揭缸进行轴系动平衡的能力。汽轮机转子为锻造结构，由四个径向轴承支撑，3~5号径向轴承为可倾瓦形式，可自对中，6号径向轴承为椭圆瓦。

二、事件经过

2016年3月21日，某电厂机组A级检修完成首次点火成功，并顺利完成3000r/min全速空载、低可视排放试验（LVE）、超速试验及带满负荷运行。28日机组停机惰走至250r/min时，6号轴瓦金属温度从55℃上升到126℃，机组惰走时间比以往短了14min。截至5月27日，3号机6号轴瓦共出现三次停机惰走低速碾瓦事件，导致机组进入被动检修状态。

三、事件处理过程

1. 第一次出现碾瓦

3月28日0时，3号机组停机过程中6号轴瓦金属温度出现不降反升的异常现象，最高达126℃，已超过轴瓦乌金所承受的正常工作温度。初步分析认为6号轴瓦出现低速碾瓦现象，必须对6号轴瓦进行翻瓦检修。

4月2日，经翻瓦检查发现6号轴瓦底部乌金出现过热碾压现象，轴瓦与轴颈的轴向接触面积大约只有一半（见图28-1），汽轮机端接近一半的面积与轴颈没有接触到，从表象看有些翘瓦的现象。当时怀疑该现象可能受到机组超速试验的影响，认为机组超速试验引起轴瓦移位后无法正常回位。该现象的产生与轴瓦的自动复位能力差有较

图28-1 6号瓦下瓦表面磨损情况

大关系,需对其进行以下项目的调整和相关检查:

(1)检查润滑油进回油系统及节流孔板是否存在异物堵塞现象。

(2)检查6号瓦轴颈处是否有磨损情况。

(3)检查轴瓦顶部间隙及瓦衬紧力。

(4)检修转子扬度。

(5)润滑油取样委外进行油品全分析(油品化验结果与大修前偏差不大)。

上述检查情况与该次大修调整后的数据基本吻合,但瓦衬顶部紧力为 −0.05mm,略紧。专业分析认为紧力过大会导致轴瓦自动复位能力下降,决定将其调整为过渡配合,将磨损的乌金面重新进行修刮后回装(见图28-2)。

图28-2 修刮后6号轴瓦

4月3日,所有工作结束后投入盘车,投入盘车后电流较之前大了5A左右,且6号轴瓦金属温度出现攀升趋势,瓦温最高上涨15℃,连续盘车2h后盘车电流及轴瓦温度恢复正常。

4月3日22：59开始，陆续进行3次低氮燃烧试验，停机过程均无异常，转速为680r/min时熄火。

2.第二次碾瓦

4月4日12：00，3号机组启动，做燃烧调整试验；20：41，机组负荷升至310MW；22：58，运行人员接令停机；23：27，机组转速为820r/min，燃气轮机熄火；23：30，MKVI报警"START UP FLOW EXCESSIVE TRIP"，机组跳闸；23：37，发现6号瓦温上升，最高6A测点温度达135℃，6B达139.4℃，立即破坏真空紧急停机。停机过程惰走时间12min。

4月5日，邀请燃气轮机厂、汽轮机厂、某发电公司、某检修公司等单位专家到现场就具体情况进行讨论。会上大家认为：3号机组6号瓦发生低速碾瓦的主要原因是6号瓦载荷较大，在低速油膜丢失的情况下易出现碾瓦现象。从表28-1所示轴瓦温度可以看出6号轴瓦载荷偏重。要解决碾瓦的问题必须重新调整各轴瓦的载荷分配，特别要将6号轴瓦载荷降低。经汽轮机厂专家计算，认为只考虑将7号轴瓦标高抬高0.20mm，其他轴瓦不做调整，这样对整个轴系的其他轴瓦的载荷影响比较小。

表28-1　　　　　　　　　　　　　　　　轴瓦温度　　　　　　　　　　　　　　　　℃

瓦温	4号轴瓦	5号轴瓦	6号轴瓦	7号轴瓦	8号轴瓦
大修前瓦温	110	92	89	93	81
大修后瓦温	109	98	92	80	82

4月7日，又邀请某电科院专家对该问题进行研讨，专家亦认为6号轴瓦载荷偏重导致低速碾瓦现象，同样建议将7号轴瓦标高抬高来降低6号轴瓦的载荷。

综合各专家意见，第二次碾瓦进行如下处理：

（1）检查6号瓦，测量检修前后轴瓦各检修数据，修刮磨损轴瓦，复装时保证6号瓦扬度与低压转子一致（该工艺要求现场无法实现）。

（2）将发电机7号轴瓦抬高0.20mm，降低6号瓦载荷。

（3）揭瓦检查5号轴瓦各配合间隙和轴系滑销系统是否正常。

（4）将6号轴瓦球面留0～0.05mm的间隙，实际现场调整为0～0.02mm的间隙。

经过上述检修，4月13日，3号机组再一次投入盘车，盘车投入后6号轴瓦瓦温又出现上涨趋势，2h间6号轴瓦瓦温从40℃上升到60℃，而后开始恢复正常。

4月13日，3号机顺利启动并带负荷运行，从启动过程到带满负荷运行各运行参

案例28　3号汽轮机6号瓦低速碾瓦事件

数都比较正常。从各轴瓦的运行瓦温来看也达到了预期的效果，6号轴瓦的瓦温比之前下降5℃，其他轴瓦瓦温也得到了相应提升。各轴瓦温度变化见表28-2。

表28-2			轴瓦温度		℃
瓦温	4号轴瓦	5号轴瓦	6号轴瓦	7号轴瓦	8号轴瓦
检修前瓦温	109	98	92	80	82
检修后瓦温	112	97	87	90	86

3. 第三次碾瓦

5月27日，3号机组经过1个多月的运行，公司决定再次对6号轴瓦的处理结果进行验证。当天晚上19：15，机组正常停机进入惰走过程，当惰走转速下降到339r/min时，6号轴瓦又一次出现上涨趋势，当转速在165r/min时，瓦温上升到131℃，运行破凝汽器真空。后来瓦温又连续出现两个波段的升降过程，整个过程与前两次碾瓦基本一致。

5月28日下午，汽轮机缸温下降到260℃，停油系统和盘车装置运行。

5月29日凌晨3：40，6号轴瓦吊出轴承箱，现场检查下轴瓦磨损情况与前两次基本相同，同样出现单边磨损。测量轴瓦顶部间隙为0.79～0.92mm，球面为0.02～-0.03mm紧力。

5月29日9：00，公司领导组织召开研讨会，参会成员有轴承厂家、汽轮机厂、某检修等人员。经过讨论得出下列结论：

（1）目前，6号轴瓦已经不存在负载过重问题，无需再对6号轴瓦负荷分配进行调整。

（2）经过几次碾瓦，轴瓦巴氏合金性能可能发生劣化改变，并且轴瓦与轴的接触角度也偏大，影响进油量。

（3）轴瓦自动复位能力较差，球面可能存在卡涩问题，需返厂进行球面修复。

（4）轴瓦及瓦套返回轴承厂检修，轴承检修工艺执行GE公司的技术标准，巴氏合金使用可耐150℃的新型合金（据轴承厂介绍，该技术在某研究所通过试验证明）。

（5）将进油孔流量孔板截面积扩大8%。

5月30日，轴瓦运达轴承厂家，现场对轴瓦进行以下检修：

（1）轴瓦中分面研磨。

（2）轴瓦套内球面和轴瓦体外球面尺寸检查，具体尺寸见表28-3。

表 28-3   轴瓦球面尺寸   mm

轴瓦套内球面			
位置	涡轮端	球中心	发电机端
左右 1	1054.25	1054.23	1054.18
左右 2	1054.25	1054.23	1054.18
45° 1	1054.18	1054.17	1054.15
45° 2	1054.18	1054.14	1054.11
垂直方向	1054.14	1054.12	1054.12
轴瓦体外球面			
垂直方向	1054.06		
左右 1	1054.18		
左右 2	1053.99		

（3）瓦焊补耐温巴氏合金，见图 28-3。

（4）研磨下轴瓦球面接触情况，见图 28-4。

（5）轴瓦扭矩试验。按照厂家对该轴瓦扭矩的试验力矩标准为 1040N·m，现场实际测量为 2400N·m。

（6）轴瓦顶部间隙及球面间隙测量。

（7）更换轴瓦中分面定位销，见图 28-5。

图 28-3   轴瓦焊补耐温巴氏合金

图 28-4 下轴瓦球面接触情况

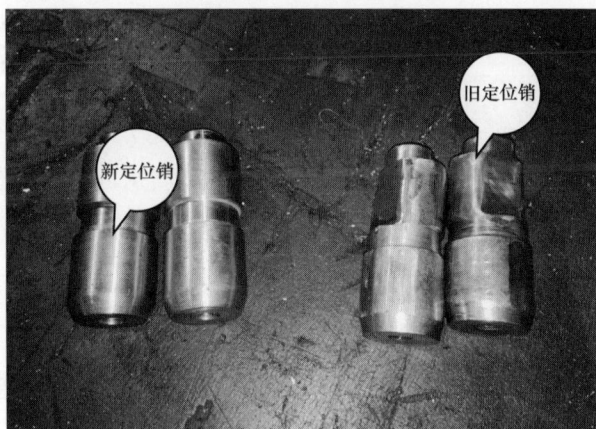

图 28-5 轴瓦中分面定位销

　　6月2日23:15，返修轴瓦到厂，现场按照之前讨论决定的技术方案进行回装。主要回装数据为：轴瓦顶部间隙为0.60~0.68mm，球面配合间隙为0.03~0.07mm，上瓦枕中分面内六角螺栓紧固力矩为1050N·m；为了有效限制住下瓦套反弹，该次有意将上瓦套安装时的紧固力矩加大，外六角螺栓按照下沉变形量为0.28mm安装（上次变形量为0.07mm）。联轴器中心为：发电机联轴器高0.19mm，圆周左偏0.035mm，上张口为0.03mm，左张口为0.02mm。

　　6月5日凌晨3:00，盘车投入10min，6号轴瓦金属温度从35℃上升到39℃，上涨4℃，之后一直稳定在39℃。

　　6月6日7:00，机组启动后，各轴瓦振动及轴瓦温度都比较正常，轴瓦的载荷分配也比较均匀。

　　该次处理后，机组已经过二三十次启停操作，停机过程中未再出现轴承金属温度攀升的低速碾瓦故障现象，每次停机惰走时间均正常，实践证明已彻底解决了该影响机组设备安全的缺陷问题。

四、碾瓦机理及原因分析

1. 椭圆瓦轴承的特点

其优点首先是承载性、稳定性好，在运转中若轴上下晃动，如向上晃动，上面的间隙变小，油膜压力变大，下面的间隙变大，油膜压力变小，两部分分力的合力变化会把轴颈推回原来的位置，使轴运转稳定。其次由于侧间隙大，沿轴向流出的油量大，散热性好，轴承的温度较低。但是这种轴承自位能力较低，容易导致油膜失稳。

2. 乌金碾轧机理分析

常规分析认为，乌金碾轧是在汽轮机高速运转时产生的，由于轴系中心调整不当等原因，轴承过载，导致油膜厚度减薄，乌金温度过高造成乌金碾轧。实际上，乌金的碾轧绝大多数是在停机惰走至低转速下时发生的。瓦温升高大多数发生在较高转速，这是因为当轴瓦载荷偏大时，随着转速升高发热量随之增大，瓦温势必升高，很多情况下运行瓦温即使高达110℃，停机检查乌金也未发现碾轧现象。但若瓦温持续升高，伴随乌金的强度、硬度下降，乌金也很可能在高转速下发生碾轧。正常未破坏真空情况下停机时，转速惰走时间可长达数十分钟，当转速下降至500~150r/min时，油膜厚度逐渐减薄，油膜刚度降低，油膜难以稳定发挥作用，是轴承润滑条件最差的阶段。同时随着转速下降，轴承所受的承载力度和方向发生变化，若轴承本身存在过载、自位能力差等不利因素，则容易发生轴颈与乌金半干摩擦，使乌金发生碾轧。当转速进一步降低至150r/min以下时，轴颈旋转线速度下降，摩擦力降低，发热量亦降低，一般也不容易发生低速碾瓦。

3. 低速碾瓦原因分析

（1）轴瓦自位调整能力较差，球面瓦与衬套接触不均匀，应力无法得到有效释放。由于轴承球面与瓦枕存在卡涩，所以轴承自位性能降低，轴承无法自动调整适应、贴附轴颈表面运行，造成靠低压缸侧部位乌金载荷增大。当汽轮机转速下降至500r/min以内的油膜不稳定区间时，由于轴承局部偏载过大，所以轴颈与乌金表面产生半干摩擦，发生了低速碾瓦事故。

检修单位对现场轴承球面瓦的修磨普遍存在保守观点，不修磨轴承的球面接触部分，导致轴承自位能力无法第一时间得到有效提高。

（2）轴承球面瓦衬套的弹性变形过大。由于制造工艺或材料存在一定的问题，所以轴承球面瓦衬套的弹性变形过大，导致球面接触不良引起轴承无法水平安装。

（3）轴瓦载荷过大，进油量不足。轴瓦温度长期偏高，会使轴瓦乌金强度、硬度下降，性能降低。

五、结论及建议

该厂 3 号机组 6 号轴承在停机过程中发生过 3 次低速碾瓦事故，主要原因为轴承自位性能变差、轴承球面瓦衬套的弹性变形过大等因素影响，致使轴瓦局部载荷过大，发生了低速碾瓦；其次是在第一次发生碾瓦后原因分析和处理措施不到位，检查轴承的自就位能力不及时导致后面两次碾瓦。为此提出以下建议：

（1）加强设备质量管理，认真吸取缺陷处理的经验教训。在处理类似故障时，首先应检查轴承的自就位能力是否符合标准要求，避免走弯路。

（2）对于轴承球面，若为接触不良或非弹性变形造成的自就位能力下降，则不必墨守成规，要敢于修磨，以改善球面接触情况，恢复其自位能力。

参考文献

刘福东 .1000MW 级机组低压缸轴承低速碾瓦原因分析及防控措施 . 电力与能源，2020（2）.

案例 29　3号机发电机氢气泄漏原因分析及对策

杨来志

一、引言

用氢气作为火力发电厂发电机内的冷却气体,既可以改善绝缘内间隙及其他间隙的导热能力,增强传热效果,与空气相比又可大大减少电晕（邻近高压导电体表面的微弱辉光）引起的电枢绝缘变差现象。其缺点是具有易爆危险性,因而对其密封系统的安全稳定要求很严格,以保证发电机运行性能良好和避免发生氢气泄漏故障。目前9FA 联合循环机组发电机全部采用氢气作为冷却介质。

二、故障发生经过及处置

1. 故障发生经过

某电厂 3 号机组为 S109FA 联合循环机组,发电机为 390H 型氢冷发电机。2018 年 4 月 3 日 7：26,机组负荷为 110MW,突然发生氢气泄漏触发危险气体报警跳机事件。现场检查发电机前后轴承端盖处有润滑油喷出油迹,发电机定子两端检测有危险气体,发电机氢侧回油扩大槽高油位报警装置放出 300mL 油,MARK VIE 报警如表 29-1 所示。

表 29-1　　　　　　　　　　　　　　MARK VIE 报警

时间	发出报警描述
7：24	浮子油箱油位高报警,达到 790mm（正常油位为 360～400mm）
7：25	氢侧回油扩大槽高油位报警
7：26	危险气体探头 7A、7B、7C 报警
7：27	发电机定子膛内氢气压力突然降低 5.47PSi

从 MARK VIE 报警信息和现场检查情况分析,氢侧回油量偏大,达到高油位报警,发电机定子膛内氢气通过密封瓦顺着发电机转子轴颈向轴承箱泄漏,触发危险气体探头报警导致机组跳机。

2. 故障的应急处置

（1）发生氢气泄漏后，立即启动"氢气泄漏专项应急预案"，通知消防人员立即到现场封住到二期厂房的所有道路，禁止所有人员进入机组区域。由专人穿着防静电服，做好防护措施后进入主厂房区域打开厂房门窗，自然通风，严禁启动任何电器设备，防止电火花。

（2）机组跳闸后按照正确的停机操作，投盘车。

（3）直至运行人员现场测量发电机区域氢气浓度为0%，发电机进行置换，关闭"氢气泄漏专项应急预案"响应。

三、故障原因分析

3号机发电机为390H型氢冷发电机，是某主机厂制造的全氢气冷却三相隐极式同步发电机。其总体结构为密封式，机座内的氢气通过装在转子上的两只旋桨式风扇驱动循环，把来自转子和定子的热量输送到定子机座两端的四台气-水换热器进行冷却。

发电机氢气密封装置的密封油来自汽轮机润滑油系统，分别进入发电机汽轮机侧和集电环侧的密封瓦，经中间油孔沿轴向间隙流向氢气侧和空气侧，建立起密封瓦与轴颈之间的油膜，起到密封、润滑和冷却的作用（见图29-1）。然后分成两路回油，一路流向密封瓦的氢气侧，另一路流向密封瓦的空气侧。流向机内的密封油回到氢侧回油扩容箱；流向机外的密封瓦空气侧回油与7、8号轴承润滑油回油混在一起，进入轴承箱后，汇流入6.45m处的润滑油隔氢箱，进一步除氢后回到主油箱（见图29-2）。

结构装配上，集电环侧和汽轮机侧的密封瓦均由氢气侧和空气侧两部分组成。为便于拆装，密封瓦分为上、下两半环，装配在发电机端盖内腔中的轴承密封座内。上、下两半环密封瓦拧紧连接螺栓后径向和轴向均用弹簧箍紧，而密封瓦座上、下均设有定位销，以防止密封瓦切向转动，但可让密封瓦随转子轴颈上下浮动。从氢气差压装置来的压力密封油（压力高于发电机内的氢气压力0.054MPa左右），经密封座与密封瓦之间的油腔，流入密封瓦与转轴之间的间隙，沿径向形成油膜，隔绝了氢气侧的氢气，防止氢气向空气侧外泄。但为了维持氢气约98%的纯度，允许少量氢气持续地从两个（汽端、励端和集电流器端）密封排油扩容箱释放出去并排入大气。

1. 密封油氢侧回油设备分析

密封油氢侧回油系统主要由氢气分离器、密封油浮子油箱及浮子阀、辅助氢气分离器及氢气分离器油水探测器等组成。如果浮子油箱浮球阀出现卡涩故障，不能灵活

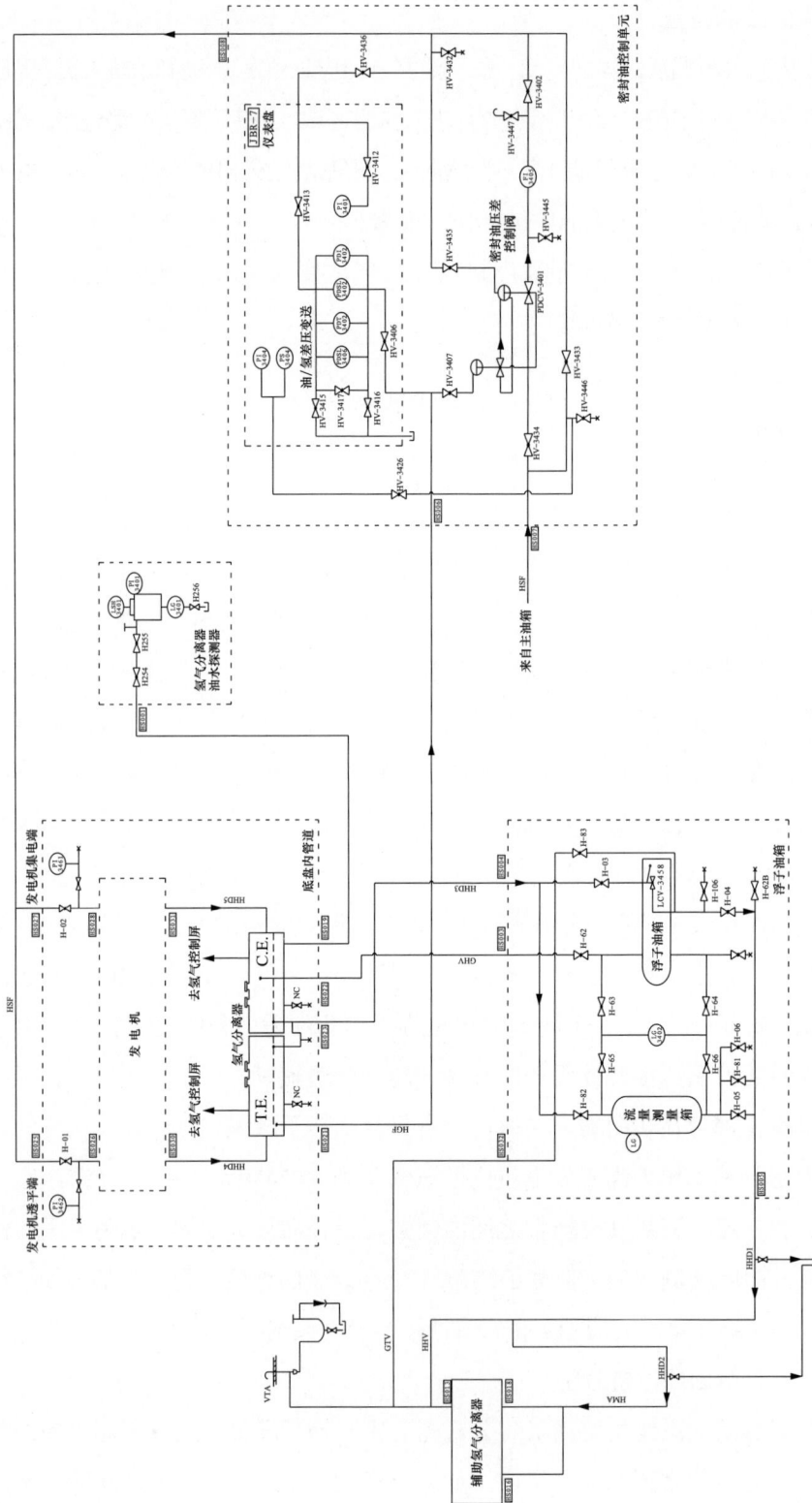

图 29-1 发电机轴端密封装置结构示意图

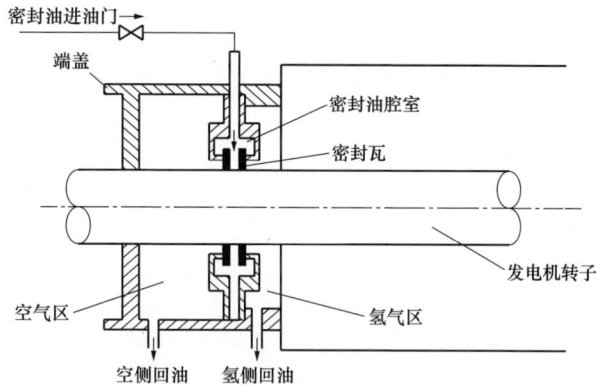

图 29-2　密封油流程示意图

调节开度，就会引起浮子油箱的油位过低或过高。

　　该次浮子油箱油位达到 790mm（正常油位为 360～400mm），已经达到了浮子油箱的最大量程，并且油位已经超过了氢侧回油扩大槽高液位报警值。经过分析认为氢侧浮子油箱浮球阀有可能出现卡涩现象。停机后对氢侧回油浮子油箱解体检查，未发现浮球存在卡涩、浮球未进油等缺陷，整体拆下浮球阀灌油检查阀门严密性试验合格。

　　通过对浮子油箱的检查，排除存在卡涩，可推断发生故障时氢侧回油量偏大，已超过氢侧回油速度，导致满油的现象。因此氢侧回油系统非引起该次氢气泄漏的主要原因（见图 29-3）。

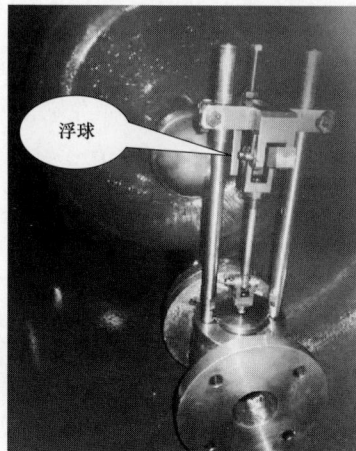

图 29-3　密封油浮子油箱

2. 密封油控制模块设备分析

密封油控制油模块主要由氢油差压控制阀、压力变送器、压力开关及各取样管等组成，密封油控制油模块的作用是始终保持发电机密封油压力高于发电机内的氢气压力 0.05MPa 左右。其中密封油氢油差压阀关键信号取样点分别在氢油差压阀入口、出口以及氢侧回油扩大槽底部。

该次事件氢侧回油扩大槽异常满油，密封油差压阀调节有可能短暂失效，引起发电机密封油氢油压力波动，从而成为导致氢气泄漏的间接原因（见图 29-4）。

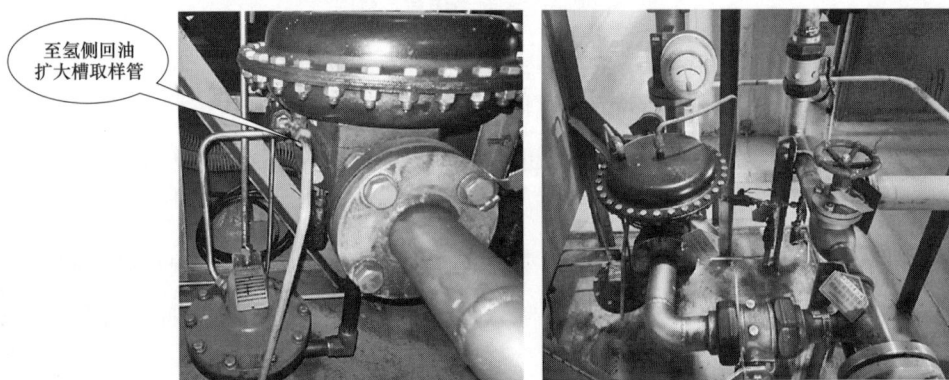

图 29-4　密封油控制模块

3. 发电机密封瓦分析

密封瓦与轴颈的动静间隙受制于氢油差压等级和油膜形成条件，9FA 机组的密封瓦与轴颈的动静间隙为：空侧径向总间隙为 0.22～0.40mm，氢侧径向总间隙为 0.10～0.27mm。根据该动静间隙设计值，相应的油氢差压范围是（0.055±0.02）MPa。该机组密封瓦结构如图 29-1 所示，其设计方面存在缺陷：当密封油氢油压差出现波动，尤其在密封油压力瞬间小于氢气压力的情况下，密封瓦在氢气压力的作用下，克服空侧与氢侧之间的弹簧力，把氢侧密封瓦推向空侧。出现这种情况后即使油氢差压恢复正常，密封瓦也不能恢复到原来位置。也即两密封瓦之间的密封油进油通道会消失，两侧密封瓦背靠背紧贴在一起，氢侧密封瓦与密封瓦座相应出现较大间隙，导致氢侧回油大幅上升，如图 29-5 所示。综合分析可知：发电机密封瓦轴向位置不能及时复位，导致氢侧回油量大幅增加，从而引起氢气发电机氢侧回油不畅，是氢侧回油箱满油的主要原因；最终引起油氢差压值存在误差，从而导致密封油压失效，是引起氢气泄漏的直接原因。

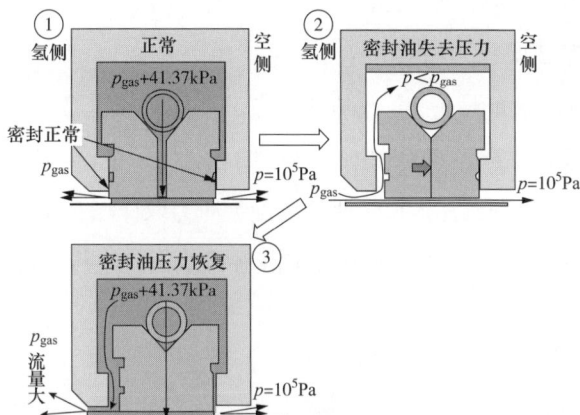

注：油氢压差波动导致密封瓦贴合，油压恢复后，密封瓦不能回到原来位置。

图 29-5　密封瓦密封失效示意图

四、处理对策

1. 改进发电机密封瓦结构

针对密封油系统油压存在波动，密封瓦存在密封油进油通道消失而无法复位的问题，在密封结构上做了优化，增加凸台，详见图 29-6，避免空氢侧两块密封瓦贴合在一起，中间有 2.0mm 的间隙，始终保持空、氢两侧密封油回量均匀。

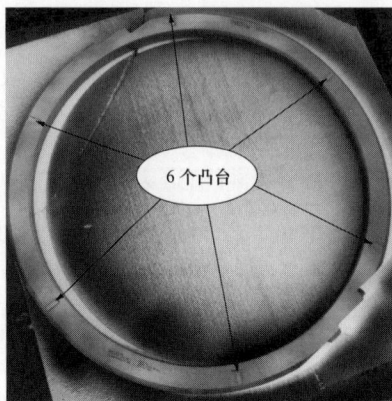

图 29-6　新型密封瓦

2. 氢侧回油浮子油箱设置报警点

在氢侧回油浮子油箱液位处，设定了报警信息中增加高Ⅰ报警：500mm，高Ⅱ报警：650mm；低Ⅰ报警：300mm，低Ⅱ报警：200mm。新增的报警信息可提醒值班人员提前做好人工干预，控制浮子油箱油位在正常范围内。

3. 密封油氢油差压阀压力设定

密封油控制模块设备布置在主厂房零米位置，差压阀的压力取样点高低落差相差 9m，油的高度产生压强值需要修正 0.072MPa，存在偏差。为了能够准确地设定密封油差压阀的设定值，该次在发电机密封瓦入口管道位置加装压力取样点，避免因为高低差产生的误差，压力表的读数直接减去发电机定子氢压得出的差压值进行设定，设定值为 7.0 PSI。

五、处理效果

（1）经上述处理后，进行发电机气密封性试验，充入压缩空气压力为 0.412MPa，24h 后，压力降到 0.412MPa，达到优秀水平。机组正式运行至今已有 1 年多时间，该机组的补氢量稳定在 8m³/d（标准状态）以下，并且发电机两侧的危险气体探头再未探测到危险气体泄漏，效果理想。

（2）机组运行后发电机密封油流量从原来的 215L/min 降至目前正常运行范围内的 165L/min，更换后的新型密封瓦更可靠，保证密封特殊情况下密封油不会大量进入氢侧回油，密封油系统更可靠、更安全。

六、结论及建议

发电机的氢油系统相对庞大和复杂，涉及的设备也比较多，如果密封油供油系统、氢油差压阀、回油系统、密封瓦、控制系统等设备中任何一个设备出现问题，都将导致发电机氢气泄漏的重大安全事故。运行值班人员应特别关注发电机密封油的各个参数变化，特别是密封油浮子油箱油位、油氢差压值、密封油压力等数据发生偏差时应立即进行人工干预，检修人员应定期校验检查密封油控制阀模块，并做压力变送器校验、浮子油箱浮球检查、危险气体探测器校验、润滑油油质化验等，保证密封油系统更可靠、更安全。

案例 ㉚　三菱 M701F4 燃气轮机 BPT 偏差大自动停机分析与处理

张冬爽

一、引言

某公司三期项目采用三菱 M701F4 型双轴燃气 – 蒸汽联合循环机组，额定总功率为 460MW，首套机组于 2014 年 6 月 6 日完成 168h 可靠性试运行，其他机组陆续调试中。2014 年 11 月 5 日发生了一起燃气轮机排烟温度分散度大导致机组自动停机事件。燃气轮机排烟温度的分散度是监视燃气轮机各燃烧器运行状态的重要参数，反映着各燃烧器是否正常组织燃烧、是否出现熄火、是否过度燃烧等情况。

二、事件经过

2014 年 11 月 5 日 19：47，5/6 号机组正常投入 AGC，一次调频运行，当机组跟随 AGC 指令减负荷时，燃气轮机负荷减至 172MW 时燃气轮机控制系统 TCS 发 "GT NO.9 BLADE PAIH TEMPERATURE VARIATION LARGE ALARM" 报警（–31.4℃）。当值人员立即汇报值长并通知热工人员进行检查，同时机组继续跟随 AGC 指令减负荷。

19：58，5 号机 TCS 发 "GT NO.9 BLADE PAIH TEMPERATURE VARIATION LARGE AUTO STOP" 报警（此时 9 号 BPT 最小偏差值为 –46.8℃）。当值人员检查发现 5 号燃气轮机已发自动停机指令时，AGC、一次调频、CCS 均自动退出，立即将机组控制方式切至 TCS 控制，将燃气轮机负荷控制方式由 GOVERNOR 切至 LOAD LIMT，并对燃气轮机进行主复位但无效，燃气轮机继续执行自动停机程序。

20：06，5 号燃气轮机自动停机减负荷过程中，6 号汽轮机负荷降至 75MW，燃气轮机排烟下降较快，无法维持汽轮机继续安全运行，值长令：6 号汽轮机打闸停机。5 号燃气轮机负荷降至 27MW，厂家强制解除自动停机程序，并将燃气轮机负荷重新加至 80MW。

20：19，经厂家初步判断燃气轮机燃烧系统有故障，值长令：5 号燃气轮机减负荷停机。

2015 年 4 月 2 日，再次发生该类异常，运行人员通过调整负荷，控制排烟低温区处在两个 BPT 温度测点之间，使两个 BPT 偏差测点平均承担总偏差，成功避免了一次发电机组非计划停运。

三、原因分析

（一）造成故障的原因分析

1. 保护设置

通过查看燃气轮机控制逻辑发现，以下两种情况会触发自动停机（GT NO.9 BLADE PATH TEMPERATURE VARIATION LARGE AUTO STOP，以此点为例）。

（1）第一种情况见图 30-1。

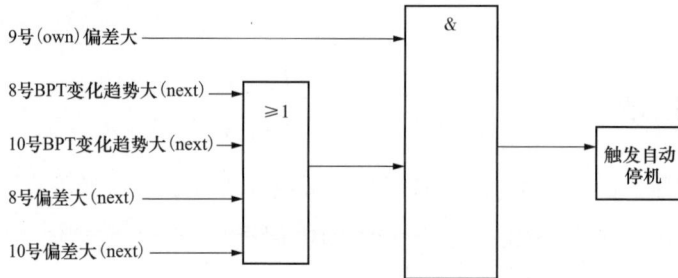

图 30-1　BPT 偏差大情况（一）

（2）第二种情况见图 30-2。

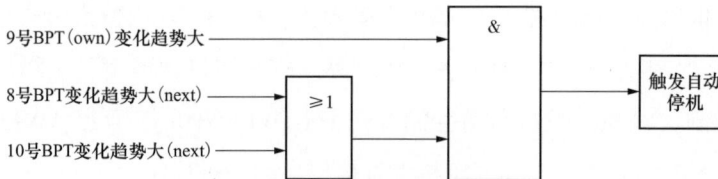

图 30-2　BPT 偏差大情况（二）

其中应注意以下方面：

（1）9 号（own）偏差大。高、低限值是根据函数 G-C002_FX14（正偏差）、G-C002_FX16（负偏差）由不同燃气轮机的负荷来决定。如图 30-3 和图 30-4 所示。

（2）8 号变化趋势大（next）。变化趋势值的差值大于 +1℃/min 或小于 -1℃/min，且延时 12.5s 后才可置 1；或 8 号 BPT 的温度值超量程（由 0 置 1 后，保持 300s 后可复位，1号0也如此）。

（3）8号偏差大（next）。8号偏差值大于60℃或小于−60℃，或8号BPT的温度值超量程（由0置1后，保持300s后可复位，1号0也如此）。

（4）9号BPT（own）变化趋势大。9号BPT的变化趋势值大于20个BPT的平均变化趋势值时触发，且置1后，保持60s才可复位。

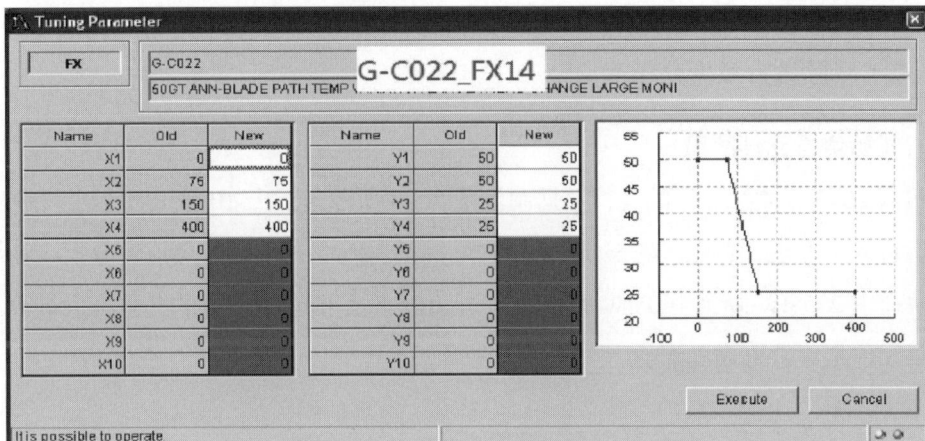

图30-3　G-C002_FX14（正偏差）

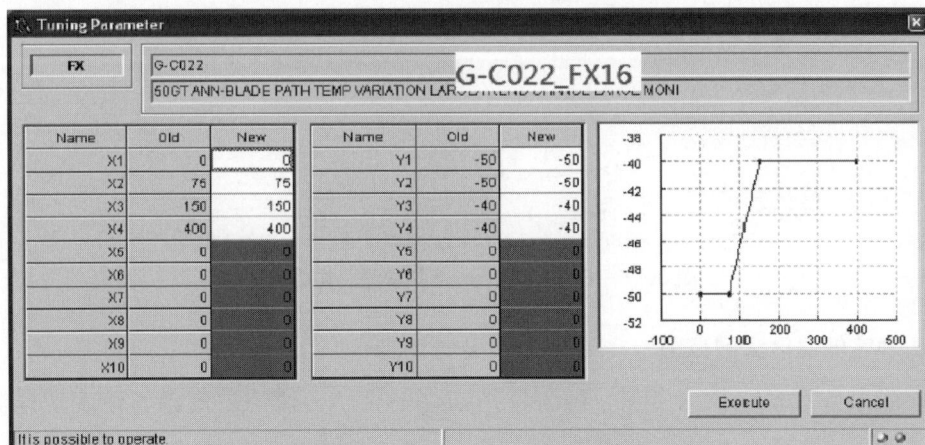

图30-4　G-C002_FX16（负偏差）

根据以上逻辑与数据的分析可知：在燃气轮机负荷下降的过程中，"9号（own）偏差大"被触发的同时"8号BPT变化趋势大（next）"被触发，则触发"GT NO.9 BLADE PATH TEMPERATURE VARIATION LARGE AUTO STOP"保护。

2. 可能出现的设备故障

（1）燃气流量不均。

（2）燃烧器喷嘴堵塞。

（3）热电偶故障。

（4）旁路阀/透平段问题。

（5）燃烧器破损。

（二）实际运行数据分析

1. 排除测量元件故障

根据 2015 年 4 月 2 日的运行数据制作图 30–5 所示 8、9、10 号 BPT 偏差变化趋势图，运行人员发现：在燃气轮机负荷 160MW 附近，9 号 BPT 偏差负值比较大；在燃气轮机负荷由 235MW 降至 160MW 时，8、9 号 BPT 偏差值发生明显的交替增大过程。说明测量元件是正常可靠工作的。

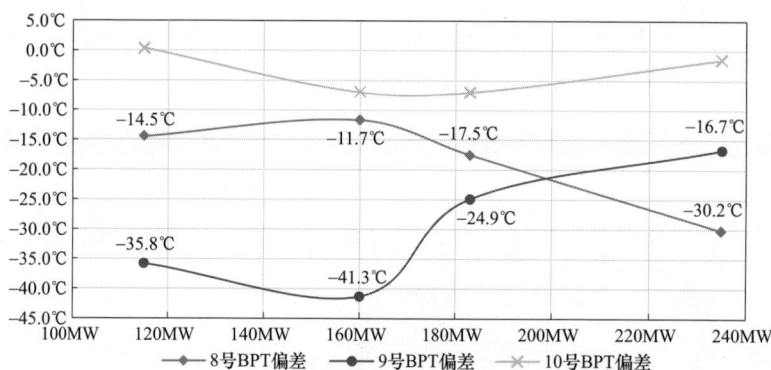

图 30–5　8、9、10 号 BPT 偏差变化趋势图

2. 确定低温区大致范围

根据东方厂家提供的资料，随着透平动叶的旋转，燃烧后高温气流旋转地流过透平部件，旋转的角度称为旋转角 "swirl angle"，用来表示燃烧器旋转的个数（见图 30–6）。

2015 年 4 月 2 日，5 号燃气轮机 9 号 BPT Spread 最大出现在燃气轮机负荷 160MW 附近，约为燃气轮机额定负荷的 50%，按照图 30–6 推算，低温区应该在 6、5、4 号燃烧器附近。

加速期间		带负荷期间		校正举例
燃气轮机转速(r/min)	燃烧器数量	燃气轮机负荷(%)	燃烧器数量	6号BPT偏差大
500	8~10	25%	3.5~5.5	↓
1000	6~8	50%	2.5~4.5	燃气轮机转速为1500r/min
1500	4~6	75%	2~4	↓
2000	4~6	100%	1~3	旋转角度4~6个燃烧器
2500	4~6			↓
3000	6.5~8.5			故障燃烧器为1、2、20号

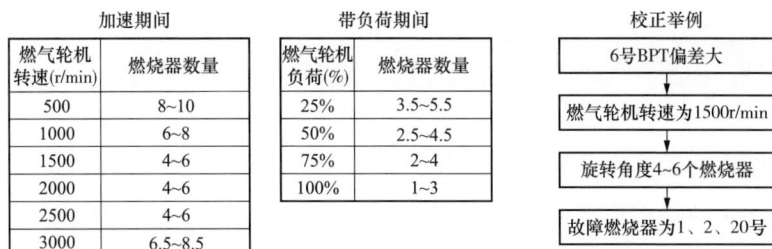

图 30-6　确定低温区范围

3. 停机检查

根据推算出的低温区位置，对 6、5、4 号燃烧器喷嘴滤网进行拆检，在 5、6 号火焰筒的喷嘴前滤网发现有粉末状颗粒物，另外，在 6 号火焰筒的某个滤网内发现疑似垫片的块状物。之后再对 5 号天然气前置模块的 Y 型过滤器进行检查，同样发现有粉末状颗粒物，并对颗粒物进行化验，结果显示为氧化铁一类物质，见图30-7。

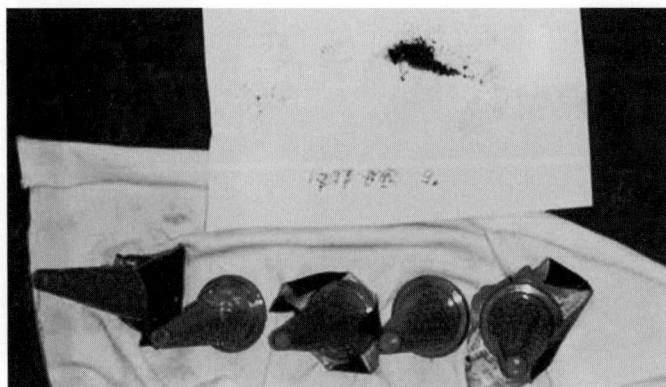

图 30-7　5、6 号燃烧器进口滤网拆检发现的颗粒物

4. 供气管道分析

该项目是某公司的三期项目，项目建设时考虑天然气调压站统一管理，故将调压站设计在二期调压站旁。但三期燃气轮机设计在距离调压站 1000m 以外的场地处，天然气管道采用非不锈钢管，管道在做耐压试验时导致管道内壁潮湿，与天然气成分发生化学反应，导致氧化铁一类物质的生产。根据运行经验，在机组长时间检修后，依然会出现此类现象，虽然产生的颗粒数量不多，但是由于燃烧器滤网通流面积小，所以仍然造成了很大的影响。

四、危害分析

首先，如果排烟温度分散度大是由于燃料喷嘴系统的故障造成的，那么很可能会造成燃烧室中火焰偏离设计区域，直接造成火焰筒或过渡段烧蚀或变形，发展下去最终还会影响燃气轮机透平部件（尤其是一级喷嘴）的寿命。

其次，排烟温度分散度大所造成的局部超温对燃气轮机热部件的影响也是致命的。如果不足够重视，则会形成恶性循环，即排烟温度分散度大→燃气轮机热部件损坏→排烟温度分散度进一步加大→燃气轮机热部件进一步损坏。

五、处理措施

（1）当 BPT 发出报警时，应立即降负荷直到报警复位。

（2）检查每个叶片通道温度，检查燃料流量是否正常并检查热电偶。

（3）可适当调整负荷，使两个测量元件共同分担温度偏差。

（4）若燃烧系统确实存在问题，则在报警开始起 12h 内停机并进行检修。

（5）当 BPT 偏差大达到自动停机条件时，燃气轮机按正常停机程序自动停机。

（6）当 BPT 偏差大或 BPT 温度高达到跳闸条件时，燃气轮机保护动作跳闸，保护未动，立即手动停机。

（7）如果双支温度测点显示偏差大，则检查热电偶。发现问题，应处理或更换热电偶。

（8）停机检查燃烧器喷嘴是否堵塞。如果检查到堵塞的喷嘴，必须清理干净后才允许启动。

（9）检查旁路阀和透平段，如果有问题，则必须对燃气轮机进行检修。

六、结论或建议

从上述两次事件可以看出，问题主要出现在天然气管道内有颗粒状异物脱落，导致其堵塞燃烧器滤网，最终致使部分燃烧器天然气流量低，从而导致对应燃烧器火焰温度低。为了了解三期项目在前置模块上的设计是否本身存在缺陷，我们对比了二期项目和三期项目在前置模块上的设计，发现二期项目除了在调压站处设计了两个并联筒式过滤器外，在前置模块入口同样设置了两个并联筒式过滤器。而三期项目前置模块只是简单地设置了两个并联的 Y 型过滤器，过滤能力很弱。因此，我们建议在三期项目的前置模块入口加装两个并联的筒式过滤器，过滤精度为 5μm。公司采纳了此建议，安装后没有再次出现因燃烧器滤网堵塞导致分散度大的问题。

参考文献

姜焕农. 燃气轮机运行中对排烟温度分散度监视的重要性. 燃气轮机技术，2007（3）.

案例 ③① 7/8 号机组中压汽包水位低保护跳闸分析与处理

朱 强

一、设备概况

某公司三期目前有三套 460MW 燃气 – 蒸汽联合循环热电联产机组。每套机组由一台燃气轮机、一台汽轮机、一台余热锅炉、两台发电机分轴布置组成。余热锅炉是引进东方日立公司技术生产的三压、一次中间再热、卧式、无补燃、自然循环余热锅炉。锅炉设有汽包水位保护，防止汽包满水导致蒸汽管道水冲击或缺水导致锅炉干烧。

二、7/8 号机组中压汽包水位低保护跳闸情况

8 号汽轮机负荷为 50.6MW，低压在进汽的过程中，高压缸排汽止回阀开始自动全开，高压排汽通风阀开始自动关闭；作用导致进入再热器的蒸汽量大量增加，从而使中压汽包压力快速上升，中压汽包出现虚假水位，水位快速下降至 –376mm；通过调整中压给水调整门加大对中压汽包上水，但上水速度较慢，中压汽包水位低于 –350mm，延时 20s 跳机，7/8 号机跳闸。

三、7/8 号机组中压汽包水位低分析

8 号汽轮机高压排汽止回阀自动关联高压排汽通风阀控制逻辑影响汽包水位波动幅度较大，导致汽包水位存在较大虚假水位。虚假水位容易引起运行人员的误判断，导致错误的操作指令，引起严重的操作后果。处理虚假水位时要靠操作人员的经验和执行严格的操作规程，掌握压力突变时所形成的虚假水位，对调整水位和平稳操作有很大帮助。当运行时出现虚假水位时不要急于操作，准确判断，要等到水位逐渐与给水量、蒸汽量平衡关系变化一致时再调整。

四、影响汽包水位低的因素和危害

1. 影响汽包水位低的因素

汽包水位反映了给水量与蒸发量之间的动态平衡，在稳定工况下，给水量等于蒸发量时，水位不变。当给水量大于蒸发量时，水位升高，反之水位下降。由于汽包压力突变，所以对于汽包产生"虚假水位"。汽包水位的变化不是由于给水量与蒸发量之间的动态平衡关系破坏，而是由于汽包压力或燃烧工况突变引起工质密度、饱和温度等状态的改变，使水容积中汽包数量发生变化，汽包水体积膨胀或收缩，造成汽包水位暂时升高或下降的现象称为"虚假水位"。如当汽包压力突然升高时，对应的蒸汽的饱和温度升高，汽水混合物比体积减小，体积缩小，使汽包水位降低。汽包虚假水位变化的影响因素是多方面的，排除运行人为因素外主要有以下几个方面。

（1）机组负荷突然升高或降低，负荷骤增，压力下降说明锅炉蒸发量小于外界负荷，因为饱和温度下降，炉水汽化，使水冷壁内汽水混合物中蒸汽所占的体积增大，使水冷壁中的水排挤到汽包中，使水位升高。反之，当负荷骤降时，压力升高时水位短时间降低。

（2）给水压力突然升高或降低，使送入锅炉的给水量发生变化，从而破坏了给水量与蒸发量的平衡，引起水位的波动。

（3）汽轮机旁路突然打开或关闭，高压旁路阀突然快开，大量的蒸汽流到中压系统导致中压系统压力突然升高，中压汽包水位快速下降。

（4）给水调节阀故障，三冲量被破坏导致给水量不正常地小于蒸发量，汽包水位下降。

（5）锅炉安全阀动作，锅炉压力突降，水位快速升高随后下降。

（6）锅炉水位计故障，远方、就地测点水位偏差较大。

（7）阀门切换，机组启动时待条件满足高压排汽通风阀关闭，高压排汽止回阀打开，此时压力升高导致汽包水位存在较大虚假水位，中压汽包水位迅速下降。

2. 汽包水位低的危害

汽包水位低事故是最常见的锅炉事故。锅炉水位过低时，会引起锅炉水循环的破坏，使水冷壁管的安全受到威胁，严重缺水处理不及时会造成受热面超温爆管，锅炉烧坏甚至爆炸。

五、汽包水位异常处理

（1）确认 DCS 水位显示与就地水位计指示是否一致，联系检修校对远传水位测点。锅炉水位计故障，应立即联系检修对故障测点进行强制，保障设备的安全可靠运行。

（2）运行工况变化时，应及时调整，注意压力剧变会导致虚假水位。比如高压旁路阀突然打开，大量高压蒸汽通过高压旁路汇流到中压系统，导致中压汽包压力升高，中压汽包产生虚假水位，水位快速下降。应明确此时的水位下降现象是暂时的，从蒸发量小于给水量这一平衡的情况来看，水位很快就会升高，此时切记勿要急于大量补水，以防止汽包满水事故。应立即打开中压旁路阀，对中压系统进行泄压，将高压旁路阀过来的蒸汽压力通过中压旁路阀进行抵消，此时水位逐渐与给水量、蒸汽量平衡关系变化一致时再进行相关调整。对于虚假水位的判断要准确，处理要及时。

（3）当高、中压汽包水位低至 −100mm 时，DCS 发水位低一值报警，监盘人员应检查给水自动调节情况。若对应的给水自动跟踪不及时，切为手动控制，开大给水调节阀开度，增加给水流量。此时运行人员应判明水位低的原因并进行处理。

（4）检查排污系统。汽包水位低时，停止汽包排污。

（5）若给水调节阀卡涩，按相关规定处理。

（6）若给水管道或省煤器管泄漏，按相关规定处理。

（7）若给水泵故障或给水压力低调整无效，切换为备用泵运行。

（8）如调整后水位继续下降无恢复趋势，应迅速降负荷处理。

（9）注意低压汽包水位，防止高、中压汽包大量补水，造成低压汽包水位低。

（10）若低压汽包瞬间大量补水，可能会造成备用凝结水泵启动，应密切注意凝汽器水位。

（11）若低压汽包水位低造成高、中压汽包上水不足，除加强低压汽包上水外，应注意给水泵电流的变化，防止给水泵出现汽蚀。

（12）当处理无效，中压汽包水位低至 −350mm、高压汽包水位低至 −500mm 时，汽包水位低值主保护动作。

（13）燃气轮机、汽轮机跳闸。如保护拒动，则应手动打闸停机。

（14）高、中压汽包严重缺水时，禁止上水，待故障消除后，经主管生产的领导（总工）批准后方可上水。

（15）汽包水位正常后，及时查明原因消除故障，方可重新恢复锅炉正常运行。

六、汽包水位的防范措施

（1）组织运行当值及其他各值学习总结汽包水位调整的教训与经验，掌握机组开停机过程中虚假水位的特点，提前做好操作预想和风险预判。

（2）加强运行人员应急操作能力培训，提高应急处置能力。开展汽包水位调整技术操作专题培训，提高操作技术能力。

（3）修改汽轮机高压排汽止回阀自动打开的逻辑（高压缸排汽压力大于冷端再热器压力0.2MPa或高压排汽通风阀全关），以及高压排汽通风阀自动关闭的逻辑（汽轮机跳闸或汽轮机负荷大于11MW且中压汽包水位大于75mm），提前做好预判。目的是待水位稳定后再进行操作，避免高压排汽通风阀关闭对汽包水位大幅影响。

（4）各值加强值内交接班管理，尤其是在重大操作或高风险操作期间，应杜绝发生值内换人、换岗。

第三部分

电气专业

案例32 4A 交流润滑油泵开关 TA 极性接反原因分析及处理

黄嘉瑜

一、引言

燃气轮机发电厂中的油系统装置属于比较大型、比较重要的辅机设备。油系统在电厂工作范围内一般包括润滑油系统、密封油系统、EH 油系统等油系统。这些油系统对于发电机组的正常运行发挥着至关重要的作用，它涉及发电厂电能生产的每一个环节。主机润滑油系统负责燃气轮机、汽轮机、发电机的轴系的润滑，在机组设备运转接触的间隙进行润滑，可以有效减少设备磨损和能源的消耗。4A 交流润滑油泵在燃气轮机发电厂内主要用于燃气轮机设备中的润滑系统，在燃气轮机运行时，是为调节油系统和润滑油系统提供压力油的泵。它对于燃气轮机运转安全具有十分重要的作用。

当前，随着社会电力需求增加，社会对高效率的电力生产和高质量的电力供应提出了更高的要求。这就要求检修人员减少设备故障率，保障供用电的可靠性和稳定性。对于燃气轮机发电厂来说，由系统辅机设备故障引起的故障在机组故障原因中较为常见。如何快速、精准、有效减少系统辅机故障问题显得十分重要。电厂发电系统是一个紧密的整体，在实际的生产运行中要尽量保证设备的生产、运输、监控、测量、保护等功能的正常，避免机组的非计划停运。4A 交流润滑油泵是某电厂二期 4 号发电机400V 工作段 A 段上的设备，属于主机组的辅助设备，对其控制管理是重中之重。

二、事件经过

2 月 22 日，4A 交流润滑油泵开关负序保护动作，检查 TA 有裂纹引起保护异常动作。为确保设备安全稳定，电气班组决定暂时退出负序保护，待 TA 更换后恢复。

4 月 1 日，电仪班开出工作票安排更换 4A 交流润滑油泵 TA，工作负责人为陈某，工作票内无配合其他班组人员名单。

据电仪工作负责人陈某陈述，曾告知电气专业陆某到现场配合进行 TA 二次线拆线工作。询问陆某，其称时间太久，已没有印象，查当日电气班长记录也无此项工作内容。

当天下午，陆某、吴某曾到现场查看 4A 交流润滑油泵反转报警缺陷。

12 月 21 日，按工作需要启动 4A 交流润滑油泵，结果发现 4A 交流润滑油泵启动失败一次。为查明原因，检查 4A 交流润滑油泵三相启动电流录波，录波波形显示为 B 相相位反相。

检查工作人员对现场 TA 接线进行核查，发现 A 相 TA 极性接反，C 相端子排处反接线，经图形还原符合相序。断定 4A 交流润滑油泵频出故障原因系 A、C 相 TA 极性接反造成的。

最后，检查 TA 回路极性接反，按指示恢复正确接线，联系运行第二次试泵，启运正常。

三、事件分析

1. 电流互感器与极性

电流互感器在我们电力系统中是很常见的设备，见图 32-1。它的作用是将一次系统的大电流转换成二次系统的小电流。在实际的生产中，二次系统的电流可以用来作为设备的保护回路、测量回路、计量回路、电能回路及其他电气设备使用。电流互感器的工作原理类似于一个阻抗较小的变压器。一次系统的大电流 I_1 和二次系统的小电流 I_2 的比值等于二次绕组匝数 N_2 与一次绕组 N_1 匝数的比值，用公式可以表达为

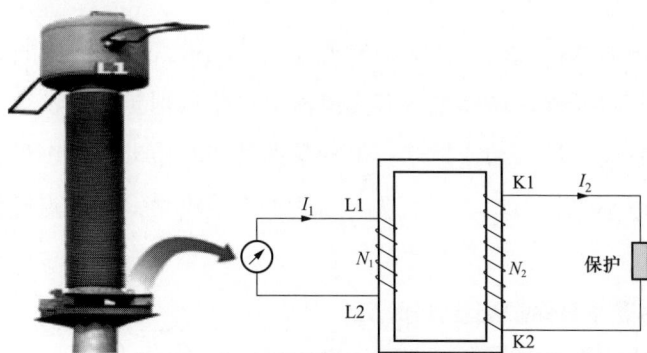

图 32-1　电流互感器原理示意图

$$I_1/I_2 = N_2/N_1$$

在现场的安装使用中，电流互感器常常采用减极性的方法进行标注。也就是说，采用减极性标注时，一次和二次绕组产生的磁通方向是一致的。则这两个流入端称为

电流互感器同名端。如图 32-2 所示 P1 和 S1。

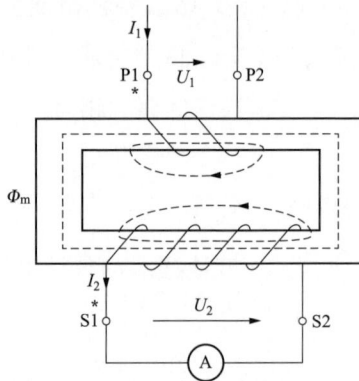

图 32-2　电流互感器绕组减极性标注

根据电磁感应定律，在某一时刻，当一次侧电流作为电源从同名端流入时（如图 32-2 所示的 P1），二次侧电流作为负荷从同名端流出（如图 32-2 所示的 S1）。这时一次侧和二次侧的电流在磁路中产生的磁通是相反方向的，因此称之为减极性标注。

在电流互感器厂家制造时，常使一次极性（"＊"）端的耐压比非极性端高，现场使用时应根据实际情况考虑电流互感器的接入。比如对于单母线分段的变电站，母线上面有数条支路，一般考虑支路上的电流互感器极性端靠近母线，非极性端靠近线路。这样的设计可以巧妙利用极性端耐压性能更优的特点。当系统遭遇雷击时，可以有效防止故障扩大到母线，从而尽可能地将故障范围缩小，保障系统更安全稳定地运行。

具有方向判别的保护及差动保护与电流互感器的极性有关系，特别是差动保护是通过电流互感器测量元件两端的电流有无差流而进行的保护。电流互感器极性及接线方面出错，容易造成保护误动或拒动。不管是误动还是拒动，对电厂设备的运行及电力的供应都有不可小觑的影响。因此在实际的工程使用中，要重点确保电流互感器极性的正确性。

2. 4A 交流润滑油泵保护配置情况

4A 交流润滑油泵属于设备控制管理的重中之重。为保证设备安全稳定运行，4A 交流润滑油泵配备 SPAC202M 综合型智能电动机控制器。SPAC202M 综合型智能电动机控制器具有保护、测量、监视、控制等功能。当设备发生故障时，利用配置的 SPAC202M 综合型智能电动机控制器可以实现快速切除故障。为了保证故障消除的快速性、选择性、可靠性，SPAC202M 综合型智能电动机控制器里搭载着过电流速断保护、零序电流保护、堵转保护、反时限保护、负序电流保护、过电压保护、欠电压保护、过电流闭锁保护等。这些保护在实际工程中相互配合，根据实际需求可以配置不同的动作定值、动作时间，从而使保护能准确、快速动作。

3. 事件原因分析

4A 交流润滑油泵首次启动失败的原因分析如下：

在理想的电力系统中，正常的状态下三相电流对称，大小相等，角度相差 120°。只有正序分量，负序和零序的分量数值为零。在 2010 年 4 月开展的更换 4A 交流润滑油泵 TA 期间进行电流回路的拆接，现场无相关的验收记录。从现场的实际接线中可以看出 TA 一次与二次电流回路均存在极性接反，使得二次电流三相不对称。这时就能分解出一定数值的负序和零序分量，可能会引起零序电流保护和负序电流保护动作。

负序电流保护主要用来切除电动机匝间短路、不对称短路等故障。当运行过程中出现上述故障时，在电动机的电流回路中将出现负序电流 I_2。这样的负序电流将会产生两倍工频的电流，从而造成转子过热的危害。SPAC202M 在实际的生产中对三相电流分别进行采集、计算和处理，再根据设定的保护动作定值、动作时间、控制字等设置进行动作。在一定的范围内，SPAC202M 可以减少设备出现故障造成的设备损坏。4A 交流润滑油泵由于极性反接，三相电流不平衡，所以会产生负序分量电流。负序分量用向量来计算就是将 A 相向量不动，B 相顺时针转 120°，C 相逆时针转 120°，转动后的 A、B、C 三相向量求和。该向量满足负序电流保护逻辑判断后就会动作出口跳开润滑油泵。

SPAC202M 的零序电流保护常常用来作为电动机发生单相接地故障时切除故障的保护。通常情况下，零序电流可以通过外接零序绕组或通过三相电流自产合成。SPAC202M 装置采集零序电流后，根据设定的定值清单及逻辑要求有序动作，从而有效地切除电动机的故障。4A 交流润滑油泵由于极性反接，三相电流不平衡，会产生零序分量电流，其数值大小用向量来计算就是 A、B、C 三相向量的矢量和。该向量满足零序电流保护逻辑判断后就会动作出口跳开润滑油泵。

四、处理措施

1. 事件处理具体步骤

事件发生后，应对 4A 交流润滑油泵电流回路进行检查。

（1）对比图纸与现场装置接线，检查一次电流回路接线，极性应满足减极性要求。

（2）采用钳表，查看保护装置或录波装置，对比一次电流与二次电流实际值与装置显示值，结果应一致。二次电流大小与一次电流之比与绕组变比成反比的关系。三相电流大小相等，角度符合正序要求。

（3）按电流回路的正确接线对现场进行整改。对 TA 的电流回路改动后，应进行 TA 的极性和变比试验。

2. 工程上常采用的极性试验方法

（1）安全措施及注意事项。

1）被测试设备不得带有电压。

2）测试仪输出电压电流时，不得接线或断开被试设备。

3）测试仪的接地端子可靠接地。

（2）原理及接线。

1）使用电流法测量。

a. 工具：互感器测试仪、两组测试线及夹子、电源盘、螺丝刀。

b. 原理：从互感器测试仪的 P 级通入一次电流，S 级接二次电流端子。用测试仪的 TA 变比极性菜单，使得仪器采集对比一、二次的电流方向，根据互感器测试仪结果显示是否为同极性判断极性是否正确。

c. 接线：将互感器测试仪的粗红色测试线接到电流互感器一次侧的极性端，现场核对电流互感器的铭牌，确定电流互感器的极性标注的实际位置。然后将互感器测试仪的粗黑线接到电流互感器的一次侧非极性端，一次侧即接线完成。再将二次的细红线接二次侧的极性端，二次的黑细线接二次侧的非极性端，二次线即接线完成。

2）使用直流法测量。

a. 工具：两节干电池、毫安表、一根长导线。

b. 原理：利用干电池在一次侧提供的电流，毫安表在二次侧检查电流的正反指向。注意此时一次只需要短暂提供电流即可，短暂的电流可以引起在二次侧测量的毫安表指针发生偏转。当毫安表的指针发生正偏时，说明测试的一、二次极性正确。注意在测试极性过程中不宜提供过长时间的电流，因为太长时间的电流可能会引起毫安表反向偏转导致测量仪器故障。当遇到指针偏转不明显时，需提供充足的电量的电池。

c. 接线：在实际工程中，常常使用 1.5 ~ 3V 的干电池。可以将干电池的正极接触到电流互感器的一次线圈 L1 端，再用导线连通干电池的负极与电流互感器的一次线圈

L2 端，从而形成一次电流回路。对于需要测量的电流互感器，二次侧 K1 接毫安表的正极，K2 接毫安表的负极。

五、结论及建议

经对 4A 交流润滑油泵装置电流回路的检查和试验，功能正常。结合事件分析，该电厂在装置安装调试、试验验收等环节上存在管控不到位的问题，此次更换 TA 后未能及时发现接入保护装置电流回路极性接反的隐患。建议在保护装置的安装调试和试验验收期间，对保护装置的相关二次回路的功能及特性应逐项检查和试验验证，做好相关试验记录和设备异动记录。在验收完成前，应仔细检查所有的试验内容均已完成，实验结果正确。尤其涉及多专业工作应注意交接，严防错漏。

参考文献

刘登军，邢希东 . 一起汽轮机交流润滑油泵异常联启的原因分析 . 电站辅机，2009（12）.

案例 33 3 号发电机励磁系统故障跳闸事件分析及处理

吉 祥

一、引言

某电厂二期 3、4 号机组同属 S109FA 燃气 – 蒸汽联合循环机组，一套 S109FA 机组由一台燃气轮机、一台汽轮机、一台余热锅炉、一台发电机同轴布置组成。励磁系统是发电机的重要构成部分，是供给同步发电机励磁电流的电源及其附属设备的统称，主要包括励磁变压器，功率整流单元，励磁调节器，起励、灭磁、保护、监视装置和仪表等。它的主要任务是向发电机的励磁绕组提供一个可调的直流电流，以满足发电机正常运行的需求。励磁系统的技术性能及运行的可靠性，对供电质量、继电保护可靠动作、加速异步电动机自启动和发电机与电力系统的安全稳定运行都有重大影响。主要作用有：根据发电机负荷的变化相应地调节励磁电流，以维持机端电压为给定值；控制并列运行各发电机间无功功率分配；提高发电机并列运行的静态、动态、暂态稳定性；在发电机内部出现故障时，进行灭磁，以减小故障损失程度；根据运行要求对发电机实行最大励磁限制及最小励磁限制等。

二、事件经过

1. 事件前运行方式

事件发生前 3 号燃气轮机负荷为 260MW，AGC 投入。3 号发电机励磁系统运行正常。机组各参数运行稳定，无任何操作。2203、2204、2285、2286、2056 断路器在运行状态，3 号机组通过 220kV 横翠甲线、220kV 横翠乙线输出，4 号主变压器带厂用电运行，机组停机备用。运行方式如图 33-1 所示。

2. 事件经过

2019 年 7 月 15 日 19：25，3 号机组带负荷 260MW 运行中发出"励磁系统故障报警"，3 号机组停机。经检查事件记录，其动作过程如下：

19：25：44.790，3 号发电机励磁系统发出"励磁系统故障"信号；

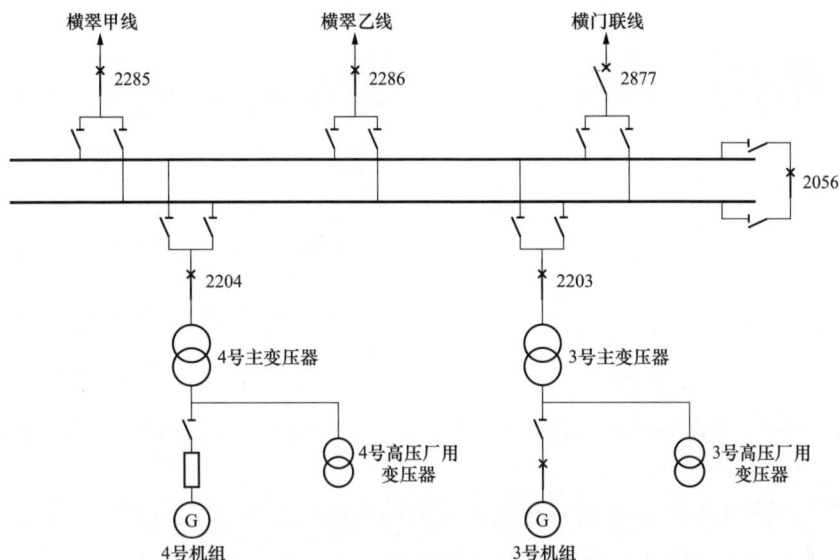

图 33-1 事件前运行方式

19：25：45.053，3 号发电机保护 A/B 屏发出励磁系统故障出口动作；

19：25：45.068，3 号发电机出口开关 52G（803）分闸；

19：25：45.079，MARK VIE 发出机组主保护 L4 动作，机组停机。

三、事件原因分析

某电厂励磁装置为 GE 公司 EX2100 励磁，采用他励的励磁方式，整流桥采用冗余设计，励磁系统连接示意如图 33-2 所示。发电机并网运行时，励磁系统自动电压调节控制器（AVR），通过控制整流桥可控硅的触发，改变励磁电流大小，从而控制机端电压维持给定水平。励磁系统还配置灭磁回路，在发电机故障时，励磁调节器闭锁触发脉冲，并跳开灭磁开关后，通过灭磁回路将转子绕组的磁场能量快速消耗，从而起到保护发电机转子的目的。当励磁系统故障时，控制器发出"励磁系统故障"信号，作为发电机保护的非电量开入信号，发电机保护收到该信号后，出口动作跳发电机出口开关及关停燃机。

EX2100 励磁系统调节控制器三冗余控制模式配置情况如图 33-3 所示，M1、M2分别控制不同的整流桥，C 控制器监视 M1、M2 控制器的运行状态，当运行的主控制器故障、备用控制器正常时，C 控制器会进行控制通道和整流桥切换。但当三个控制器中有任意两个控制器故障时，励磁系统即判断为内部故障（三取二跳闸逻辑），励磁

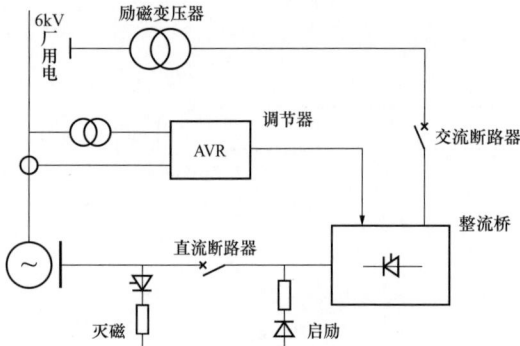

图 33-2 励磁系统连接示意图

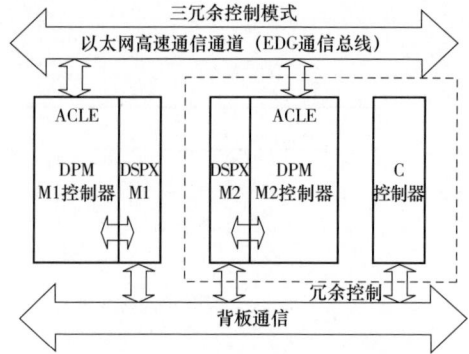

图 33-3 控制器通信及配置情况

系统动作跳灭磁开关，并上送"励磁系统故障跳闸"信号到发电机 - 变压器组保护，发电机 - 变压器组保护动作跳开发电机出口开关，并发"停燃气轮机"跳闸指令到燃气轮机控制系统 MARK VIE 进行解列停机。

事件过程记录见表 33-1。

表 33-1   MARK VIE 事件记录

事件动作时序	事件类型	变位	点名	报警描述	注释
2019-07-15 19：25：44：790	SOE	Active （0->1）	E1.s30ex	EX2100 Alarm	励磁控制器报警
2019-07-15 19：25：44：871	SOE	Active （0->1）	G1.l30ex	Exciter Alarm	励磁系统报警
2019-07-15 19：25：45：053	SOE	Active （0->1）	G1.i86g_cust_a	Customer Trip input1	发电机保护 A 屏 跳闸
2019-07-15 19：25：45：054	SOE	Active （0->1）	G1.i86g_cust_b	Customer Trip input2	发电机保护 B 屏 跳闸
2019-07-15 19：25：45：056	SOE	Normal （1->0）	E1.S0008	Aux86 Closed	灭磁开关分闸
2019-07-15 19：25：45：068	SOE	Normal （1->0）	G1.l52gx1_2	Generator Breaker Closed1_3	发电机出口开关 分闸位置 3
2019-07-15 19：25：45：068	SOE	Normal （1->0）	G1.l52gx1_3	Generator Breaker Closed1_2	发电机出口开关 分闸位置 2
2019-07-15 19：25：45：069	SOE	Normal （1->0）	G1.l52gx1_3	Aux52G Closed	发电机出口开关 分闸位置 1
2019-07-15 19：25：45：079	SOE	Active （0->1）	G1.L4T	Master Protecive Trip	燃机主保护动作

由 MARK VIE 历史记录时序，励磁系统故障为故障首发信号，励磁系统故障后，联跳发电机出口开关，同时触发燃机主保护动作停机。

经检修人员现场检查励磁系统报警记录，确认运行中励磁系统发出"C_Problem in c""M2 Problem in c"等故障报警，灭磁开关跳闸，励磁电压、励磁电流到 0，励磁装置控制板卡故障是本次停机事件的直接原因。励磁系统故障记录见表 33-2。

表 33-2　　　　　　　　　　EX2100 励磁系统故障记录

故障序号	故障代码	故障描述	注释
1	54 Dia9	Problem in M2	M2 控制器有故障报警
2	55 Dia9	Problem in C	C 控制器有故障报警
3	85 Trip	Notrunning 52colosed	发电机出口开关跳闸
4	110 Trip	AbortStop Trip	励磁跳闸

综合故障记录分析判断：励磁系统故障为首发信号，然后联动发电机 – 变压器组保护出口动作，触发 MARK VIE 的 L4 机组主保动作停燃机。

四、处理措施

本次事件动作原因清晰，为励磁系统控制板卡故障，检修人员对该故障板卡进行更换，更换后进行相关功能试验。试验完成后试运励磁系统正常。

五、结论及建议

经对本次事件的检查和处理，设备故障是导致本次事件的直接原因。结合装置运行年限（已临近 12 年），励磁装置控制器电子元件存在老化现象，设备故障不定期出现，运行可靠性无法得到保障，建议对临近规定年限的电子设备，应根据设备实际运行情况，提前进行升级改造。

案例 34 3号机组启动过程故障跳闸事件分析及处理

吉 祥

一、引言

某公司二期3、4号机组同属 S109FA 燃气－蒸汽联合循环机组，一套 S109FA 机组由一台燃气轮机、一台汽轮机、一台余热锅炉、一台发电机同轴布置组成。燃气轮机组在启动过程中透平没有做功，联合循环机组只有在燃气轮机启动后才能进入系统正常运行。然而机组只有达到自持转速（一般为额定转速的 85%）以后，才能够独立地运转和加速，在达到自持转速之前，它必须借助于外界的动力启动和加速。因此燃气轮机联合循环机组必须有一套额外的装置供给燃气轮机定子电流，通过励磁装置供给转子电流，建立磁场，并在燃气轮机控制系统的命令下，按照启动程序帮助燃气轮机旋转、点火、升速，最后完成燃气轮机的启动。

二、事件经过

07：00，4号机用4号 LCI 启动。

07：18，3号机用3号 LCI 启动，转速升速至 580r/min 时，升速速率明显较正常缓慢，至清吹转速 700r/min 时用时约 5min。

07：20，4号机转速升至 1400r/min 时，4号 LCI 设备故障导致高开关跳闸，4号机启动失败。

07：37，3号机转速升至 1199r/min 时，Mark VIE 报警"火焰丢失跳闸"，机组跳闸，3号 LCI 第一次启动失败。

07：50，用3号 LCI 拖动4号机，3号 LCI 第二次启动成功。

08：31，4号机组并网。

08：36，3号机第二次启动，使用3号 LCI 拖动，运行操作 START 令后，相关开关合闸后，机组未升速，LCI 发出 l4sst 故障跳闸信号到 Mark VIE，主保护 L4 动作，3号 LCI 第三次启动失败。

09∶53，重启 3 号 LCI 装置后，使用 3 号 LCI 拖动启动，第四次启动 3 号机组正常。

10∶18，3 号机组并网。

三、事件原因分析

（一）燃气轮机变频启动过程介绍

1.静止变频启动装置工作原理

静止变频启动装置连接示意图见图 34-1。

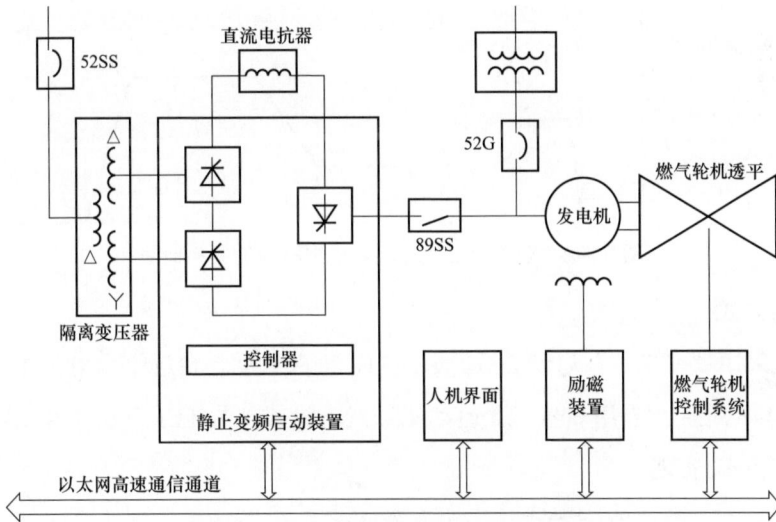

图 34-1　静止变频启动装置连接示意图

联合循环机组启动时发电机是作为同步电动机工作的，其定子绕组由 LCI 供电，转子绕组由厂用 6kV 电源供电，通过励磁装置建立磁场，在定子和转子电流产生的电磁力作用下使发电机转子转动并升速。LCI 是用电流这个物理量来控制发电机转速的，通过传感器反馈来的实际转速与给定的转速相比较后进入速度调节器，速度调节器产生转矩电流命令，该命令经过最小电流限定器后与定子反馈的电流进行比较，最后进入电流调节器，调节定子电流，从而调节发电机转子的转速。

2.启动过程

起初燃气轮机 - 发电机组盘车转速为 4r/min，LS2100 型 LCI 的工作过程为：启动时，LCI 连接到发电机定子，并承担励磁器转子电压基准的控制，即励磁系统输出由 LCI 给定。

LCI 将机组加速到清吹转速设定值 700r/min，保持在该转速。大约 11min 清吹结束后，LCI 停止输出，机组惰走到点火转速 420r/min，一旦达到这个转速，LCI 就再次启动输出，燃气轮机点火，机组保持在恒定转速 430r/min 来暖机，暖机 1min 后结束。LCI 及燃气轮机燃烧做功，共同作用使机组加速到自持转速 2550r/min，LCI 停止输出，开关分闸恢复至初始状态，并停止励磁输出。启动时 LCI 电流与机组转速的关系曲线如图 34-2 所示。

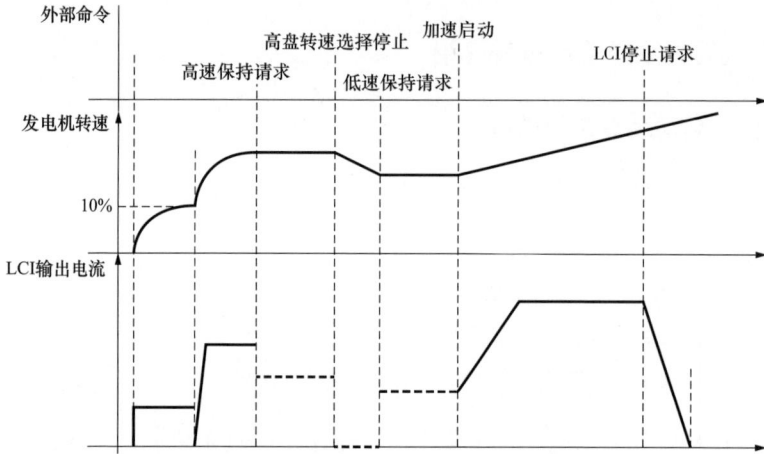

图 34-2　启动时 LCI 电流与机组转速的关系曲线

3. 控制方式

某电厂采用"一拖二"启动方式，2 台 LCI 负责启动 2 台透平发电机组，启动控制方式如图 34-3 所示，当用 3 号 LCI 启动 4 号发电机或 4 号 LCI 启动 3 号发电机时，利用 89TS 联络开关实现。

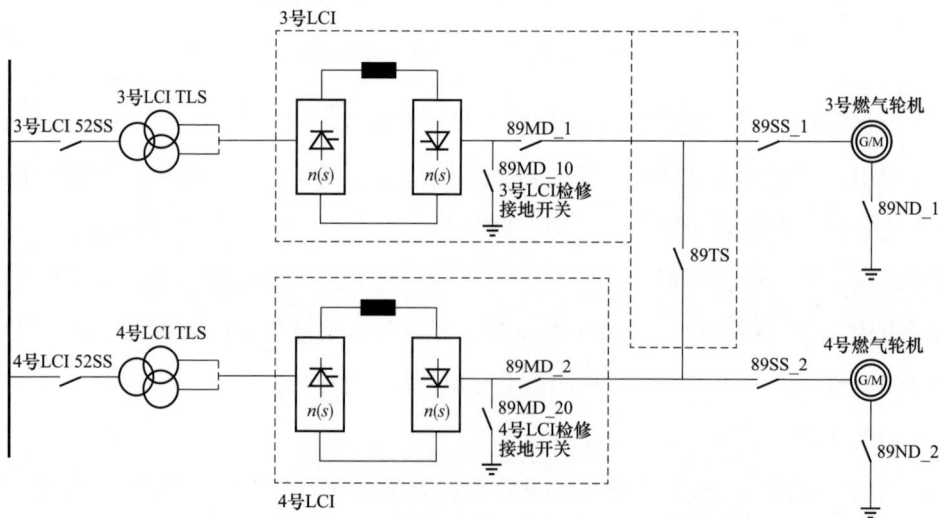

图 34-3　静止变频启动装置一拖二启动方式示意图

（二）启动失败原因分析

（1）3号LCI启动3号机第一次启动失败原因分析。从图34-4所示启动历史曲线可以看出，3号机组启动后，3号LCI及励磁系统交流侧电流均运行正常；但在燃气轮机升速至580r/min左右时，LCI电流出现大幅波动，此时3号LCI仍继续运行，并将燃气轮机拖动至清吹转速，但明显升速较慢。

清吹结束后，按启动流程LCI及励磁系统停止输出，燃气轮机开始惰走，惰走到点火转速，燃气轮机点火成功。3号LCI及励磁系统均按控制流程正常输出，但在快速升速过程中，LCI电流再次出现大幅波动，燃气轮机升速明显变缓，LCI出力不足。为维持燃气轮机控制要求的升速速率，燃气轮机控制系统迅速加大燃料燃烧，弥补因LCI出力不足缺失的动力。但当转速达到1199r/min时，由于燃气轮机控制系统通过不断加大燃料阀开度，燃料增加过快，导致空燃比过量，最后燃气轮机熄火，触发3号燃气轮机火焰探测器2~4号同时火焰丢失保护，进而引起机组跳闸。该次3号机组使用3号LCI启动，现场检查LCI及励磁无任何报警，但LCI电流波动，出力不足是导致该次失败的直接原因。3号LCI启动3号机火焰信号历史曲线见图34-5。

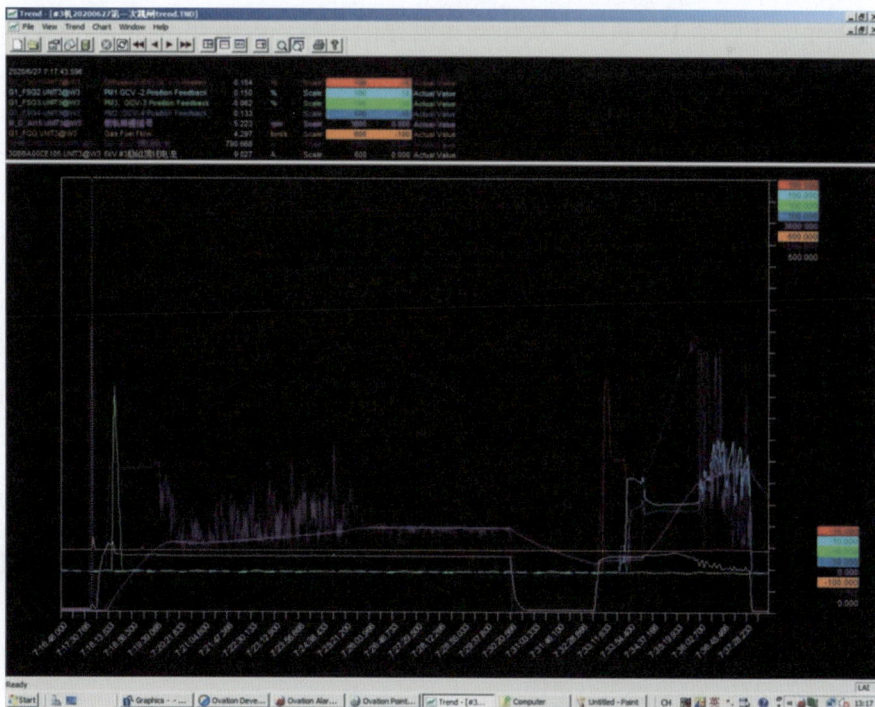

图34-4　3号LCI启动3号机输出异常历史曲线

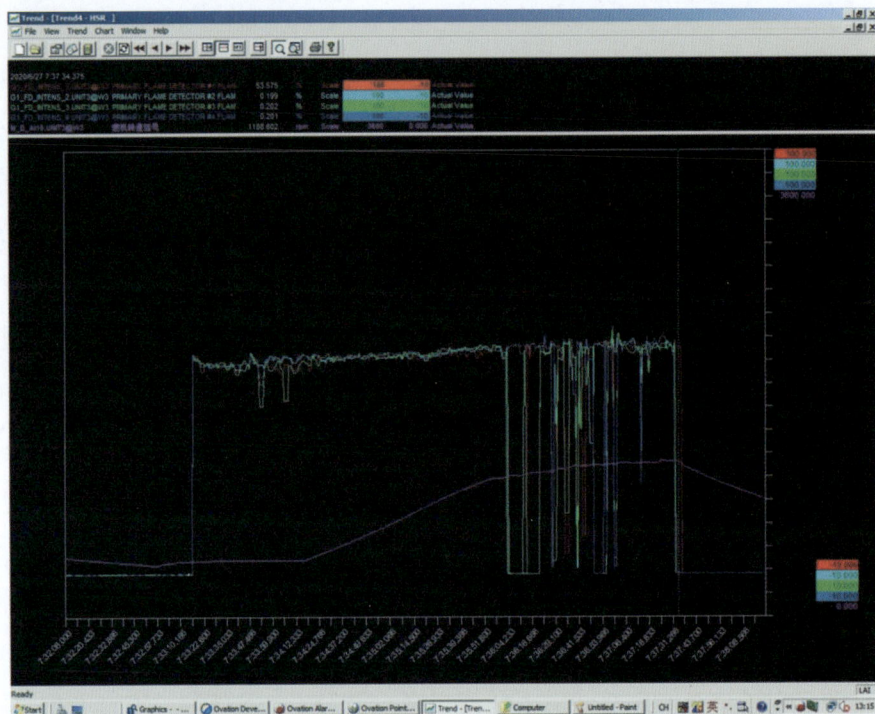

图 34-5　3 号 LCI 启动 3 号机火焰信号历史曲线

（2）3 号 LCI 启动 3 号机第二次启动失败原因分析。因该次事件中，3、4 号机均需启动，且 3、4 号 LCI 均出现异常情况，但 4 号 LCI 启动 4 号机失败，经检查确定为 4 号 LCI 设备故障。3 号 LCI 无任何故障报警，为启动机组，选择 3 号 LCI 启动 4 号机，4 号机启动成功。4 号机启动完成后，第二次用 3 号 LCI 启动 3 号机组，启动指令发出后，LCI 控制相关开关正常合闸，但机组未升速，3 号 LCI 发出 l4sst 故障信号到 MARK VIE，主保护 L4 动作跳闸。启动历史曲线见图 34-6。

由 MARK VIE 事件记录可知，LCI 发出 l4sst 故障信号为启动失败的直接原因。LCI 装置发出 TASK OVERLAP 故障报警信号，其含义为执行新任务时，上一个任务还没完成，报出"任务重叠"故障，信号无法复归，装置重启后告警消失。

重启 3 号 LCI 控制器复位后，第三次用 3 号 LCI 启动 3 号机，3 号机启动成功。根据整个事件过程分析，3 号 LCI 两次启动成功，两次启动失败，3 号 LCI 无设备故障，但明显出现控制紊乱及运行不稳定的情况。

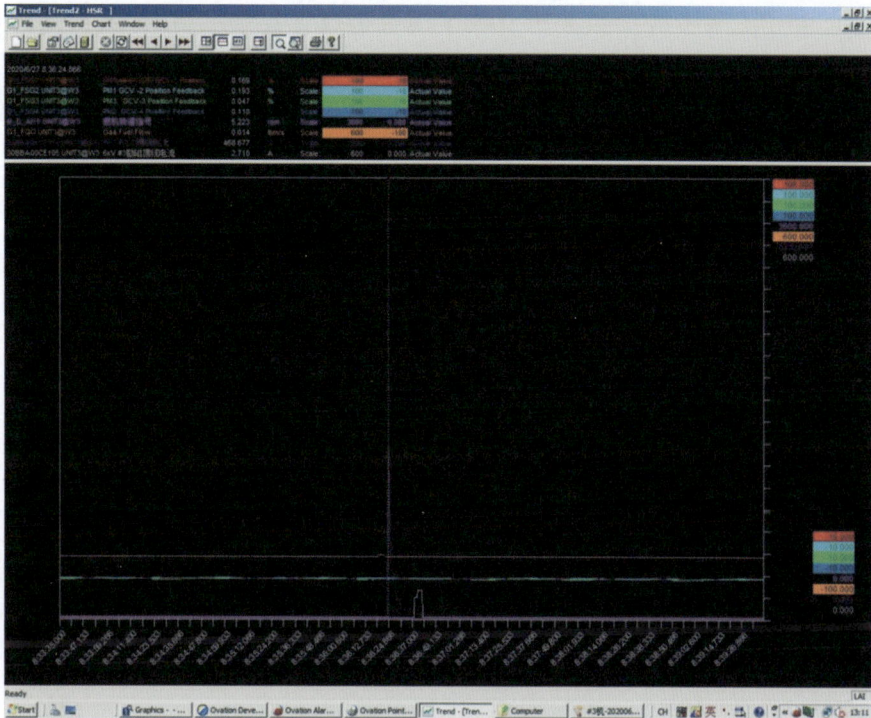

图 34-6　第二次启动失败历史曲线

四、处理措施

事件发生后，对 3 号 LCI 变频启动装置进行一次回路及控制板卡检查。

1.FCGD 板零漂检测

FCGD 板零漂检测数据见表 34-1。

表 34-1　　　　　　　　　　　　FCGD 板零漂检测数据

板卡	测试点（mV）						整定参数					
	FBAR		FCBR		FACR		Fbar_null		Fcbr_null		Facr_null	
	调整前	调整后	调整前	调整后	调整前	调整后	调整前	调整后	调整前	调整后	调整前	调整后
SA	−0.36	−0.36	1.23	1.23	4.1	0.98	127	127	124	124	127	128
SB	12.5	0.6	−19.4	−0.062	12.4	0.356	124	127	86	80	80	84
LA	9	−1.45	1.47	1.47	3.04	−0.78	128	131	98	98	117	118

FBAR、FCBR、FACR 参数大于 100mV 时会造成无告警跳 LCI，调整这些参数小于 10mV，最好接近 0（参考 TIL 文件 t1767）。检查发现板卡零漂值偏大，但仍在要求范围内。

2.FCGD 板过电流保护（OCSP）校验

FCGD 板过电流保护（OCSP）校验数据见表 34-2。

表 34-2　　　　　　　FCGD 板过电流保护（OCSP）校验数据

板卡	整定值（V DC）	实测值（V DC）	调整后
FCGD-SA	6.0	6.093	6.003
FCGD-SB	6.0	6.092	6.000
FCGD-LA	6.2（图纸）；6.0（软件）	5.93	5.991

3.SCR 元件门控测试

SCR 元件门控测试见表 34-3。

表 34-3　　　　　　　　　SCR 元件门控测试

序号	检验项目	检查结果
1	检查 LCI 源桥 A/B 和负载桥每个晶闸管元件触发信号和门极电流响应波形是否正确	触发信号正常见图 34-7 和图 34-8

4. 电源侧电压反馈（VPBL 板）与相序检查

电源侧电压反馈（VPBL 板）与相序检查数据见表 34-4。

进行磁通电压反馈幅值调整。将送 LCI 隔离变压器高开关 52SS，用万用表在 VPBL 上的测试点为 SBVA、SBVB 和 SBVC。

SA、SB 对应的电压系数为 666.78V，Normal_System_Voltage 为 2080，则有

Actual：

SBVA-SBVB：3.1280V AC

$$Actual\_system\_voltage = 666.78 \times 3.1280 = 2085.688V\ AC$$

SAVB-SAVC：3.1210 V AC

$$Actual\_system\_voltage = 666.78 \times 3.1210 = 2081.0204V\ AC$$

SBVC-SBVA：3.1230V AC

$$Actual\_system\_voltage = 666.78 \times 3.1230 = 2082.354\ V\ AC$$

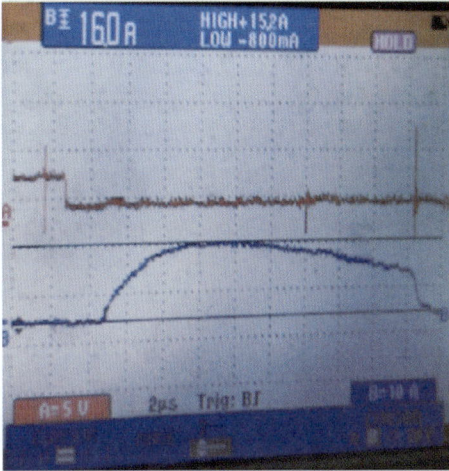

图 34-7　SCR 元件门控测试画面（一）

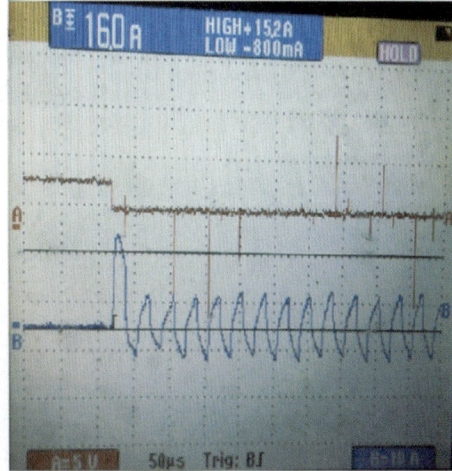

图 34-8　SCR 元件门控测试画面（二）

表 34-4　　　　　　　　　　电源侧电压反馈（VPBL 板）与相序检查数据

源桥类型	相别	反馈电压有效值（V）	相序
电源侧 A （三角形）	SAVA–SAVB	3.1280	合格，见图 34-9 和 图 34-10
	SAVB–SAVC	3.1210	
	SAVC–SAVA	3.1230	
电源侧 B （星形）	SAVA–SAVB	3.1130	合格，见图 34-9 和 图 34-10
	SAVB–SAVC	3.1140	
	SAVC–SAVA	3.1170	
要求	反馈电压有效值约为 3V		

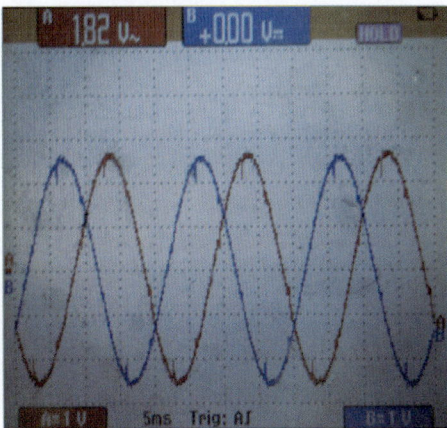

图 34-9　电源侧相序检查画面（一）

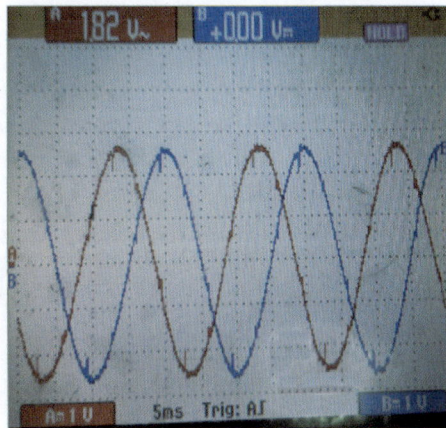

图 34-10　电源侧相序检查画面（二）

FBAR 的计算电压为

$$FBAR = \frac{Actual\_System\_Voltage}{Normal\_System\_Voltage} \times 4.75V \text{ AC-RMS}$$

$$= 2085.688 / 2080 \times 4.75$$

$$= 4.7629 （V \text{ AC}）$$

FCBR 的计算电压为

$$FCBR = \frac{Actual\_System\_Voltage}{Normal\_System\_Voltage} \times 4.75V \text{ AC-RMS}$$

$$= 2081.0204 / 2080 \times 4.75$$

$$= 4.7523 （V \text{ AC}）$$

FACR 的计算电压为

$$FACR = \frac{Actual\_System\_Voltage}{Normal\_System\_Voltage} \times 4.75V \text{ AC-RMS}$$

$$= 2082.354 / 2080 \times 4.75$$

$$= 4.7553 （V \text{ AC}）$$

用 TOOLBOX 软件，对应 FBAR、FCBR、FACR 调整参数 sa_scale_vba、sa_scale_vcb、sa_scale_vac，使实测值接近上述计算值，见表 34-5。

表 34-5　用 TOOLBOX 软件对应 FBAR、FCBR、FACR 调整参数的数据

板卡	测试点（V AC）			整定参数										
	FBAR	FCBR	FACR	Fbar 计算值	Fbar 调整值	Fcbr 计算值	Fbar 调整值	Facr 计算值	Fbar 调整值	Fbar 原参数	Fbar 修改后	Facr 原参数	Facr 修改后	Fcbr 原参数	Fcbr 修改后
FCGD -SA	4.776	4.761	4.776	4.7629	—	4.7523	—	4.7553	4.741	206	—	207	—	206	205
FCGD -SB	4.7781	4.804	4.786	4.7401		4.7416	4.748	4.7462						208	206
备注	FBAR=（实际电压 / 正常电压）× 4.75V AC														

直流偏移特性测试用万用表测量直流电压偏置（w.r.t. ACOM of the same FCGD）at testpoints VBA，VCB，and VAC at SA-FCGD，这些测量到的值必须小于 5mV（见表 34-6）。

表 34-6　　用万用表测量直流电压偏置数据

板卡	VBA（mV DC）	VBC（mV DC）	VAC（mV DC）
FCGD-SA	3	-3	-1
FCGD-SB	0.1	0.2	0.8

5. 负载侧控制性能检查

在 LCI 断电条件下临时将 VPBL 板上 SAJV 和 LJV 接线对调，利用源桥的电压校核负载桥的磁通反馈参数。

（1）电源侧电压反馈（VPBL 板）与相序检查，见表 34-7。

表 34-7　　　　　　　　　　**电源侧电压反馈（VPBL 板）与相序检查数据**

源桥类型	相　别	反馈电压有效值（V）	相序
loadA	LAVA-LAVB	3.119	正确
	LAVB-LAVC	3.119	
	LAVC-LAVA	3.118	
要求	反馈电压有效值约 3V		

注　磁通电压反馈幅值有调整，电压系数改为 1332.55V，Normal_System_Voltage 为 4160V。

（2）磁通电压反馈幅值调整，见表 34-8。

表 34-8　　　　　　　　　　**电源侧电压反馈（VPBL 板）与相序检查数据**

板卡	测试点（V AC）			整定参数											
	FBAR	FCBR	FACR	FBAR 计算值	FBAR 调整值	FCBR 计算值	FCBR 调整值	FACR 计算值	FACR 调整值	FBAR 原参数	FBAR 修改后	FCBR 原参数	FCBR 修改后	FACR 原参数	FACR 修改后
FCGD-LA	1.445	1.441	1.442	1.423	1.426	1.423	1.427	1.423	1.428	211	208	213	211	207	205

注　FBAR＝（实际电压/正常电压）×4.75V AC。

6. 直流偏移特性测试

直流偏移特性测试数据见表 34-9。

表 34-9　　　　　　　　　　**直流偏移特性测试数据**

板卡	测试点（V AC）		
	VBA（mV DC）	VBC（mV DC）	VAC（mV DC）
FCGD-LA	-1	1	1

7. 与 EX2000 系统协调控制接口的检查测试

将励磁系统直流输出与发动机转子断开，同时接入一个假负载（约 80Ω），利用 Toolbox 软件打开 lsb 文件, 利用软件自带的 Excier Reference Test 功能控制 LCI 的 0~10V 直流基准信号输入, 测量励磁系统输出反馈正确。

8. Crowbar 短路试验

通过 Toolbox 软件的 Crowbar 短路试验, 试验前将 crmin 和 stcll 参数设定为 0。试验数据见表 34-10。

表 34-10 Crowbar 短路试验数据

序号	试验项目	检查结果
1	按 0.1p.u. 步长在 0~0.6 范围内改变参数 stcll 的给定, 用示波器观测直流电抗器电流 (测点: IFB), 波形应随输出电流给定的增大而趋于平稳, 无断流	√
2	在 stcll=0.1p.u. 的情况下, 用示波器观测 FCGD-SA 板上触发脉冲和源桥 A 的短路电流 (测点: OFC1/IA、OFC5/IC) 波形, 应保证 OFC1 与 IA 波形相位一致, OFC5 与 IC 波形相位一致	√ 见图 34-11 和图 34-12
3	在 stcll=0.1p.u. 的情况下, 用示波器观测 FCGD-SB 板上触发脉冲和源桥 B 的短路电流 (测点: OFC1/IA、OFC5/IC) 波形, 应保证 OFC1 与 IA 波形相位一致, OFC5 与 IC 波形相位一致	√ 见图 34-11 和图 34-12
4	在 stcll=0.1p.u. 的情况下, 用示波器观测 FCGD-LA 板上触发脉冲和负载桥 A 的短路电流 (测点: OFC1/IA、OFC5/IC) 波形, 应保证 IA 与 IC 输出为 0	√
5	临时将源桥 A 的硬件过电流定值由 6V 改为 0.3V, 逐步增大 stcll 的给定模拟过电流保护动作, LCI 应隔离变压器高开关 52SS 跳闸出口, 并报 "SrcA H W Overcurrent"	√
6	临时将源桥 B 的硬件过电流定值由 6V 改为 0.3V, 逐步增大 stcll 的给定模拟过电流保护动作, LCI 应隔离变压器高开关 52SS 跳闸出口, 并报 "Src B H W Overcurrent"	√

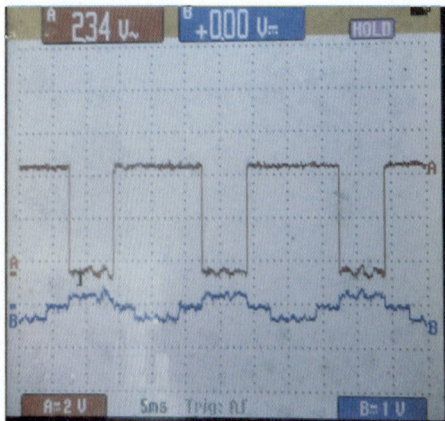

图 34-11 Crowbar 短路试验画面 (一)　　图 34-12 Crowbar 短路试验画面 (二)

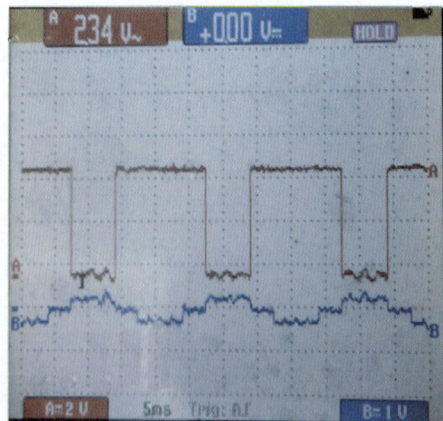

9. 硬件抑制试验

调节 OC 旋钮，监视 OC_SP 测试点，使监视处的电压到 0.3V DC（近似 0.1p.u.），测试数据见表 34–11。

表 34–11　　　　　　　　　　　　硬件抑制试验数据

测试点	动作电压		结论
SA–FCGD	0.3V DC	0.01206p. u.	合格，见图 34–13
SB–FCGD	0.3V DC	0.01045p. u.	合格，见图 34–14

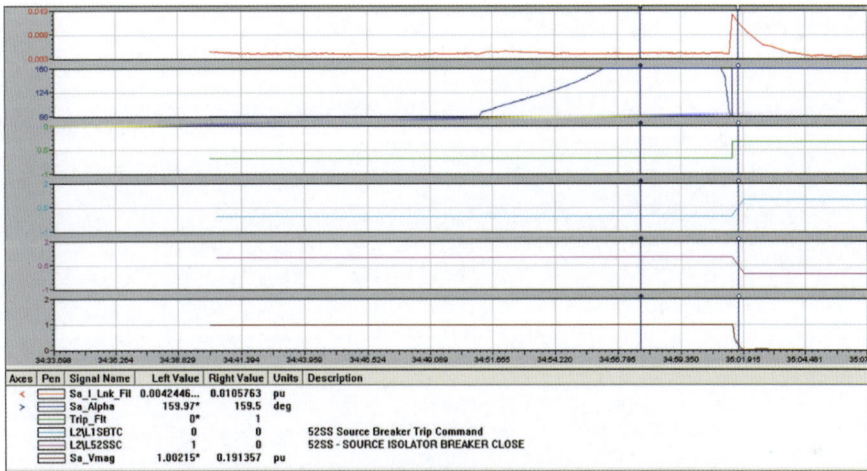

图 34–13　硬件抑制试验画面（测试点为 SA–FCGD）

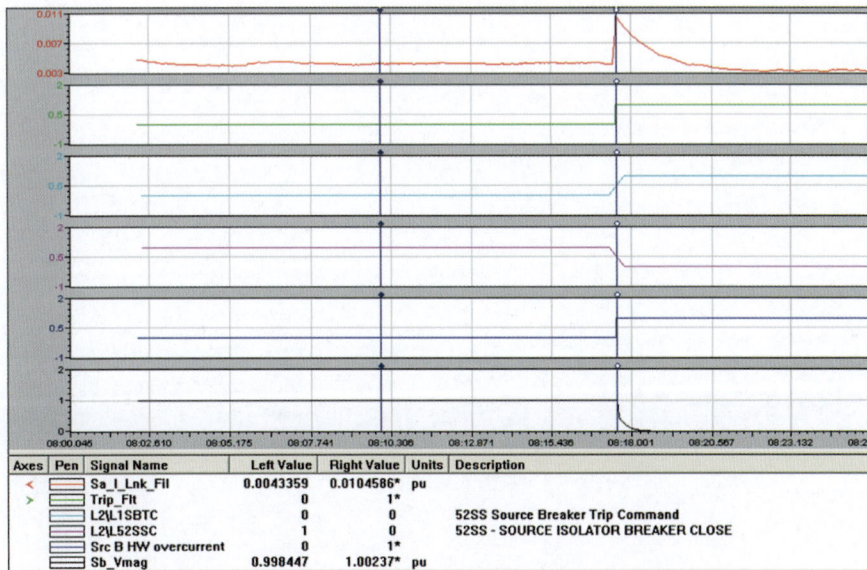

图 34–14　硬件抑制试验画面（测试点为 SB–FCGD）

以上检查项目均检查合格后，进行启动试验，试验拖动机组正常启动。

五、结论及建议

经对 LCI 变频启动装置功能的试验检查，各参数均在厂家要求范围内，调节功能正常。结合事件分析，该电厂 LCI 装置出现输出控制紊乱现象及任务重叠导致 LCI 异常，考虑 LCI 装置运行年限已临近 12 年，存在老化现象，设备故障不定期出现，运行可靠性无法得到保障。建议对临近规定年限的电子设备，应根据设备实际运行情况，提前进行升级改造。

案例 35 8 号机组故障跳闸事件分析及处理

吉　祥

一、设备概况

某电厂三期机组为三菱 M701F4 型分轴式燃气 – 蒸汽联合循环机组，燃气轮机、汽轮机均配置双重化发电机 – 变压器组保护，分别为南瑞继保 PCS-985BG 及许继保护 WFB-800A 型保护装置。发电机励磁系统采用自并励励磁方式，即励磁变压器高压侧直接连接发电机出口母线。励磁变压器为风冷干式变压器，通过温控器监测变压器高低压侧套管及铁芯温度，进行风机启停控制，实现励磁变压器运行温度及冷却控制，并配置超温告警及跳闸保护。温控器设置 A、B、C 及铁芯测温元件，并结合变压器预试进行定期拆装校验。

二、事件经过

1. 事件前运行方式

事件发生前 7 号燃气轮机负荷为 330MW，8 号汽轮机负荷为 118MW，主蒸汽压力为 8.48MPa，AGC 投入。8 号发电机励磁系统运行正常。机组各参数运行稳定，无任何操作。2205、2207、2208、2972、2973 断路器在运行状态，7、8 号机组通过 220kV 横逸甲线、220kV 横逸乙线输出，5 号主变压器带厂用电运行，机组停机备用（见图 35-1）。

2. 事件经过

3 月 26 日 06：17：30，8 号机 DCS 上发出"8 号汽轮机发电机定子接地跳闸""8 号汽轮机发电机过频保护动作""第一组出口跳闸""第二组出口跳闸""8 号汽轮机发电机励磁系统转子过电压保护动作""8 号汽轮机发电机励磁系统灭磁开关分闸指示"报警，运行当班主值立即检查事件发生情况，发现 8 号发电机 – 变压器组跳闸，8 号汽轮机联跳，7 号燃气轮机甩负荷至 153.8MW，高、中、低压旁路自动打开。

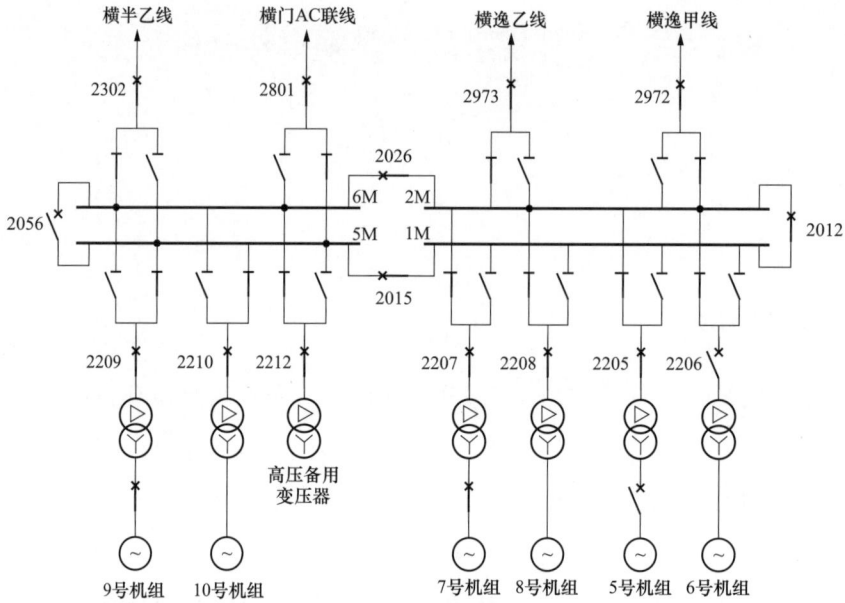

图 35-1　事件前运行方式

三、危害分析

发电机定子绕组与铁芯间绝缘在某一点上遭到破坏，就可能发生单相接地故障。发电机的定子绕组的单相接地故障是发电机的常见故障之一。

发电机定子绕组单相接地的特点是：中性点不接地或经消弧线圈接地的发电机，当发电机内部单相接地时，流经接地点的电流仍为发电机所在电压网络（即与发电机直接电联系的各元件）对地电容电流之总和，而区别在于故障点的零序电压将随发电机内部接地点的位置而改变。

如图 35-2 所示，假设 A 相接地发生在定子绕组距中性点 a 处，a 表示中性点到故障点的绕组占全部绕组布线的百分数。

发电机定子绕组单相接地故障时的主要危害有以下两方面：

（1）接地电流会产生电弧，烧伤铁芯，使定子绕组铁芯叠片烧结在一起，造成检修困难。

（2）接地电流会破坏绕组绝缘，扩大事故，若一点接地而未及时发现，很有可能发展成绕组的匝间或相间短路故障，严重损伤发电机。

案例35　8号机组故障跳闸事件分析及处理

（a）

（b）

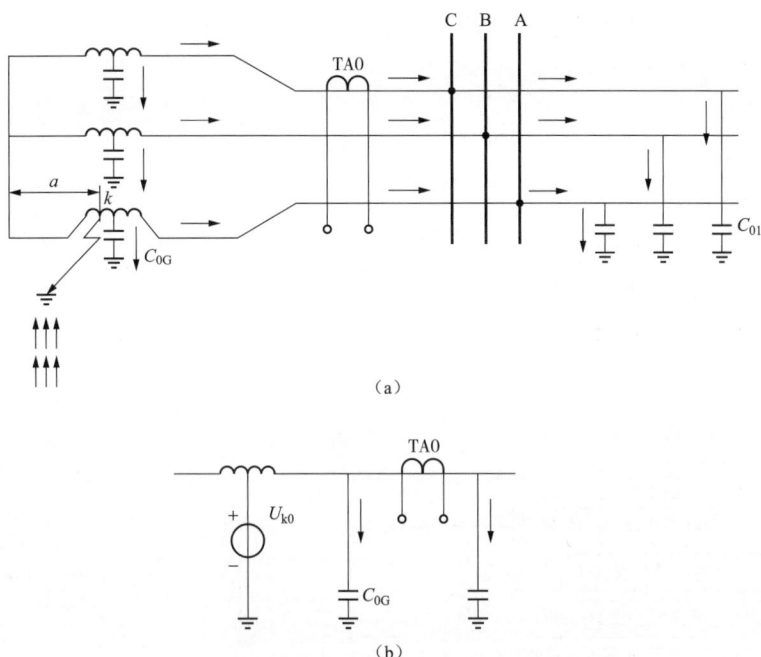

图35-2　发电机单相接地电流分布及零序等效网络图

（a）三相网络接线；（b）零序等效网络

四、事件处理

1. 运行处置

8号机保护跳闸后，运行人员立即事故应急处理，将高、中、低压蒸汽旁路切手动调整，维持汽包水位和蒸汽压力正常，并将7号燃气轮机负荷减至132MW，维持该负荷稳定运行。低压供热转10号机供，退出该机供热系统。立即通知检修人员检查。

2. 保护动作情况分析

经检查，发电机保护A、B屏"发电机基波零序电压定子接地保护"均动作，动作时间为512ms，两套保护动作行为一致。

基波零序电压定子接地保护原理如下：

（1）南瑞继保PCS-985BG保护装置。基波零序电压保护发电机85%～95%的定子绕组单相接地。基波零序电压保护反应发电机零序电压的大小，由于保护采用了频率跟踪、数字滤波及全周傅氏算法，使得零序电压对三次谐波的滤除比达100以上，保护只反应基波分量。基波零序电压保护设两段定值，一段为灵敏段，另一段为高定值段，延时可独立整定。灵敏段动作于跳闸时，还经主变压器高压侧零序电压闭锁，以防止区外故障时定子接地基波零序电压灵敏段误动，主变压器高压侧零序电压闭锁定值可进行整定。高定值段可单独整定动作于跳闸。

（2）许继保护 WFB-800A 型保护装置。基波零序电压原理保护发电机 85%~95% 的定子绕组单相接地；三次谐波电压原理保护发电机中性点附近定子绕组的单相接地。基波零序电压定子接地保护分两段两时限。高定值段短延时动作跳闸或信号；低定值段保护长延时动作跳闸或信号。

定子接地保护逻辑框图见图 35-3。

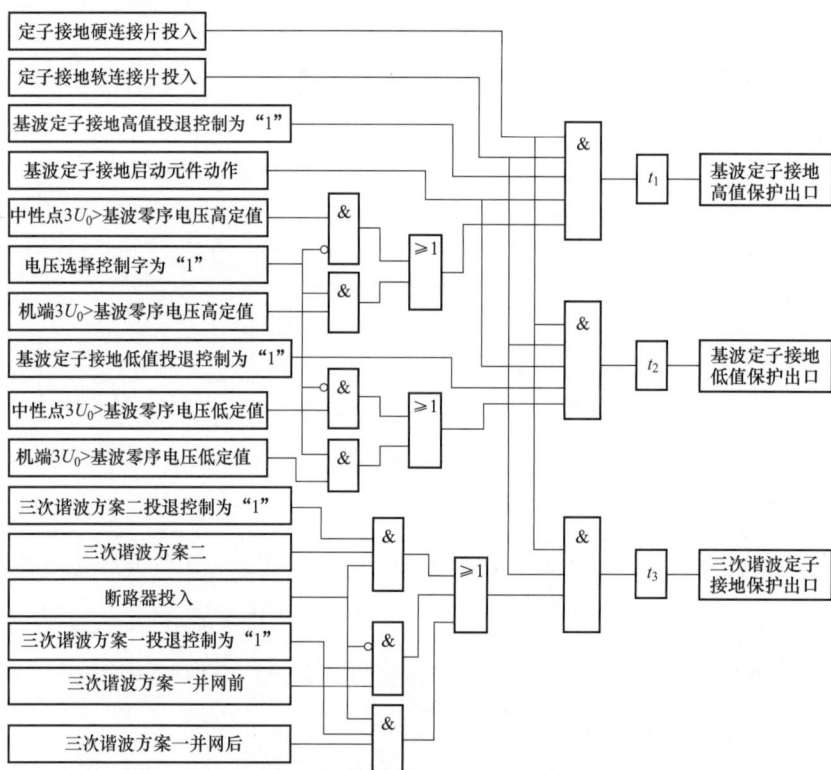

图 35-3　定子接地保护逻辑框图

该电厂发电机定子接地保护基波定子接地保护投跳闸，三次谐波定子接地投报警。

以 A 屏为例进行动作行为分析。基波零序电压定子接地保护定值为：基波零序电压低定值为 10V，延时 0.5s；基波零序电压高定值为 20V，延时 0.3s；变压器高压侧零序电压闭锁定值为 35V。

根据动作时间录波数据，发电机中性点零序电压回路与机端 TV 开口三角电压回路同时出现零序电压，机端、中性点基波零序电压幅值均已超过零序电压低动作定值

10V，且变压器高压侧零序电压大于35V，满足定子接地保护动作条件，发电机定子接地保护动作行为正确。机组跳闸故障录波见图35-4。

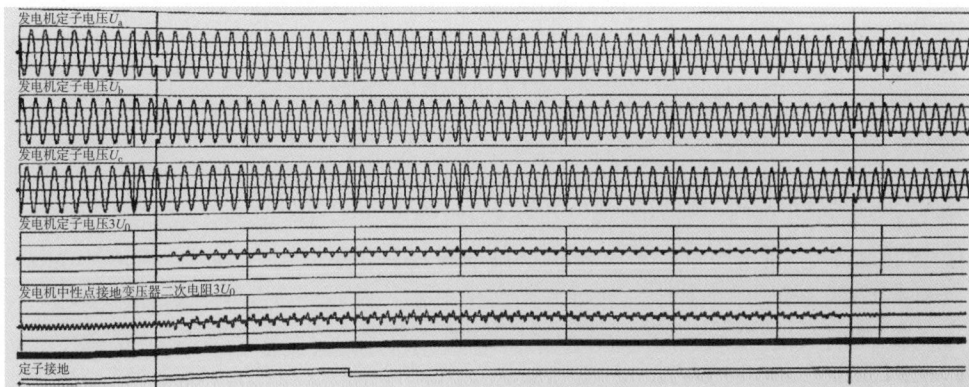

图 35-4　机组跳闸故障录波图

3. 接地点查找

确定保护为正确动作后，电气专业对发电机定子进行绝缘检查，发现绝缘值较低。

在检查励磁变压器时发现励磁变压器高压侧绕组内温度探头烧毁，拆除烧毁温度探头，再次进行绝缘测试，三相绝缘测试合格，判定为温度探头放电烧毁造成发电机定子接地保护动作（见图35-5）。

检查励磁变压器绕组内壁放电处，并进行清理。按厂家建议在放电处涂环氧树脂胶，并更换励磁变压器温度探头，对探头引线进行改进安装并加固，处理后再次检查绝缘合格。

图 35-5　烧毁的温度探头及放电处

五、结论及建议

该次事件原因为励磁变压器温控器测温探头检修安装质量不佳，造成励磁变压器高压侧接地，从而引发继电保护装置动作，保护行为正确。

建议如下：

（1）加强日常预防性维护工作，对重要设备的缺陷及时发现。

（2）加强检修质量监督，重要设备检修需对检修全过程进行监督。

（3）全面检查其他可能存在该风险的运行设备，彻底杜绝该类事件再次发生。

案例(36) 3号发电机定子接地保护动作事件原因分析与处理

李佰勇

一、设备概况

某电厂3号燃气轮发电机为全氢冷式发电机，电气主接线采用典型的发电机-变压器单元接线，发电机中性点为不接地（高阻接地）方式，发电机保护采用双重配置。保护由A、C、D屏组成，A、C屏为不同厂家的电气量保护，A屏为国电南瑞保护装置，C屏为许继保护装置，D屏为非电量保护。发电机定子接地故障是常见的发电机故障，发电机定子接地后，接地电流经故障点、三相对地电容、三相定子绕组而构成通路。当接地电流超过规定值时，能在故障点引起电弧，造成定子铁芯烧伤，甚至扩大为匝间或相间短路，使发电机定子遭受到严重的破坏。

二、3号发电机定子接地保护动作跳机事件

1. 事件前运行方式

220kV横门联线、3号主变压器挂在V母线运行；220kV横翠甲线、横翠乙线、4号主变压器挂在VI母线运行；220kV V、VI母线并列运行；3、4号机厂用电由各自机组供电。

2. 事件经过

2012年4月27日00：27：37：182，3号发电机出口开关GCB跳闸，3号机组甩负荷330MW，3号发电机保护A、C屏均有"定子接地$3U_0$""定子接地3W"灯亮，"出口信号"灯亮，3号主变压器保护A、C屏均有"主变压器低压侧$3U_0$"灯亮，220kV母线三相电压正常。4月27日00：28：34，3号主变压器保护A、C屏仍发生过一次"低压侧$3U_0$接地保护动作发信"信号的启动、复归过程。220kV V母、VI母三相电压正常，横翠甲、乙线运行正常；4号发电机-变压器组及3号主变压器、横门联线均正常运行。

3. 现场处理情况

（1）发电机跳闸后，检查3号机组故障录波、保护装置录波文件发现，发电机中

性点电压二次值已超过定值 22V，满足发电机 $3U_0$ 定子接地保护动作条件，延时 7s 后动作使 803 开关跳闸。

（2）发电机跳闸后对发电机出口 TV、中性点变压器以及发电机定子进行测绝缘试验，试验数据均合格。进一步检查发现发电机 C 相出口 TV 引下段盆式绝缘子内部有异物，经检查没有发现放电痕迹，清除杂物后测试绝缘正常。

（3）由于在 803 开关跳闸之后，3 号主变压器保护 A、B 屏有一次"低压侧 $3U_0$ 接地保护动作发信"信号的启动、复归过程，所以由此判断在 803 开关断开发电机后，主变压器低压侧仍有 $3U_0$ 电压存在，故障点很可能存在于 803 开关与主变压器低压侧之间。

（4）向中调调度申请将 3 号主变压器退出运行，检查主变压器低压侧、高压厂用变压器高压侧及对应段的封闭母线，发现高压厂用变压器高压侧 B、C 相正常，A 相封闭母线的盆式绝缘子下表面有水珠。拆开 A 相盆式绝缘子，发现该处封闭母线内部有较多积水（约有 3kg），同时发现该盆式绝缘子表面有放电痕迹，清除干净后再次测量绝缘达 $2G\Omega$ 以上。

（5）将 A 相封闭母线放电的盆式绝缘子进行清洁、刷绝缘漆、烘干安装，解开高压厂用变压器高压侧、主变压器低压侧引线，分别测量主变压器低压侧、高压厂用变压器高压侧及封闭母线的绝缘电阻。主变压器低压侧对地电阻为 $2.5G\Omega$；高压厂用变压器高压侧对地电阻为 $2.1G\Omega$；封闭母线 A 相对地电阻为 $2.6G\Omega$；封闭母线 B 相对地电阻为 $2.3G\Omega$；封闭母线 C 相对地电阻为 $2.2G\Omega$。由以上测量数据分析，高压厂用变压器高压侧 A 相封闭母线的盆式绝缘子处为接地故障点，并且为唯一故障点。

三、发电机定子接地保护动作分析

（一）发电机定子接地保护原理

1. 双频式定子 100% 接地保护的构成

发电机定子 100% 接地保护由基波零序电压和三次谐波电压共同构成。基波零序电压保护发电机机端至机内 85%～95% 范围的定子绕组，三次谐波电压保护发电机中性点附近 25% 范围的定子绕组，保护区的构成如图 36-1 所示。基波零序电压一般取自机端电压互感器的开口三角绕组或发电机中性点电压互感器，基波零序电压保护是反映发电机定子绕子接地故障时出现基波零序电压而动作的保护，基波零序电压保护动作于跳闸。因基波零序电压保护在中性点附近存在 15% ~ 5% 的死区，所以利用三次谐波电压作为判据，增加三次谐波电压保护，保护发电机中性点侧 25% 的范围。发电机中性点附近发生定子单相接地故障时，零序电压较小甚至为零，接地电流很小。但如不能被发现，故障时间过长，也会造成发电机铁芯损坏，故三次谐波电压保护一般动作于报警。

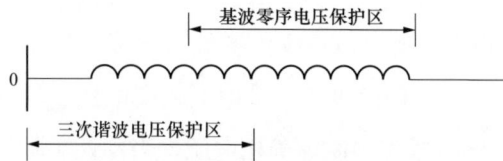

图 36-1　定子 100% 接地保护区构成图

2. 发电机定子单相接地时各相电压的变化情况

某电厂 3 号燃气轮发电机采用中性点不接地（高阻接地）方式，正常运行时，发电机各相电压基本对称。假设 A 相发生金属性接地故障，则系统对地电压发生的变化为

$$\dot{U}_{AK} = 0$$

$$\dot{U}_{BK} = \sqrt[3]{3}\,\dot{E}_A\,e^{-j150^0}$$

$$\dot{U}_{CK} = \sqrt[3]{3}\,\dot{E}_A\,e^{j150^0}$$

由以上分析可知，发生金属性单相接地时，接地相电压降低为 0，另两相电升高至线电压。因发生单相接地时，各相间电压的对称性未被破坏，故线电压不变。

3. 发电机定子单相接地时基波零序电压的特点

中性点不接地运行的发电机，假设在定子绕组 A 相距中性点 a（a 指 K 点到中性点之间的匝数与定子单相绕组匝数之比）处 K 点发生接地故障，如图 36-2 所示。发电机机端每相对地电压如图 36-3 所示。

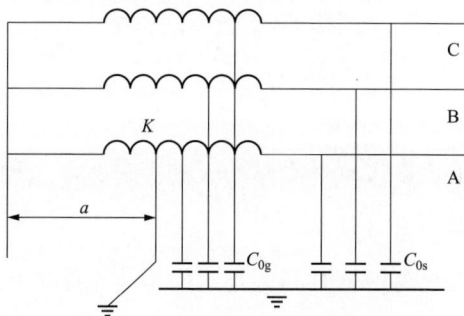

图 36-2　发电机单相接地故障图

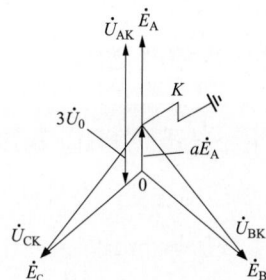

图 36-3　发电机单相接地时电压相量图

发电机每相对地电压分别为

$$\dot{U}_{AK} = (1 - a\dot{E}_A)$$
$$\dot{U}_{BK} = \dot{E}_B - a\dot{E}_A$$
$$\dot{U}_{CK} = \dot{E}_C - a\dot{E}_A$$

因此机端的零序电压为

$$3\dot{U}_0 = (\dot{U}_{AK} + \dot{U}_{BK} + \dot{U}_{CK})/3 = -a\dot{E}_A$$

因定子绕组内阻抗很小，所以该系统内各处与故障点的零序电压近似相等。机端零序电压随接地点位置 K 的变化而改变。接地点距离中性点越远，零序电压越高。当机端接地时，a 为 1，零序电压最大值等于相电压。当中性点附近接地时，零序电压近似为 0。

（二）3 号发电机定子接地保护动作原因分析

发电机定子接地保护接入的基波电压 $3U_0$，取自机端电压互感器开口三角绕组或中性点电压互感器。正常运行时，机端电压互感器开口三角绕组不平衡电压有基波和三次谐波，其中以三次谐波为主。当电压互感器高压侧发生接地故障时，由于系统的不对称性，发电机各相电压将出现变化，产生的基波零序电压（$3U_0$），可能超过定子接地保护动作电压。在该次接地事件中，主变压器低压侧 A 相封闭母线由于进水导致母线绝缘降低，而产生非金属性接地，而出口母线与机端绕组间的阻抗接近于零，相当于发电机机端发生 A 相非金属性接地故障。从故障录波装置查询的情况分析，发电机 A 相对地电压降低，B、C 相对地电压升高，线电压未变，基波零序电压 $3U_0$ 约为 50V（二次值）。而该电厂发电机定子接地基波零序电压保护定值为 10V，$3U_0$ 达到国电南瑞保护装置及许继保护装置中的发电机基波电压保护动作高值，因而保护 A、C 屏发电机定子接地保护动作解列发电机。

四、防范及整改措施

（1）对主变压器低压侧、高压厂用变压器高压侧升高座防水阀进行改造（加装自动疏水阀），改造前主变压器升高座防水阀保持常开状态。

（2）将主变压器低压侧、高压厂用变压器高压侧升高座与封闭母线连接的橡胶膨胀节更换成两瓣式金属膨胀节。

（3）安排 3 号主变压器近期再次停电，对高压厂用变压器 C 相的渗漏处进行检查。

（4）在封闭母线的盆式绝缘子上方加装检查孔，定期检查封闭母线内部是否进水。

（5）计划将封闭母线微正压装置改造为防结露循环干燥装置。

（6）热工专业对封闭母线的微正压装置等的压力、湿度等传感器进行校验。

（7）利用机组停机检修的机会，完善3、4号发电机三相电压及零序电压接入故障录波器回路。具体要求是：在发电机保护 B 屏引接发电机中性点电压至故障录波屏；在机组电能表变送器屏引接发电机 GCB 断路器出口零序电压和三相电压至故障录波屏。

（8）停机检修时，联系国电南自厂家处理好同一套发电机保护两个 CPU 录波时间不一致，以及保护装置的录波文件无法正确转换为标准的 comtrade 格式问题。

（9）运行人员按发电机运行相关要求，在机组开机前进行发电机三相对地绝缘测试并记录。

五、发电机定子接地故障的排查处理原则

1. 及时查询故障现象

发生定子单相接地时，会出现发电机接地相对地电压降低，另两相对地电压升高，线电压不变的现象。如果接地故障为金属性接地，则发电机接地相对地电压为零，另两相对地电压升高至线电压。集控室发出定子动作报警信号后，运行人员应立即查看DCS 或故障录波装置中发电机各相电压、零序电压、零序电流的历史趋势情况。

2. 故障分析初判

通过分析故障录波装置发电机各相电压、零序电压、零序电流的历史趋势，判断接地的相、接地性质及可能范围。

3. 确认保护动作装置是否正常

发出接地动作报警信号后，运行人员应立即联系电二班检修人员至现场检查保护装置及二次回路，检查保护是否误动作，二次回路接线是否松脱或接触不良等。

4. 一次设备外观检查

运行人员应立即巡视一次设备，检查发电机、中性点接地变压器、出口封闭母线，以及 TV、TA 等附属设备，注意是否有明显的接地点、漏水、冒烟、焦煳味等。

5. 全面检查设备确认故障点

如果经设备外观检查未发现接地故障点，则应迅速联系电气检修人员配合做详细检查。

（1）机组已跳闸情况下的处理。如机组已跳闸，则可将发电机出口隔离开关拉开，测发电机三相对地绝缘电阻、中性点接地变压器三相对地绝缘电阻，并详细检查发电机出口封闭母线、发电机出口 TV、TA 等。注意发电机解列后是否仍发生接地信号报警，申请将主变压器、厂用高压变压器停电，对主变压器、厂用高压变压器低压侧进行全面检查。

（2）机组未跳闸情况下的处理。如机组仍在运行状态，应分析接地信号是基波零序电压还是三次谐波零序电压保护动作。如果基波零序电压保护动作信号报警，应迅速查明接地点，停机处理。如果三次谐波零序电压保护动作报警，则应重点检查发电机中性点附近范围，检查中性点隔离开关是否接触不良、接地变压器是否故障、中性点连接铜排是否开路等，必要时申请将发电机停运进行详细检查。

六、总结

发电机发生单相接地故障时，接地电流小，故障现象隐蔽，不易发现和查找。但大容量发电机发生定子接地故障，可能会造成定子铁芯烧伤，甚至扩大为匝间或相间短路。因此，在故障发生时，需快速确定故障点并消除故障，确保机组安全运行。本案例通过对上述发电机定子接地保护动作事件的原因分析，提出改进措施，总结了定子接地故障处理的方法，可以提高运行及维护人员处理该类故障的能力，提高了设备的可靠运行水平。

七、附件

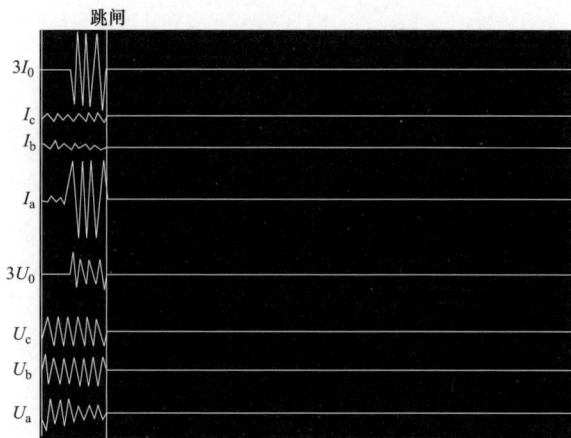

附图 36-1　4 月 27 日 00：27：31 3 号机组故障录波器录得参数波形图

案例36 3号发电机定子接地保护动作事件原因分析与处理

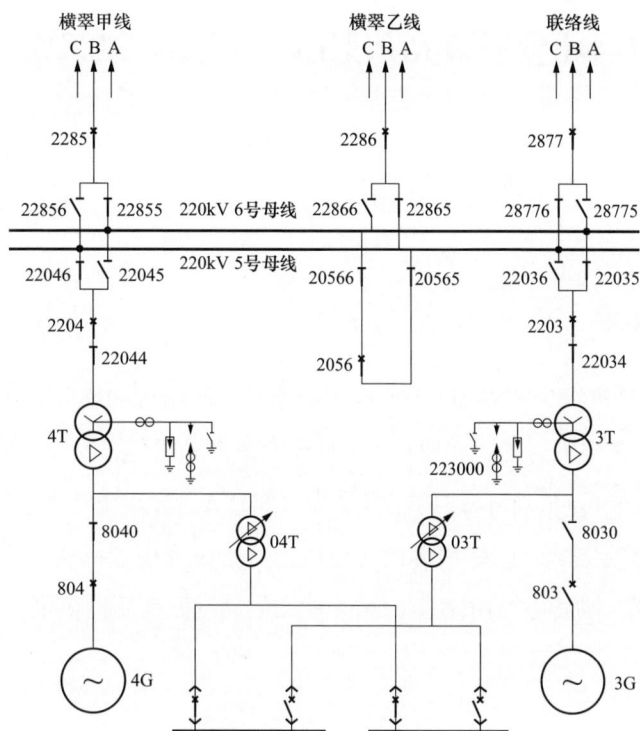

附图 36-2 主接线图

参考文献

［1］吴必信.电力系统继电保护.北京：中国电力出版社，2000.

［2］宗士杰.发电厂电气主系统.北京：中国电力出版社，2000.

案例 37 7号机整组调试阶段励磁装置故障跳机原因分析及处理

李佰勇

一、设备概况

某电厂7、8号机组为三菱M701F4改进型燃气轮机组成的燃气 – 蒸汽联合循环 "一拖一供热" 机组，7号机为燃气轮机组，8号机为蒸汽轮机组，7、8号机组分轴运行。7号发电机型号为QFR-340-2-16，额定容量为396MVA，额定电压为16kV。励磁系统正常运行为自并励运行方式，励磁电源由发电机出口励磁变压器供电。机组并网前励磁系统为他励运行方式，励磁电源由来自6kV A段的启动励磁变压器供电，详见图37-1。

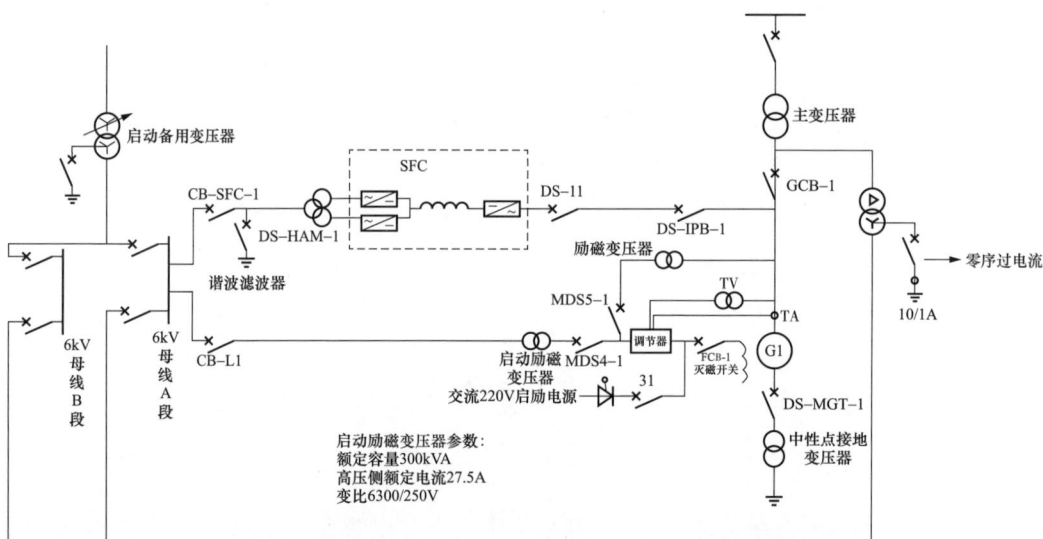

启动励磁变压器参数：
额定容量300kVA
高压侧额定电流27.5A
变比6300/250V

启动励磁变压器保护配置：		厂用高压变压器		厂用高压变压器		励磁变压器参数：	
TA变比100/1		保护配置：		分支保护配置：		额定容量4500kVA	
TV变比6kV/100V		TA变比1000/1A		TA变比1500/1A		高压侧额定电流144A	
高压侧过电流Ⅱ段	2.1A	TV变比6.3kV/100V		过电流Ⅰ段	5.25A	低压侧额定电流3322A	
高压侧过电流Ⅱ段时间	1.0s	差动速断	6A	过电流Ⅰ段延时	0.3s		
过负荷报警	0.3A	厂用高压变压器		过电流Ⅱ段	2.4A		
过负荷报警时间	5s	负序电压	4.62V	过电流Ⅱ段延时	1.3s		
过电流闭锁	20A	相间低电压	63V	零序过电流Ⅰ段跳闸	0.6A		
高压侧零序过电流Ⅱ段报警	0.06A	过电流Ⅰ段	0.79A	零序过电流Ⅰ段延时	0.5s		
高压侧零序过电流Ⅱ段时间	0.2s	过电流Ⅰ段延时	1.5s				
		过电流Ⅱ段	20A				
		过电流Ⅱ段延时	10s				
		过负荷报警	0.64A				
		过负荷延时	5s				

图 37-1 7号发电机励磁系统示意图

二、事件经过

1.事件发生时机组运行情况

2020年5月30日，某电厂5/6号机运行，9/10号机备用，7/8号机组B级检修后进入整组调试阶段，准备进行7号燃气轮机并网前电气试验。

2.事件发生过程

18：03，7号燃气轮机空载运行中。

18：34，根据7/8号机组B级检修后整组启动方案要求，7号燃气轮机转速到达3000r/min，准备进行燃气轮机并网前电气试验，其中包括电仪班7号机空载下发电机转子交流阻抗测试。

18：35，运行调试组组长许可电气一种工作票，并安排组员执行安全措施。

18：45，运行调试组组员两人到达7号机生产现场后，根据工作票上的安全措施要求执行安全措施。

18：55，在执行工作票安全措施"切7号发电机灭磁开关及其操作电源"这一项时，运行人员检查确认7号机灭磁开关已分闸，然后将"7号燃气轮机发电机励磁调节柜"里涉及灭磁开关操作电源且贴有"Q80直流电源"和"Q81直流电源"的小空气开关断开，空气开关如图37-2所示。

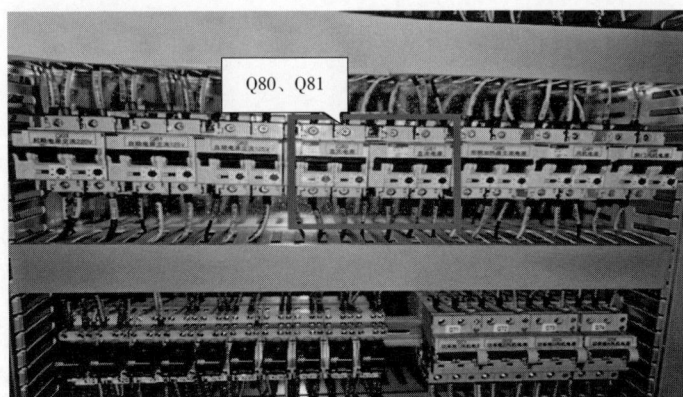

图37-2　7号机励磁系统"Q80直流电源"和"Q81直流电源"

18：56：10，7号燃气轮机发出"励磁系统故障"报警并跳机。

3. 事件影响情况

该事件导致 7 号机试验延迟约 2h。

三、事件原因分析

1. 直接原因

现场运行人员技能不足、考虑不周，断开的"Q80 直流电源"和"Q81 直流电源"直流电源空气开关，是作为灭磁开关操作电源及励磁调节器电源的总电源。空气开关断开后，励磁调节器失电，导致 7 号燃气轮机励磁系统故障保护动作跳机。

2. 间接原因

（1）运行人员对现场部分设备的电源接线熟悉程度不够。

（2）现场重要设备的标识不够明确清晰，使操作人员容易被误导。

（3）相关试验方案和工作票中的安全措施没有细化，操作点不够明确。

四、事件现场处理情况

事件发生后，运行调试组立即组织检维修部和生产运行部电气专业人员重新布置、执行和核对安措，不再要求断开灭磁开关操作电源，安措确认无误后重新启动 7 号机，进行发电机并网前试验。

五、事件教训及整改措施

1. 暴露问题

（1）现场运行人员技能不足，对部分设备电源接线认识和分析不够深入，实际情况考虑不周，存在经验主义。

（2）现场重要设备的名称和标示不够明确。

（3）试验方案和工作票不够完善，安全措施要求不清晰。

（4）在机组检修调试最后阶段工作繁忙，人员管理和工作安排不够科学，操作人员休息不足，存在严重疲惫现象。

（5）两票执行过程存在不足。

2. 整改措施

（1）运行部安排电气专业负责人对运行人员进行技能强化培训，使大家对现场设备和电源接线有充分的认识和熟悉。教育运行人员操作时遇到疑问，应停止操作，弄清楚后执行操作，杜绝经验主义。

（2）运行部对各班组强化工作票、操作票制度的宣贯，加强两票的审核和执行。技术检修部对各专业人员强化工作票制度执行，加强审核监督。

（3）运行部和技术检修部共同排查现场设备、开关不明确的标识，统一更新。整理印刷现场重要设备的开关示意图，贴在现场以供查阅。

（4）运行部加强班组学习和反思，对机组检修调试工作进行重新总结，汲取该次事件的经验教训，举一反三，杜绝类似事件的发生。

六、结论

通过分析机组调试阶段励磁装置故障跳机事件的根本原因，揭示出生产管理中出现的问题：重要设备名称标示不清楚；运行人员对重要设备电源认识不足，盲目操作导致跳机事件发生。总结经验教训，提出了整改措施，防止类似事件的再次发生。

参考文献

焦树建 . 燃气轮机与燃气－蒸汽联合循环装置 . 北京：中国电力出版社，2007.

案例 38　9号燃气轮机 TCA 冷却水流量低机组跳闸事件原因分析及处理

李佰勇

一、设备概况

某电厂 9/10 号机组为三菱 M701F4 改进型燃气轮机组成的燃气 – 蒸汽联合循环"一拖一供热"机组，9 号机为燃气轮机组，1 号 0 机为蒸汽轮机组，9、1 号 0 机组分轴运行。三菱 F4 级改进型燃气轮机透平动叶及转子轮盘采用透平冷却空气冷却器（TCA）出口冷却空气冷却，TCA 冷却空气来自于压气机排气，并通过 TCA 冷却后供给透平转子和动叶片，如图 38-1 所示。TCA 的冷却水进水管接自高压给水泵出口母管、高压给水调节阀前位置。高压给水系统配置两台高压给水泵，正常情况下，一台高压给水泵变频运行，另加一台高压给水泵工频备用。

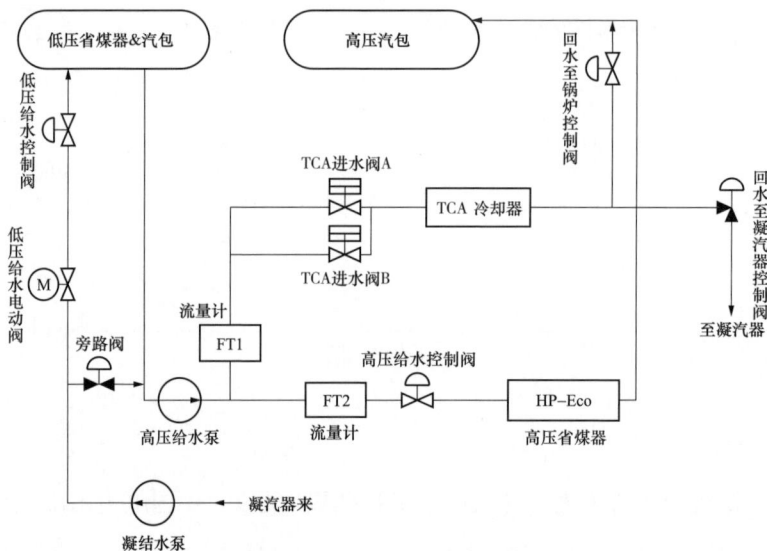

图 38-1　TCA 冷却水流程图

二、TCA 冷却水流量低机组跳闸事件经过

2020 年 7 月 15 日 14：08：37，9 号机 A 高压给水泵运行信号在 0 和 1 之间反复翻转，

案例38　9号燃气轮机TCA冷却水流量低机组跳闸事件原因分析及处理

如图38-2所示。当9号A高压给水泵运行信号变为0时,逻辑中将9号A高压给水泵变频器频率指令由39Hz变为4Hz,9号A高压给水泵变频器实际频率由38.8Hz持续降低至4Hz。当9号A高压给水泵运行信号由0翻转为1时,逻辑中将高压给水泵备用联锁切除,高压给水泵变频器频率控制切手动,发出"给水泵变频器频率控制切手动"报警。

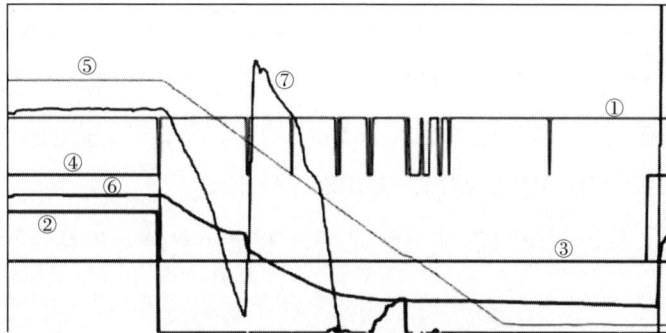

图38-2　高压给水泵参数趋势图

①—A高压给水泵运行信号;②—变频器频率控制指令;③—高压给水泵备用联锁信号;
④—变频器自动控制信号;⑤—变频器实际频率;⑥—高压省煤器进口压力;⑦—TCA冷却水流量

14:09:11,1号0机光字牌发出"TCA流量低一值""TCA流量低二值"报警。

14:09:27,9号燃气轮机TCS发出"GT TCA COOLER INLET FEED WATER FLOW LOW"报警。

14:09:30,9号燃气轮机跳闸,运行人员手动将1号0汽轮机打闸停机。9号燃气轮机TCS跳闸首出为"GT COOLING AIR COOLER FEED WATER FLOW LOW TRIP"。

三、TCA冷却水流量低机组跳闸事件分析

1. TCA冷却器冷却水流量低保护

TCA出口冷却空气用于冷却透平动叶片和转子轮盘,其入口冷却空气来自于压气机排气。燃气轮机正常运行时,压气机排气(即TCA进气)温度约为450℃,TCA出口冷却空气约为220℃,如机组正常运行中,TCA冷却水流量过低,会造成TCA冷却水管路出现汽化现象,进而损坏设备。燃气轮机正常运行时,透平动叶片和转子轮盘温度很高,超过1400℃。如TCA冷却流量过低,会使出口冷却空气温度升高,不能冷却透平动叶片和转子轮盘,致使透平动叶片和转子轮盘超温损坏。因此三菱M701F4型燃气轮机设置了TCA冷却水流量低保护,当TCA冷却水流量低于保护动作值时,保护

动作关闭冷却水入口关断阀，并联跳燃气轮机。

2. 机组跳闸事件直接原因

变频运行的 9 号机 A 高压给水泵频率持续降低，致使高压给水母管压力降低，备用高压给水泵未联动，TCA 流量低保护动作，燃气轮机跳闸。

3. 机组跳闸事件间接原因

（1）9 号机 A 高压给水泵变频器运行信号抖动，在 0 和 1 之间翻转变化。当运行信号由 1 翻转为 0 时，控制逻辑判断为变频器未运行，将变频器频率指令信号由 39Hz 置为 4Hz。当变频器运行信号由 0 翻转为 1 时，控制逻辑将高压给水泵联锁切除，引起高压给水母管压力低时无法联锁启动备用高压给水泵。

（2）高压给水泵控制逻辑设计不够完善，未充分考虑变频器运行信号不可靠的情况。

四、机组跳闸事件现场处理情况

（1）运行人员发现 9 号燃气轮机跳闸后，立即将 1 号 0 汽轮机手动打闸停机，并按照规程完成机组紧急停机的各项工作。

（2）跳机事件发生后，高压给水泵运行信号抖动原因未查清楚，为保证机组能够尽早开机，仪控专业执行逻辑强制申请单流程，将高压给水泵运行信号丢失触发高压给水泵备用切除和变频器指令逻辑进行了强制。运行人员启动 9 号 B 高压给水泵工频运行，将 9 号 A 高压给水泵由变频转为工频备用。

（3）机组满足启动条件后，值长向中调申请重新启动 9/10 号机组。

五、事件教训及改进措施

1. 暴露问题

（1）给水泵变频器存在信号不可靠的情况，需要进一步完善和处理，提高设备运行的可靠性。

（2）机组重要辅机控制逻辑不完善，设计时未充分考虑信号异常情况的应对功能。

2. 整改措施

（1）查找高压给水泵变频器运行信号抖动原因，加强给水泵变频器的检查和维护，

案例38 9号燃气轮机TCA冷却水流量低机组跳闸事件原因分析及处理

提高设备可靠性。

（2）举一反三，总结经验教训，全面梳理全厂重要辅机联锁控制相关逻辑，加强逻辑的智能化设计和完善，提高机组应对异常情况的智能化水平。

（3）继续梳理和完善机组各种报警信号。

（4）评估DCS逻辑是否需要引用"A/B泵变频运行"反馈信号，若必须引用该信号，需设置信号去抖时间。

（5）DCS上"A/B泵变频运行"信号增加变频器输出电流判据或频率反馈判据，提高运行信号的可靠性。

（6）因DCS"A泵变频运行"信号的逻辑是由A泵接触器辅助接点、变频器高开关辅助接点与PLC3输出的"A泵变频运行"与的关系共同输出，存在重复，见图38-3。应取消PLC3逻辑，直接由主控板输出的"变频运行"信号送至DCS，由DCS逻辑合成"A泵变频运行"。直接引用变频器主控板控制输出的"变频运行"信号，减少中间环节设备故障风险。

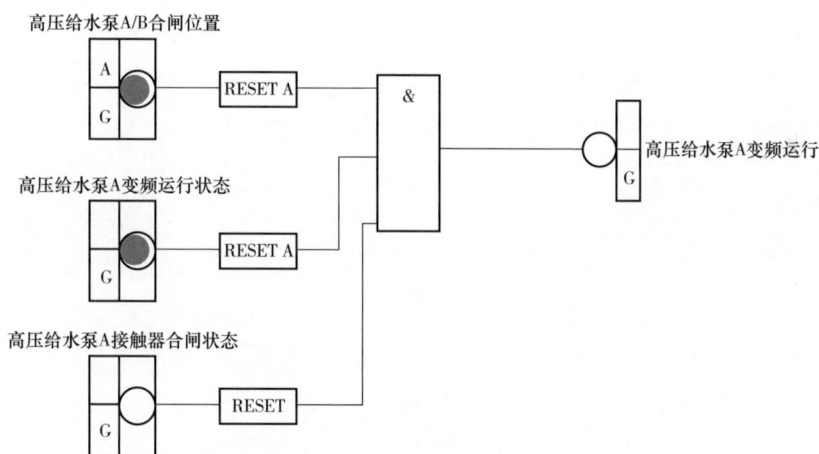

图38-3 A高压给水泵信号逻辑图

（7）对DCS指令逻辑及备用投入逻辑进行优化，提高指令及备用逻辑的可靠性。

六、结论

通过对某电厂9/10号机组TCA冷却水流量低跳机事件进行分析，总结出跳机事件根本原因为变频器运行信号不可靠、高压给水泵控制逻辑不完善。提出了防范整改措施，并举一反三，对全厂重要辅机联锁控制逻辑进行全面梳理，以防止类似事故的再次发生，期待为同类型机组提供运行经验。

参考文献

焦树建 . 燃气轮机与燃气—蒸汽联合循环装置 . 北京：中国电力出版社，2007.

案例39 3号机组励磁系统切换不成功跳机分析与处理

李祥麟

一、引言

某公司二期3号机组为GE公司的S109FA燃气－蒸汽联合循环机组，配套GE公司的EX2100励磁系统和MARK VI透平控制系统。励磁系统输出直流电流到发电机转子建立磁场，燃气和蒸汽轮机透平做功带动转子转动产生旋转磁场，定子绕组产生感应电压输出电能。励磁控制系统的主要功能是精确控制发电机机端电压进行并网，并网后调节发电机的无功功率使得负荷变动时稳定机端电压，提高电力系统稳定性。

二、事件经过

2010年12月24日，3号机组负荷为30MW。12：46，3号机组在运行中突发励磁故障，燃气轮机MKVI首出报警为"S0010—De-Excitation conduction"（灭磁设备导通），随即发出以下报警：S0008—Aux86，S0007—Aux 52G，Alarm Logic（string）active（master）[（主）报警逻辑激活]，Trip Logic（string）active（master）[（主）跳闸逻辑激活]，control Tranfers are Blocked（控制信号传输停止）。发电机灭磁、跳闸，机组停机。在励磁柜就地检查发现HMI报警故障代码为"77、55、54、53、85、110"，12：46：59：392，首先报出代码"77"——晶闸管触发电路与辅助母线的同步电压丢失；接着12：46：59：393，同时报出代码"55、54、53、85、110"——主控制器M1、M2和监控及保护模块C测量计算信号不一致、励磁控制器中止工作，HMI报警故障记录如表39-1所示。

表39-1   励磁装置HMI报警故障记录（一）

2010-12-24 12：46：59.393 UTC	55	Diag	Problem in C	C has reported a problem with itself associated with measured or calculated signals not in agreement with M1 or M2. See Problems.
2010-12-24 12：46：59.393 UTC	54	Diag	Problem in M2	M2 has reported a problem with itselt associated with measured or calculated signals not in agreement with M1 or C. See Problem.

续表

2010–12–24 12：46：59.393 UTC	53	Diag	Problem in M1	M1 has reported a problem with itselt associated with measured or calculated signals not in agreement with M2 or C. See Problem
2010–12–24 12：46：59.393 UTC	85	Trip	NotRunning 52G closed	The exciter was not Running and 52G was closed. check：① 52G input bad；② ECTB failed；③ EMIO failed. See Trips
2010–12–24 12：46：59.393 UTC	110	Trip	Abortstop Trip	A shut–down through an abnormal sequence. Including a stop given prior to reaching the Running state. Also caused by other faults. See active start/stop logic
2010–12–24 12：46：59.392 UTC	77	Trip	Fire Sync（Running）	During the Running state，the bridge firing circuit lost sync to the bridge line voltage. check：① Long power dip；② Aux bus voltage loss；③ EACF failure；④ EMIO failure

由机组故障录波图（见图 39–1）可知，跳机前 120ms 励磁变压器高压侧二次电流由正常运行时的 1.7A 变为 27A，励磁变压器低压侧二次电流由正常运行时的 1.7A 变为 26A，持续 120ms 左右（高压侧 TA 变比为 500/5，低压侧 TA 变比为 2500/5），发电机励磁电流没有明显异常。

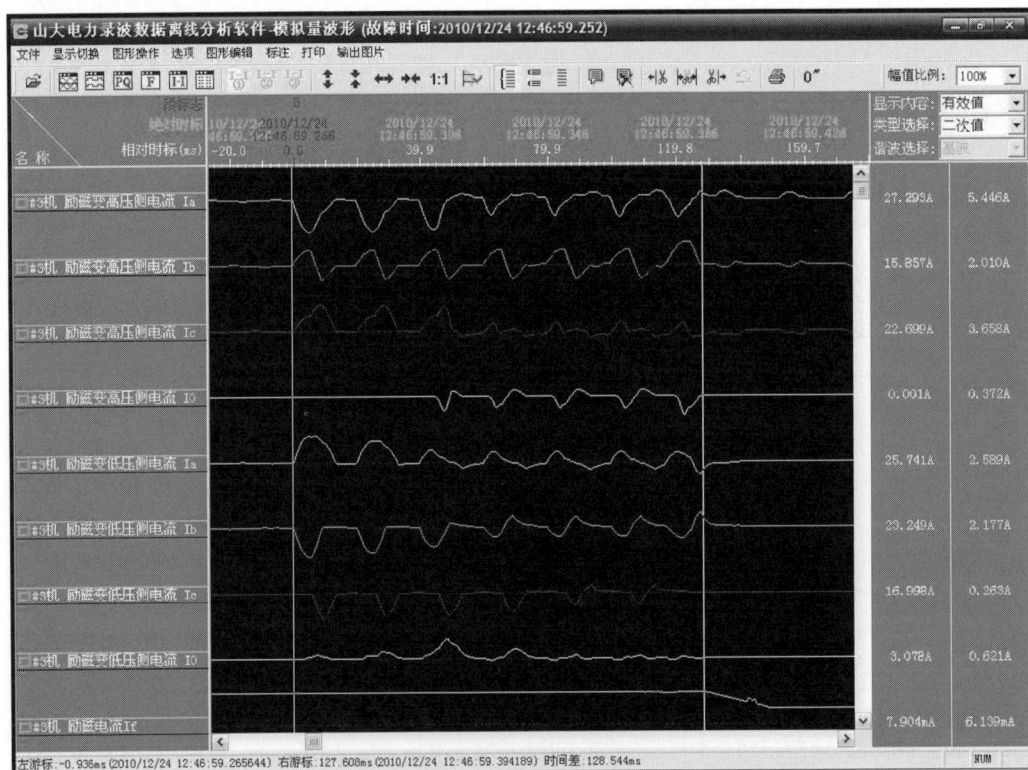

图 39–1　故障录波图

　　检查励磁柜 M1、M2 内整流硅块及快速熔断器、励磁柜交流母线侧过电压保护器、交流母线滤波装置、整流变压器等均无明显异常，经讨论，将 3、4 号机励磁变压器低压侧过电压保护器对调。20∶12，启动 3 号机组时，发电机励磁 M1 运行。20∶33，励磁自动由 M1 切至 M2 运行，并发出"M1 故障报警"；21∶04，试验 3 号发电机励磁由 M2 切换至 M1 时，自动切回到 M2 运行，并发出"M1 故障报警"。在励磁柜就地检查发现 HMI 报警故障代码为"53、182"——主控制器 M1 故障、桥臂 3 号晶闸管没有导通；后来励磁控制器经多次由 M2 切换到 M1 不成功，且报出故障代码"181"——桥臂 2 号晶闸管没有导通，报警记录如表 39-2 所示。

表 39-2　　　　　　　　　　　励磁装置 HMI 报警故障记录（二）

unknown	181	Trip	Cell 2 No Conduct	Cell 2 of the active master's bridge did not conduct current via the bridge conduction sensor.Check：① Cell gate wiring；② Blown fuse；③ Seating of gate driver cable
unknown	182	Trip	Cell 3 No Conduct	Cell 3 of the active master's bridge did not conduct current via the bridge conduction sensor. Check：① Cell gate wiring；② Blown fuse；③ Seating of gate driver cable

　　2011 年 1 月 1 日 24 时，3 号机组停机，检查 M1、M2 整流柜，发现 M1 控制的功率柜 1 整流桥桥臂 1 和 2 上的快速熔断器（额定容量为 1250A/ 只，2 只并联）共熔断 4 只，桥 1 上的晶闸管双向导通已损坏，桥 2 上的晶闸管好坏暂不能确定。

三、原因分析

1. EX2100 励磁系统配置分析

　　EX2100 是由冗余配置的控制器（M1、M2、C）和与之相连的三相全波可逆变晶闸管整流桥（见图 39-2）组成。如图 39-3 所示，控制器 M1 为主控制器 1，控制器 M2 为主控制器 2，控制器 C 为主控制器监视器（Master Control Monitor），由它决定是否应当进行主控制器切换。发电机机端电压和电流的测量信号都被连接到这三个控制器中的每一个。

　　工作中主控制器承担整个励磁系统的控制工作。备用的主控制器不对晶闸管整流桥发送任何触发命令，但其自动电压调节器（AVR）回路不停地跟踪发电机的机端电压，而手动电压调节器（FVR）则跟踪发电机的励磁电压。如此可以保证从某一主控制器到另一主控制器的平稳切换。在工作主控制器和备用主控制器中，AVR 和 FVR 分别进行自动跟踪。

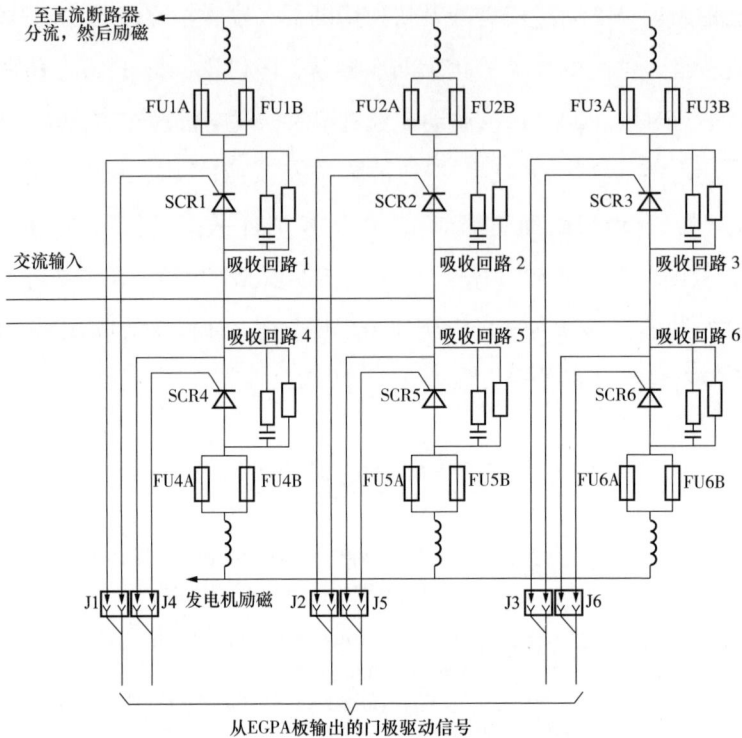

图 39-2　三相全波可逆变晶闸管整流桥

由于这种冗余的配置，当一个主控制器（Master）或监视器（Monitor）故障退出运行时，该励磁系统可以继续工作，利用每一个整流桥（PCM）、控制器（Controller）对应的手动隔离装置即可将其与交直流系统隔离从而进行检修。

2. 三相桥式整流电路控制原理

三相桥式整流电路如图 39-4 所示，6 个晶闸管的脉冲按 VT1-VT2-VT3-VT4-VT5-VT6 的顺序，相位依次差 60°，每个时刻均需 2 个晶闸管同时导通，形成向负载供电的回路。共阴极组和共阳极组的各 1 个，且不能为同一相，若同一桥臂上下两个晶闸管同时导通，则会导致三相交流输入两相短路。为确保电路正常工作，需保证同时导通的 2 个晶闸管均有脉冲，装置采用双脉冲触发，两个窄脉冲的前沿相差 60°，脉宽为 20°～30°。

发电机转子可视为整流电路的阻感负载，当 $\alpha=0°$ 时，整流电路输出电压 U_d 的波形为三相交流输入线电压的包络线。由于发电机转子电感的作用远远大于电阻，所以输出电流 I_d 的波形近似为一条水平线，波形如图 39-5 所示。当 $\alpha=60°$ 时，由于电感的作用，U_d 的波形会出现负的部分；当 $\alpha=90°$ 时，U_d 的平均值将会变为 0；α 继续增大，U_d 的平均值为负。因此带阻感负载时三相桥式整流电路的触发角 α 移相范围为 90°。

案例39　3号机组励磁系统切换不成功跳机分析与处理

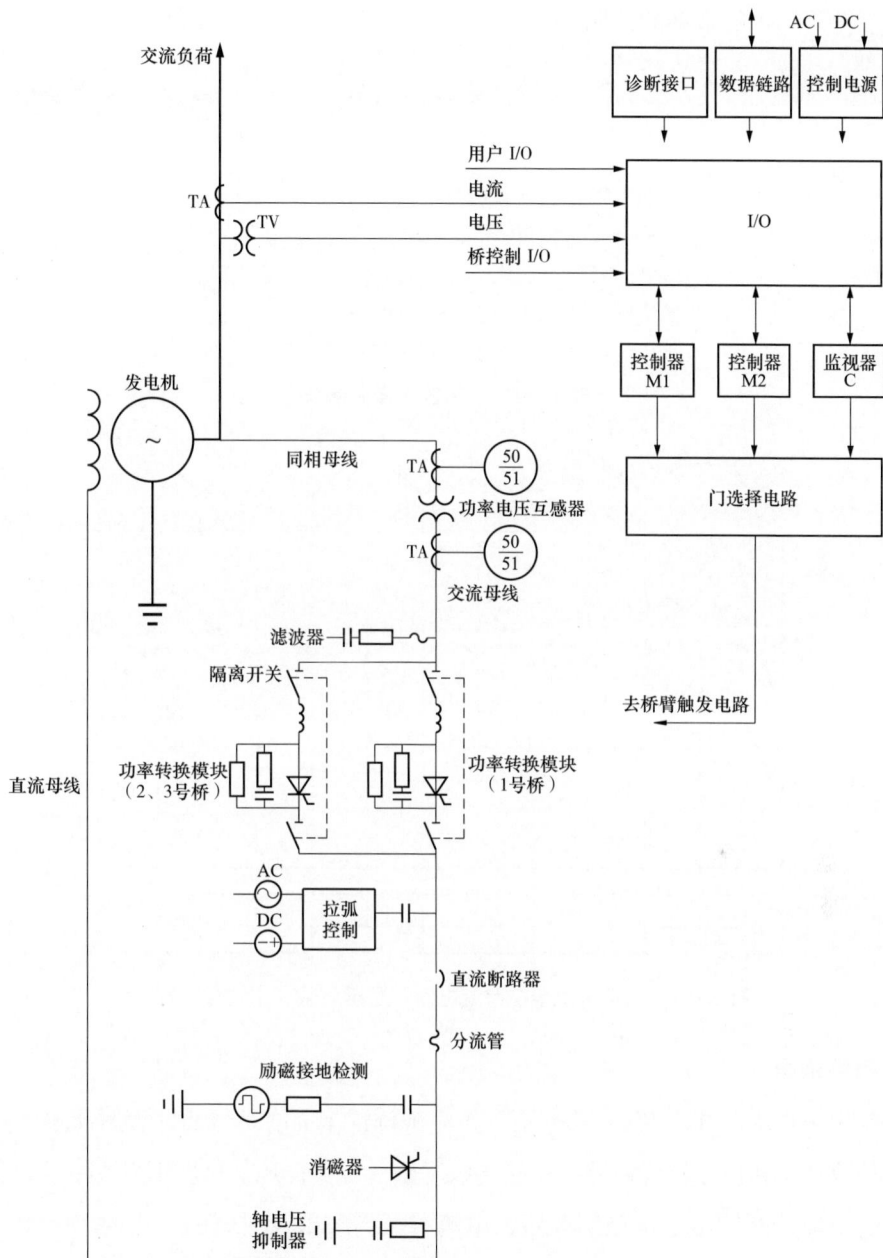

图39-3　EX2100 励磁系统典型单线图

整流输出电压的平均值计算式为

$$U_d = \frac{1}{\frac{\pi}{3}} \int_{\frac{\pi}{3}+\alpha}^{\frac{2}{3}\pi+\alpha} \sqrt{6}U_2 \sin \omega t \, d(\omega t) = 2.34 U_2 \cos \alpha$$

综上所述，不论是调节输出电压 U_d 还是避免上下桥臂同时导通导致两相短路，都

需要对触发角 α 进行精确的控制。

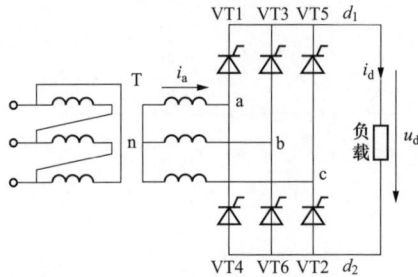

图 39-4　三相桥式整流电路

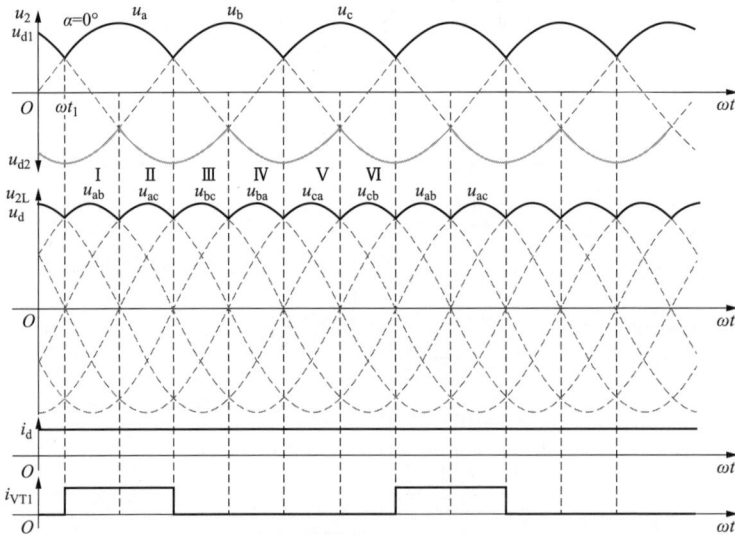

图 39-5　三相桥式全控整流电路带阻感负载 $\alpha=0°$ 时的波形

3. 事件剖析

在该次事件中，M1 控制的功率柜 1 整流桥桥臂 1 上的 1 号晶闸管因质量问题击穿损坏，导致桥 1 和桥 2 形成通路，直接导致励磁变压器低压侧 A、B 相短路。而桥 1 和桥 2 上的快速熔断器由于选型问题熔断电流过大导致未及时熔断，进而影响接在励磁变压器低压侧辅助母线上的励磁装置交流电压采样反馈，使得励磁装置的同步脉冲长时间（120ms）消失，励磁装置控制器 M2 和监控器 C 也检测不到同步脉冲，不能及时由 M1 控制的功率柜 1 切换到 M2 控制的功率柜 2 工作，造成机组跳机。同步脉冲是用于同步每个控制器输出的脉冲触发角 α 的，保证每个控制器工作在相同的工况下，这样才能使 M1 和 M2 之间平稳切换，输出电压不会波动。

励磁变压器低压侧两相短路时，励磁变压器的过电流保护 I 段动作，跳主变压器高压侧断路器，跳灭磁开关，关闭主汽门，解除失灵复压闭锁，发报警信号，启动故障录波。励磁变压器过电流Ⅰ段按躲过励磁变压器低压侧最大短路电流来整定。整定值为

$$I_{op.I} = K_{rel} \times I_{k.max}^{(3)} = 1.3 \times 863.87 = 1123.03(A)$$

式中：K_{rel} 为可靠系数，$1.3 \sim 1.5$；$I_{k.max}^{(3)}$ 为励磁变压器低压侧短路流过高压侧的最大短路电流。

可以看出当晶闸管击穿导致两个桥臂短路时，励磁变压器过电流Ⅰ段保护的动作值要小于快速熔断器的熔断电流，故在快速熔断器熔断前保护已经动作出口。若快速熔断器能够在过电流保护Ⅰ段动作时限（20ms）内熔断或在达到更小的故障电流阈值时熔断，皆可快速隔离故障点，励磁变压器低压侧辅助母线电压不会长时间异常。同步电压恢复后，励磁装置的主控制器即可快速完成切换，备用控制器输出相同触发角的触发脉冲。由于发电机转子的电感作用，所以励磁电流不会有明显的变化，磁通也就不会变化，转子仍能正常形成交变磁场，机组仍正常运行。

四、处理措施

根据上述分析，首先需要更换已损坏的晶闸管和快速熔断器，特别要将快速熔断器熔断电流值降低为800A。对更换后的和原有柜内的所有晶闸管和快速熔断器进行导通检查和绝缘检查，检查结果如表39-3所示。此外，还需进行M1控制器和M2控制器之间的切换试验，验证控制器输出的脉冲触发角是否一致，同时验证了两个控制器的同步电压输入是否正常，保证励磁系统下次遇到同样的故障，能正常从M1控制器到M2控制器之间平稳切换，励磁系统输出电压不会波动。最后检查M1、M2整流柜内无异常后开机启动正常。

表 39-3　　　　　　　　　　　　　整流柜内元件检查记录

名称	万用表检查	绝缘检查（500V）	备注
M1柜内1号硅（旧）	双向导通	无	硅块损坏，附带两只快速熔断器已熔断，更换硅块
M1柜内2号硅（旧）	正向导通，反向不通	反向290MΩ，对地210MΩ	硅块无法判定好坏，但附带两只快速熔断器已熔断，决定更换硅块
M1柜内1号硅（新）	正向导通，反向不通	反向294MΩ，对地200MΩ	正常

续表

名称	万用表检查	绝缘检查（500V）	备注
M1 柜内 2 号硅（新）	正向导通，反向不通	反向 296MΩ，对地 220MΩ	正常
M1 柜内 1、2 号硅附带快速熔断器（新）		无	共 4 只，用双臂电桥检查，均为 0.1mΩ
M1、M2 柜内其余硅块	正向导通，反向不通	无	
M1、M2 柜内其余快速熔断器	0	无	用双臂电桥检查，均为 0.05mΩ

五、结论

该次事件暴露了日常工作的一个盲点，即平时做励磁装置定检时，主要关注点在于励磁装置的逻辑功能、采样回路和开出回路的检查，却忽略了整流桥内部元件的检查。当励磁装置主控制器切换试验成功后想当然地认为遇到整流桥故障，主控制器的冗余配置可以自动切换到备用控制器，保障输出励磁电流稳定，却忽略了同步电压丢失会影响所有主控制器和监控器的交流电压反馈，导致触发电路无法工作，冗余配置失去作用。根据该次事件的调查结果，应全面排查励磁装置整流桥快速熔断器熔断电流与励磁变压器保护、发电机 – 变压器组保护动作电流的配合问题，防止再次出现由于整流桥故障导致越级跳闸，故障范围扩大的事件发生。

参考文献

［1］李浩锋 . EX2100 励磁系统介绍 [J]. 燃气轮机技术，2005（1）：38–42.

［2］张林渠，狄素珍 . EX2100 型励磁系统灭磁开关误跳闸分析 [J]. 电力安全技术，2020，22（11）：75–78.

案例 40 7号主变压器变高断路器误动作事件分析与处理

李祥麟

一、引言

某公司三期7/8号机组为由三菱M701F4型燃气轮机组成的燃气 – 蒸汽联合循环一拖一供热机组，7号主变压器为西安西电的SFP-400000/220型主变压器，配套南瑞继保和许继电气的发电机 – 变压器组保护，其中7号主变压器变高2207断路器配备的是南瑞继保的CZX-12GN操作箱。另外，为抑制主变压器频繁合闸所产生的励磁涌流，三期5、7、9号主变压器各配置了一套深圳国立的SID-3YL励磁涌流抑制器。三期机组控制用110V直流电源系统采用的是深圳科陆电子的CL6884直流系统绝缘监测仪。220kV主变压器变高断路器操作箱有许多需要接到其他屏柜的无源接点的控制回路，接点的状态会直接影响断路器控制回路的通断，是工作中需要重点关注的对象。

二、事件经过

2014年10月22日，5~8号机组带负荷运行；9、10号机组安装调试。两条220kV出线带负荷运行，220kV 1、2M母线分列运行，5、6M母线分列运行，分段2015、2026断路器合闸运行。

10月22日15：29：49，NCS报警声响，7号机负荷为零，NCS显示7号主变压器变高断路器已分闸，7号主变压器跳闸，值班人员立即将8号机手动打闸，7号机孤岛运行，自带厂用电。5、6号机组及其余220kV设备运行正常。

现场7号发电机 – 变压器组保护按双重化原则五屏配置，发电机保护Ⅰ装置为南瑞继保PCS-985BG、保护Ⅱ装置为许继电气WFB-801A，变压器保护Ⅰ装置为PCS-985BT、保护Ⅱ为许继电气WFB-802A，非电量保护装置为南瑞继保PCS-974FG。现场检查7号发电机 – 变压器组保护屏各装置面板均无跳闸及告警指示灯亮，无动作报告。进入装置内部查看保护启动记录，仅有发电机A屏在2207断路器分闸时刻有保护启动信号，其余保护屏均无启动信号，查看 7 号主变压器测控装置无操作报告，NCS 后台报文在 2207 断路器分闸 SOE 信号之前均无异常动作报文。查看 7 号机组故障录波器，只有在 2207 断路器分闸时刻有 7 号主变压器高压侧中性点零序电流启动的录波文件，录波显示 7 号主变压器高压侧中性点零序电流达 1.22A。

三、原因分析

故障发生后，对所有能跳开 2207 断路器的保护装置进行检查均无动作信号，初步排除是由保护原因引起的故障。然后检查 NCS 后台 SOE 记录，排除手动分闸的可能。检查 NCS 报文发现 2207 断路器分闸之前有 2209 断路器的分闸报文，两者相差 2ms，可认为是同时分闸。据此分析，初步怀疑与 2209 断路器的分闸试验有关。为判断两断路器二次回路之间是否有关联，现场模拟跳闸前的工况（向中调申请 2207 断路器转检修状态），分别合上 2207 断路器及 2209 断路器，进行了以下试验：

（1）直流系统环网试验。在 9 号机组 110V 直流系统 I、II 分别做正极对地及负极瞬时接地试验，发现 9 号机组 110V 直流系统 II 与 7 号机组 110V 直流系统 I 有环网。

（2）2209 断路器分闸试验。模拟当时施工方在 9 号机组发电机 – 变压器组 E 屏处短接 101 及 103 回路的方法进行传动试验，发现 2209 断路器和 2207 断路器动作情况与 2207 断路器运行中的跳闸现象吻合。

由于两者间隔相距较远，其两者操作箱布置在不同的电子间，设计原理上也没有交叉重叠的地方，所以存在寄生回路的地方很少，唯有在主变压器励磁涌流抑制器屏有共屏相邻的情况。因此，结合上述试验情况，对该屏进行重点检查。参照设计图纸核对现场接线，发现 7 号主变压器励磁涌流抑制器对应的端子排 2–2Y 的 D24、D27、D31 端子均接有不同编号的两根线，而 9 号主变压器励磁涌流抑制器对应的端子排 3–2Y 的 D24、D27、D31 端子无接线，与设计图纸不符合。通过检查确定此处接线错误，如图 40–1 所示。按照设计图对现场接线进行改接后，重复上述试验，2209 及 2207 断路器回路正常，故障现象消除。因此确定 9 号主变压器励磁涌流抑制器屏对应的端子排接线，错接到 7 号主变压器励磁涌流抑制器屏端子排，是造成 2209 断路器试验跳闸时导致 2207 断路器运行中跳闸的唯一原因。

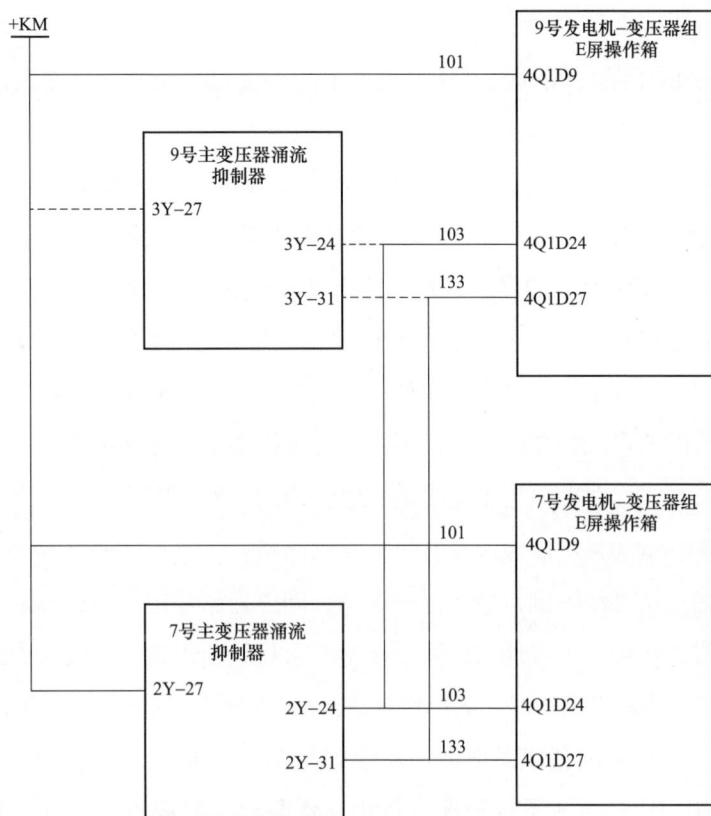

图 40-1　故障示意图

四、危害分析

厂站直流系统是不接地系统，为了监测直流系统母线电压及各支路的绝缘情况，直流系统绝缘监测仪接入了 $100k\Omega$ 电阻的不平衡桥。平衡桥是人为引入一个参考接地点，直流系统正负母线之间接入两个阻值相同的电阻，两个电阻中间引线至地网，作为 0 电动势参考点；不平衡桥是平衡桥并联一个切换开关和切换电阻，通过测量切换开关在不同位置时正负极对地的电压，可计算出正负极对地绝缘电阻。当直流系统接地时，接地支路会产生对地漏电流，根据各支路的直流漏电流传感器是否输出为 0 和输出电压的极性即可判断出该支路是否有接地故障和接地极性。引入不平衡桥是为了克服不能正确反应正、负极绝缘同时降低的动作死区问题，但是各漏电支路的电流传感器检测到的电流数值比实际的要小，计算出的结果比实际接地电阻值要大，其将无法准确计算出各支路的接地电阻，但仍能进行接地故障支路定位和接地极性判断。当直流系统的正极或负极与大地之间的绝缘水平降到某一整定值或低于某一规定值时，统称为直流系统接地。按接地极性分，当正极绝缘水平低于某一规定值时称为正接地；当负极绝缘水平低于某一规定值时称为负接地。按接地类型分，分为直接接地和间接接地。直接接地为金属性接地，常见的是直流馈线及引线，如控制电源的正极或负极与地网直接连接，直流绝缘电阻下降至 0；间接接地为非金属性接地，常见的是直流馈线供电的各装置强电开入、开出的线，如操作箱开入和控制回路开出，与地网非直接接触。此时由于接地电阻的存在，直流绝缘电阻只是降低，到达直流绝缘监测仪的告警阈值会报出直流接地告警。按接地情况分，可分为单点接地和多点接地。直流系统中仅有一点接地时，系统绝缘电阻会被拉低，一般情况并不影响系统运行；但当出现两点及两点以上接地时，可能会造成正负极短路，充电机蓄电池短路烧毁，次之也可能造成保护误动、拒动。当已存在一个正极接地点时，因为一般跳闸线圈（如出口中间线圈和跳合闸线圈等）一端均接负极电源，若另一端回路再产生一个接地点或绝缘不良，就会将正电通过接地点送到线圈侧，引起保护误动；同理当已存在一个负极接地点时，若跳闸线圈的另一端再产生一个接地点，两个接地点会将线圈短路，引起保护拒动。综上所述，当直流系统发生一点接地时，应迅速查找接地点并排除，防止发生两点接地故障。

直流环网运行有可能造成蓄电池使用年限降低、接地故障检测灵敏度降低、极差配合失效等危害。厂站直流系统根据双重化配置原则会配备两组不同厂家型号的蓄电池，两组蓄电池虽然规格相同，但实际输出的电压和容量还是会有差异。当两组蓄电池带的两段直流母线环网运行时，蓄电池输出电压不一致会产生环流。环流长期存在不仅会影响蓄电池和充电机的使用寿命，当直流系统出现短路情况时，系统短路电流还会叠加环流，但直流馈线空气开关及下级电源空气开关是按照单套系统进行配置的，因此系统短路电流增大会导致越级跳闸、极差配合失效的危害。此外，充电机以同样的浮充电压对两组蓄电池同时充电，由于容量不一致势必会有一组蓄电池存在过充或者充电不足的情况，长此以往也会降低蓄电池的使用寿命。直流系统正常运行时有一组平衡桥接地，假设接地电阻与平衡桥电阻相同时，接地前后对地电压实际变化量为母线电压数值的 1/6，环网运行时会出现两组平衡桥接地，接地前后对地电压实际变化量降为母线电压数值的 1/10，接地故障检测灵敏度降低。

五、处理措施

由上述分析可知，若施工过程中发生直流环网或直流接地，应立即停止工作，查找接地点或环网点，排除故障之前禁止在二次回路上工作。在该次事件中，如果7号主变压器变高断路器控制回路与9号主变压器变高断路器控制回路电源都在同一段直流母线，则发生上述情况时，直流系统绝缘监测仪不会体现出异常。这时就需要进行寄生回路检查，通过逐一断开每条回路的电源馈线空气开关，测量空气开关下端是否无电压来判断是否有其他电源回路与该回路串接。如此可以大大降低直流环网和接地发生的概率，是验收或试验结束前必不可少的检查步骤。

六、结论

该次事件是由于7号主变压器变高操作箱的手跳回路101和133与9号主变压器的手跳回路在励磁涌流抑制器屏短接，导致110V直流系统I和II环网运行。环网运行时，绝缘监测仪测得的母线对地绝缘电阻降低，由于未到达告警阈值，未及时告警提醒现场人员，以致发生误动作事件。由此可知，施工过程中应时刻关注绝缘监测仪的结果。特别是在拆接线的过程中，拆出来的电缆没有剪掉裸露部分进行包扎，容易接触到金属屏柜或接地网造成直流接地，接线时如果接错到已经带电的回路，就容易造成直流环网或直流接地。现场施工时应做好与运行屏柜的安措，密封隔离好运行回路，涉及运行屏柜的回路接入应放到最后，禁止带着运行设备进行试验。

案例 ④1 M701F 燃气轮机 SFC 谐波滤波柜熔断器熔断原因分析与对策

刘水清

一、引言

某电厂三期新建 3 套日本三菱重工 / 东方集团制造的 M701F 改进型 390MW 级燃气－蒸汽联合循环机组，配套安装了 2 套 SFC 变频启动装置且互为备用，实现"二拖三"冗余结构控制方式，任何一套 SFC 都可以通过切换逻辑盘、启动开关盘的控制，拖动电厂 3 台机组中的任何一台。SFC 设计有 5、7、11 次谐波无源滤波装置柜，但在第一套机组点火启动调试时，连续 2 次发生 11 次谐波滤波柜 B 相一次熔断器在 SFC 拖动期间熔断器熔断的现象，严重影响了机组调试进度。

二、SFC 变频启动系统简介

燃气轮机组在启动初期，机组无法提供足够的启动力矩自行启动，小型燃气轮机普遍采用 6kV 启动电动机直接驱动启动，大中型燃气轮机则普遍由 6kV 电力系统向静止变频启动装置提供电压和频率恒定的功率电源。即通过静止变频启动装置输出并向发电机定子绕组提供可变电压和频率的电源，同时向发电机转子绕组加入适当励磁电流，将发电机当作同步电动机使用，从而带动整个机组旋转。当机组的转速达到 60% 左右的额定转速时，便可以由燃气轮机点火自保持运行，静止变频启动装置便可以退出运行，整个拖动过程大约需要 30min。担负拖动机组启动任务的静止变频启动装置（static frequency converter，SFC）。

燃气轮机配套的变频启动系统由图 41-1 所示的各盘柜组成。各设备主要功能如表 41-1 所示。

表 41-1　　　　　　　　　　　变频启动系统各设备功能

设备名称	功能描述
变频启动装置	提供发电机启动定子电流

案例 41 M701F 燃气轮机 SFC 谐波滤波柜熔断器熔断原因分析与对策

续表

设备名称	功能描述
励磁系统	提供发电机启动转子电流
切换逻辑盘	变频启动流程控制
切换开关盘	交叉启动切换装置
发电机辅助盘	发电机测量装置
发电机控制盘	发电机控制装置
中性点装置	发电机中性点接地

该电厂三菱 M701F4 型燃气轮机，低速盘车采用机械盘车，启动时转速从 3r/min 到达 2000r/min 采用 SFC 变频启动装置，达到 500r/min 点火后在燃气轮机与启动装置共同作用下升速到 2000r/min 后启动装置退出，燃气轮机自持升速至额定转速，发电机并网。

静止变频装置 SFC 采用交流－直流－交流的电源变换模式，由谐波滤波器、SFC 隔离变压器、整流器、DC 电抗器、逆变器、逻辑切换盘、切换开关柜组成，见图 41-2。各设备功能如表 41-2 所示。

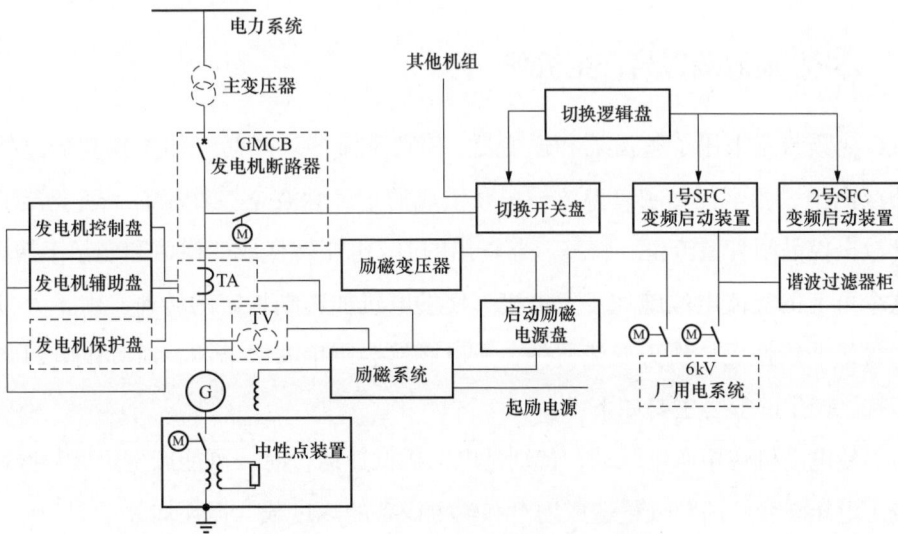

图 41-1 SFC 变频启动系统主回路图

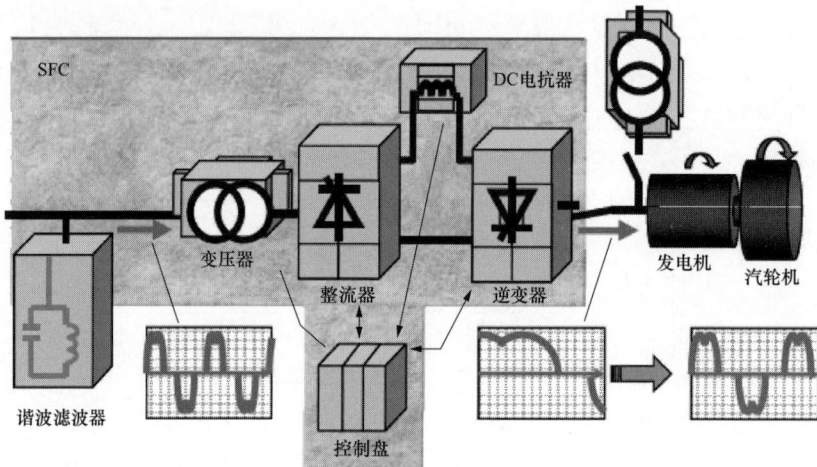

图 41-2　SFC 主回路

表 41-2　　　　　　　　　　　　　　SFC 变频启动装置的功能

装置	功能
SFC 变压器	提供整流器的输入电压；一旦出现整流器的桥臂短路，它的漏抗也起着限制短路电流的作用
整流器	通过相控晶闸管控制直流电压输出使直流电流为一个适当的值
DC 电抗器（DCL）	对直流电流进行平波
逆变器	通过相控晶闸管将直流逆变成频率与发电机转速一致的交流电压，使发电机平滑加速

三、SFC 谐波危害与产生机理

SFC 变频装置采用了整流器和逆变器。SFC 整流器一般为三相六脉波全控晶闸管整流桥或两个三相全控晶闸管整流桥串联组成的十二脉波全控整流器。逆变器采用三相六脉波全控晶闸管整流桥，将整流器输出的 DC 电压转变成变幅值和变频率的 AC 电压。这个可变的交流电源施加于发电机，使发电机加速到指定的转速。由于大量使用了晶闸管等非线性元件作为变流器件，所以必然会产生高次谐波，对其供电回路产生谐波干扰。产生的危害主要如下：

（1）使电动机转矩产生脉动，特别是电动机低速运行时，可能产生机械共振现象。

（2）电压畸变、高频分量造成用电和输电设备的热过载，损耗加大。

（3）影响继电保护和自动化设备运行的可靠性。

（4）干扰通信系统的信号。

（5）降低测量仪表的精度。

静态变频器工作时不仅产生大量谐波，变频器输入端的谐波通过输入电源线对公用电网产生影响，还会使功率因数较低。

GB/T 14549—1993《电能质量公用电网谐波》和 IEEE-519 要求，电能总谐波畸变率应限制在 4%（5%）以下，单次谐波畸变率在 3% 以下，同时 6kV 系统平均功率因数 $\cos\phi \geqslant 0.95$。

公用电网谐波电压（相电压）限值见表 41-3。

表 41-3　　　　　　　　　　公用电网谐波电压（相电压）限值

电网标称电压（kV）	电压总谐波畸变率（%）	各次谐波电压含有率（%）	
		奇次	偶次
0.38	5	4	2
6（10）	4	3.2	1.6
35	3.0	2.4	1.2

IEEE-519 中对换流器谐波电流的限制推荐值见表 41-4。

表 41-4　　　　　　IEEE-519 中对换流器谐波电流的限制推荐值

特征频率	5	7	11	13	17	19	23	25	谐波因子 HP
6 脉波推荐值 I_n/I_1（%）	17.5	11.0	4.5	2.9	1.5	1.0	0.9	0.8	1.39
12 脉波推荐值 I_n/I_1（%）	2.6	1.6	4.5	2.9	0.2	0.1	0.9	0.8	0.71

注　I_n 为 n 次谐波电流，n=5，7，11，13，…，25；I_1 为基波电流。

SFC 谐波干扰的大小和强度与变频装置的容量和供电电源的短路容量有关。若作为 SFC 供电电源的厂用 6kV 系统短路容量相对于 SFC 容量来说不能满足国家标准对谐波干扰影响的要求，就需要在 SFC 线路进线侧设置谐波滤波器，以减少 SFC 装置对厂用电系统的影响。

变频器输入端的谐波主要是由整流器产生的，其谐波的次数和所占基波的比例随不同脉冲控制方式而有所不同。该电厂 SFC 整流器采用 12 脉三相全控半导体晶闸管整流器，额定电流为 475/1424A，输入电压变压器（SFC 隔离变压器）为 Dd0y1，容量为 5154/2×2577kVA，电压为 6.3/2×1045V，额定频率为 50Hz。如图 41-3 所示，十二脉波全控整流器共有 12 个桥臂，各臂开通间隔为 1/12 的基波周期。由于每个桥的直流电压都是 6 脉动的，所以两者的三相交流电压相差 30，将恒定的三相 AC 电压变成可变的 12 脉动 DC 电压。两组交流电压分别从 Yy 和 Yd 两台变压器，或者一台 Yyd 的三绕组变压器得到。两变压器（绕组）采用相同的变比和漏抗值，两组整流器采用相同的控制角和换相角。12 脉冲控制的整流桥所产生的谐波仅存在 $12k \pm 1$（k 为正整数）次谐波，11、13、23、25 等各次谐波。各次谐波有效值与基波有效值的比值等于谐波次数的倒数。在直流电流无脉动的理想情况下，n 次谐波电流含量是基波电流的 $1/n$。

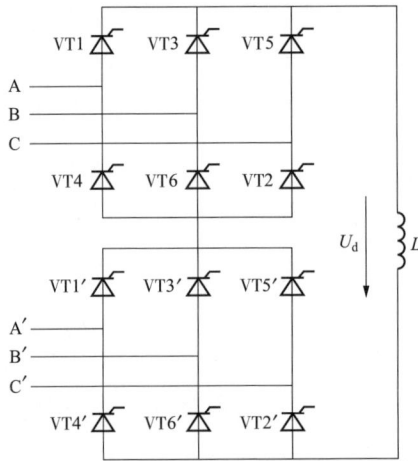

图 41-3　三相十二脉全控整流电路

但是由于采用相位控制，SFC 的输入端需要系统提供滞后的无功功率，这将使系统的输入功率因数较低。另外，由于输入电流受到输出波形的调制、三相电路和磁路的不对称，以及晶闸管控制角的误差，使得输入电流中不仅含有一般整流电路中的特征谐波（P 脉动整流，其特征谐波为 $KP \pm 1$，$K=1$，2，3，…），而且还可能含有其他频率的谐波，即非特征谐波。一般情况下，非特征谐波的数值较小，可不予以考虑。只有当非特征谐波产生谐振时，其数值才会增大并造成危害。谐振是一种不易预测的现象，往往要到调试时才能发现。但是选择合理的接线方式会有助于消除谐振的产生。

SFC 设计谐波滤波器仅对 SFC 产生的谐波进行治理，因而只设了 3 条滤波支路（5、7、11 次），用于滤除高次谐波。设置 5、7 次的目的是防止 11 次滤波柜把 5、7 次谐波放大。

四、熔断器熔断原因分析与处理

为了搞清 SFC 启动装置 11 次谐波滤波柜一次熔断器 B 相熔断的原因，在 SFC 进线侧、6kV 母线侧同时加装电量分析仪对 SFC 启动过程中的各相谐波分别进行了录波分析。由于均为 SFC 电网输入侧，两处谐波电流测试波形基本一致。图 41-4 ~ 图 41-7 所示为 SFC 进线侧 B 相各次谐波电流测试值波形。

从各次谐波电流测试值可以看到，5、7 次谐波电流含量较小，11、13 次谐波电流较大，但均符合国家标准。

基准短路容量为 160MVA，系统电压为 6kV。11 次谐波电流允许值为 25.6A，按

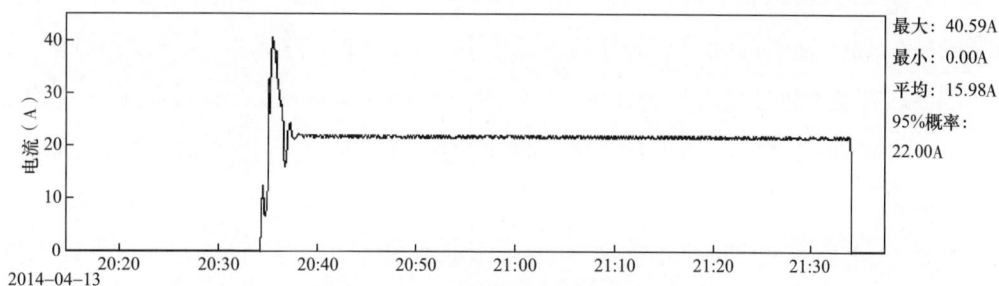

最大: 40.59A
最小: 0.00A
平均: 15.98A
95%概率: 22.00A

图 41-4　11 次谐波 B 相电流测试值

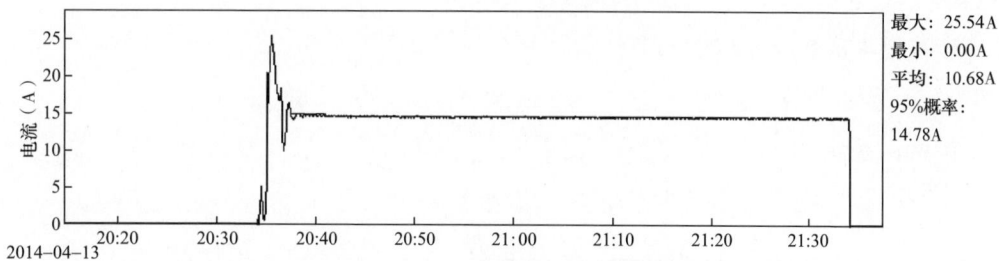

最大: 25.54A
最小: 0.00A
平均: 10.68A
95%概率: 14.78A

图 41-5　13 次谐波 B 相电流测试值

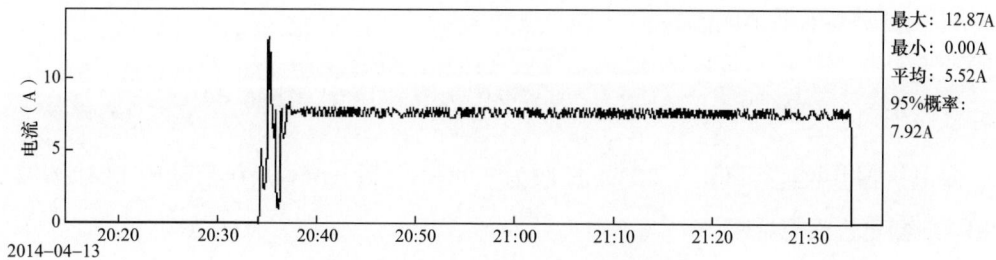

最大: 12.87A
最小: 0.00A
平均: 5.52A
95%概率: 7.92A

图 41-6　23 次谐波 B 相电流测试值

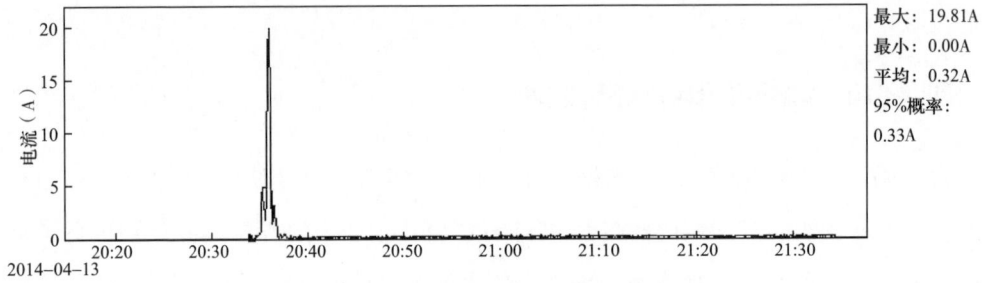

最大: 19.81A
最小: 0.00A
平均: 0.32A
95%概率:
0.33A

2014-04-13

图 41-7 10 次谐波 B 相电流测试值

照 95% 的概率值计算,11 次谐波电流为 22A,符合国家标准;13 次谐波电流允许值为 20.8A,按照 95% 概率值计算,13 次谐波电流为 15A,符合国家标准;23 次谐波电流允许值为 11.8A,按照 95% 概率值计算,23 次谐波电流为 8A,同样符合国家标准。分析认为造成 11 次滤波柜 B 相熔断器熔断的原因是 SFC 产生了 10 次非特征谐波,电流最大值存在 1min 左右的时间,部分进入到了 11 次滤波器,造成 11 次滤波器过载。因此,结合现有滤波柜的情况,仍保留了 5、7 次滤波柜以防止 11 次滤波柜把 5、7 次谐波放大,考虑到 11 次谐波最大值较大,确定更改 11 次滤波柜电抗器的参数,而原有电容器不变。

按照 10 次和 11 次谐波电流各有 80% 进入滤波器,即 $I_{10} = 16A$, $I_{11} = 17.6A$,则有

$$C_{11} = \frac{Q}{\omega U^2} = \frac{200 \times 10^3}{314 \times 4.9^2 \times 10^6} = 26.53(\mu F)$$

11 次谐振次数取 9.8 次,则有

$$L_{11} = \frac{1}{n^2 \omega^2 C} = \frac{1}{9.8^2 \times 314^2 \times 26.53 \times 10^{-6}} = 3.98(mH)$$

基波电流为

$$I_1 = \frac{U}{\frac{1}{\omega C} - \omega L} = \frac{\frac{6.3}{\sqrt{3}}}{\frac{1}{314 \times 26.53 \times 10^{-6}} - 314 \times 3.98 \times 10^{-3}} = 30.6(A)$$

11 次滤波器有效值电流为

$$I_{\sum} = \sqrt{I_1^2 + I_{10}^2 + I_{11}^2} = \sqrt{30.6^2 + 16^2 + 17.6^2} = 38.8(A)$$

对电抗器参数进行修正(3.229mH 改为 3.98mH)后,SFC 后续启动中 11 次滤波柜 B 相熔断器再也没有熔断。

五、SFC 谐波治理原则与方法

（1）更换电抗器参数后，解决了熔断器熔断问题，却也产生了一些疑问。比如，从实际录波数据看，11 次谐波最大电流不到 42A，10 次最大电流不到 20A。而且滤波回路与 6kV 系统并联，流入滤波回路的电流，根据当时滤波回路的阻抗与系统的阻抗比较，只有一部分流入滤波回路，其余部分流向系统。在此情况下，应不会使 62A 的熔断器熔断。熔断器熔断的原因也可能是：由于参数不正确，或者是参数变化（如当铁芯饱和，电感变小），使滤波回路针对某次谐波（如 11 次）呈现容性阻抗特征，该容性阻抗与系统感性阻抗产生谐振，使熔断器熔断。因此，后续应充分考虑系统电感参数（主要是 6kV 厂用供电系统高压备用变压器和高压厂用变压器），选定 L 和 C 的数值，确保在高压备用变压器或高压厂用变压器供电启动的情况下都不产生谐振。

（2）SFC 是短时工作变频启动装置，所产生的谐波损耗也是短时的。如果谐波 THD 不能满足国标要求，也可以适当放宽要求，比如将标准限值适当增大。

（3）采用 12 脉动三相全控整流器，仅产生 $12k \pm 1$（$k = 1$，2，3，…）次谐波，基本消除了 5、7 次谐波，且各次谐波含量基本满足电网质量要求，可不设置 SFC 谐波滤波装置。若确需设置 SFC 谐波滤波装置以减少对输入电网的谐波影响，则不必加装 5、7 次滤波柜，而只需加装一个 11 次谐波滤波柜和一个高通滤波器柜即可，可减少占地面积和投资成本。

（4）谐振和非特征谐波的产生在一定程度上是难以预测的。按消除特征谐波的要求设置的滤波器往往不能消除非特征谐波值，加大谐波源与负载间的电气距离可能会产生更好的效果。

（5）由于谐波滤波器利用 LC 串联谐振滤去相应的谐波成分，所以电路发生串联谐振的条件是感抗等于容抗。当外部系统与对外呈现容抗的滤波装置发生谐振的频率与滤波谐波频率接近时，可能发生较大的谐振而损坏设备，因此滤波装置各参数计算应结合接入系统的电抗数值，避开谐振。

六、后语

SFC 变频启动装置对燃气轮发电机组能否正常启动运行至关重要。了解掌握 SFC 启动设备系统的工作原理与相关设备知识，熟悉各种设备故障的解决方法，将有助于提高运行维护人员的专业技能，确保电厂的安全稳定运行。

案例 42　发电机低频保护动作原因分析及防范措施

刘水清

　　某厂单元制接线 S109FA 单轴燃气－蒸汽联合循环发电机组设计配置了 DGT801 系列发电机－变压器组保护装置，发电机出口装设断路器，作为机组并网点。该装置为双重化配置，分别配有 A、B 两个保护屏，两个屏的保护配置完全一致，保护型号为 DGT-801B，保护软件版本为 V1.5.4。装置采用了双 CPU 并行处理技术（见图 42-1）和双回路直流电源供电技术（见图 42 2）。

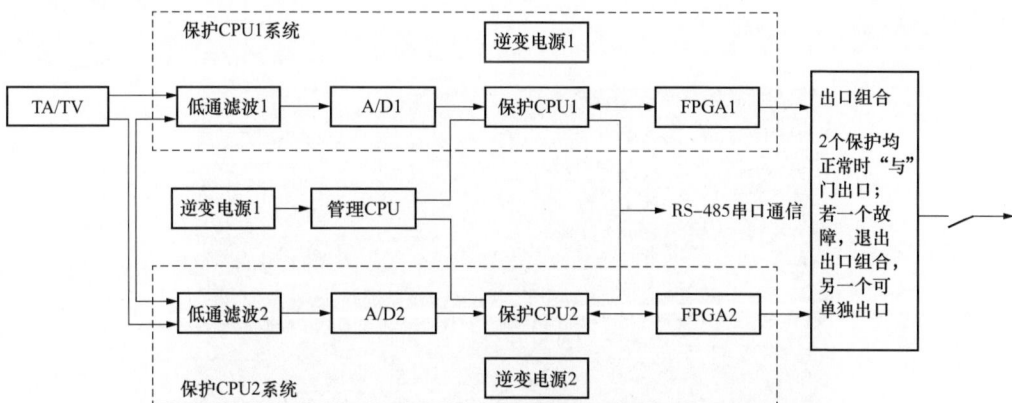

图 42-1　DGT801 发电机－变压器组保护双 CPU 结构逻辑图

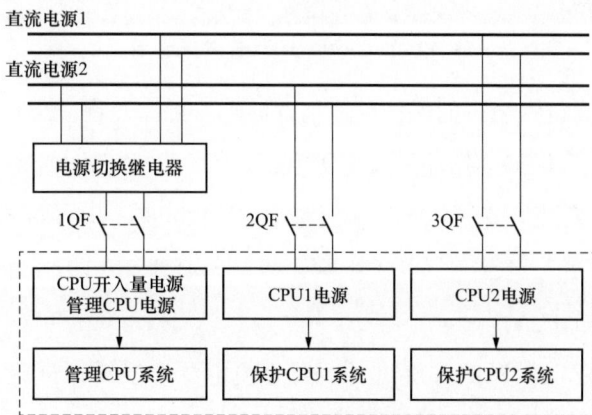

图 42-2　DGT801 保护装置直流供电回路图

一、保护动作经过及处理过程

4 月 3 日 05：28：52：647，某厂 4 号发电机出口开关跳闸，发电机解列，甩负荷 342MW，燃气轮机全速空载运转，4 号发电机保护 B 屏"低频"出口信号灯亮，其他系统运行正常。

经检查发现，MARKVI 燃气轮机控制系统 05：28：50：864 发出"GPPB：Loss of Third DC Power；GPPB：Loss of Priminary Power to DGT–801C"报警，确认为发电机保护 B 屏 CPUA、CPUB 及 CPUC 电源消失报警信号。但保护装置、监测装置无该信号指示及记录，保护装置通过开出的空接点送至燃气轮机控制系统 MARKVI 记录。并且，保护 B 屏亦无动作事件记录，仅在"波形显示"菜单中查找到保护动作记录及波形，如图 42-3 所示。

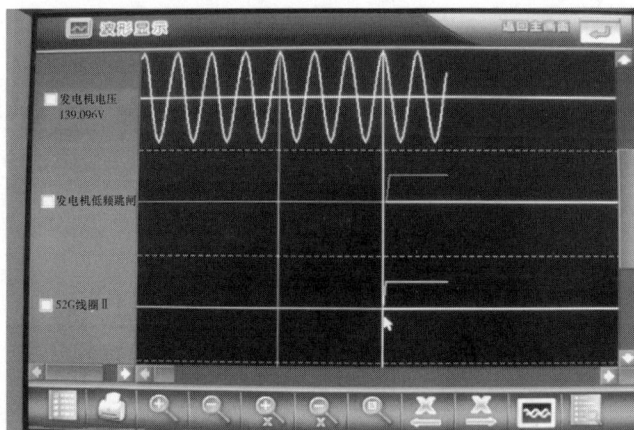

图 42-3 DGT801 装置波形显示

与机组故障录波装置录得的保护动作情况波形一致，见图 42-4。

由图 42-4 可见，保护动作前后发电机电压正常，未出现任何异常现象。

为查找原因，对发电机保护 B 屏装置电源回路进一步详细检查发现，直流屏"4 号发电机保护 B 屏"电源空气开关上端正极端子有松动，并可再拧紧一圈左右，如图 42-5 和图 42-6 所示。

随后，对 4 号发电机保护 A 屏进行装置直流电源切换模拟试验，首先在保护电压回路加入工频额定电压，接着在直流屏手动切 / 投保护装置电源开关。试验中发现：保护装置在直流电源恢复瞬时发出了发电机"低频"保护出口跳闸信号，机组故障录波

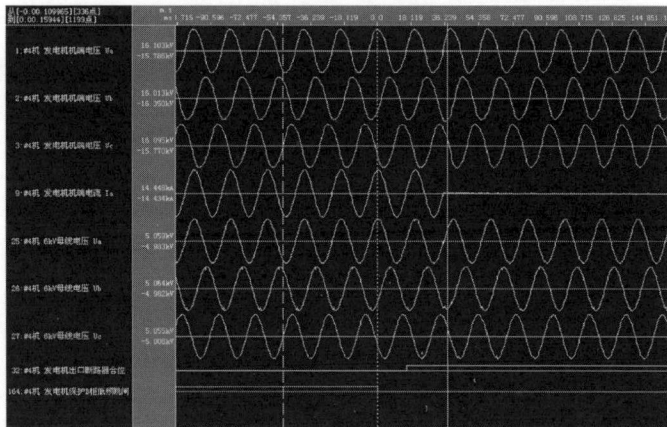

图 42-4　4 号机故障录波

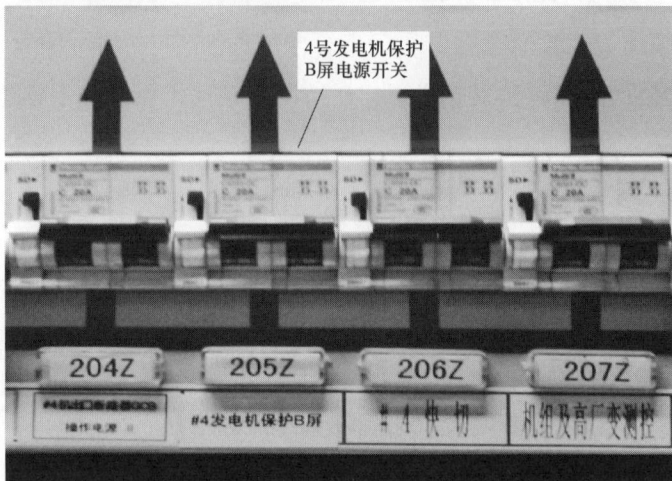

图 42-5　直流屏 4 号发电机保护 B 屏供电开关正面

图 42-6　直流屏 4 号发电机保护 B 屏供电开关反面

装置及燃气轮机控制系统 MARKVI 也出现与保护 B 屏跳闸时一样的动作信号情形。

保护装置厂家人员到达现场后，重新组织对 4 号发电机保护 B 屏进行装置电源切换模拟试验，结果与上述情形一致。

二、发电机低频保护作用与原理

汽轮机在低转速下运行，若发电机输出功率不变，由于功率等于转矩与角速度的乘积，所以频率下降使转矩增大，叶片就要过负荷。当叶片严重过负荷时，机组将产生较大的振动，影响叶片寿命，甚至发生叶片断裂，特别是当频率接近或等于汽轮机的共振频率时损害更大。低频保护就是用来保护汽轮机不受低频共振影响的。

DGT801 系列保护装置低频保护反应系统频率的变化（升高 / 降低），并受发电机出口断路器辅助接点闭锁，当发电机退出运行时低频保护也自动退出运行。低频保护逻辑如图 42-7 所示。

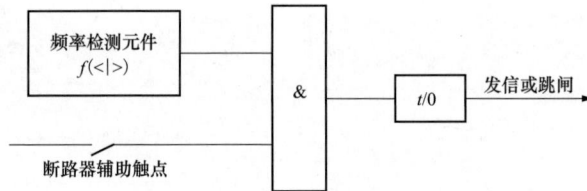

图 42-7　发电机频率保护出口逻辑

低频保护各频段定值和累计时间应与发电机组的允许频率范围相一致。一般带负荷运行的 300MW 及以上汽轮机的频率允许范围为 48.5～50.5Hz，其频率异常运行允许时建议见表 42-1。

表 42-1　　　　　　　　　　大机组频率异常运行允许时间建议表

频率（Hz）	允许运行时间		频率（Hz）	允许运行时间	
	累计（min）	每次（s）		累计（min）	每次（s）
51.5	30	30	48.0	300	300
51.0	180	180	47.5	60	60
48.5～50.5	连续运行		47.0	10	10

当频率保护动作于发电机解列时，低频保护动作值和延时应与电力系统低频减载

装置配合，即动作频率低于低频减载装置的最低动作值，防止出现频率联锁恶化现象。

三、保护动作原因分析

通过上述检查、试验过程及保护原理分析可知，该厂 4 号发电机保护 B 屏低频保护动作、发电机解列跳闸的原因是 B 屏 DGT801 系列保护装置直流电源在运行中出现中断，电源恢复瞬时发出"低频"跳闸信号，导致发电机解列。电源中断的原因系保护装置应采自不同处的两路 CPU 直流电源接于同一段直流母线，丧失了装置双 CPU 双电源的独特设计功能，因直流屏电源开关接线松动，接触不良所致。这是保护动作的触发因素。但保护装置自身的问题才是 CPU 掉电引起保护动作出口的根本原因。

（1）DGT801 B 1.5.4 版本装置，频率保护采用了三点测频法，该算法受谐波影响较大。当直流电源消失后恢复时，装置内各控制芯片初始化运行，采集到的波形不稳定（甚至是畸变波形），保护所测频率值不准确，极易满足低频定值动作出口。

（2）装置 CPU 开入量电源与管理 CPU 电源开关一致。当供电电源开关接触不良时，装置开入量 CPU 掉电，保护相关开入量（如发电机出口断路器接点）状态无法被保护正确跟踪，导致保护误判而动作。

四、暴露的问题及其预防措施

（1）静态定检直流掉电试验无法全面衡量保护装置运行中的供电可靠性，应组织动态试验或模拟动态试验，试验时发电机出口断路器应在合位。

（2）因发电机 – 变压器组保护不需入网测试，所以缺乏第三方技术监管。需要使用者在保护校验中更细致、严格，完善作业指导书定期检验。

（3）配合装置厂家 CPU 双电源供电技术，两路直流电源不仅接至不同的电源开关，还应取至不同的直流母线。

（4）完善低频保护算法，修改动作门槛值，增加辅助判据，减少谐波影响，杜绝 CPU 掉电保护误动或误发信。

（5）直流屏是重要的供电装置，应定期检查紧固电源接线端子。不只是盘柜两侧接线端子排，还应包括柜内空气开关等的电源进出接线端子。

（6）修改低频保护定值，适当延长动作延时，如由原来的 47.5Hz/0.1s 临时改为

47.5Hz/1s，并密切跟踪厂家产品升级计划和进展情况，创造条件升级产品保护版本，提高保护设备的安全性。

五、处理结果

装置厂家将 DGT801 保护装置从 V1.5.4 升级至 V1.8 之后的保护版本，提高了频率保护计算的电压门槛值，增加了过零点测频法辅助判据，有效解决了装置 CPU 掉电保护误动问题，确保了发电机组的运行可靠性。

参考文献

［1］汪明 .9FA 机组开入量装置掉电保护动作分析及对策 . 电力与电工，2010，30（3）.

［2］李跃辉，杨峻 .CPU 装置掉电保护误动的分析及对策 . 电力安全技术，2013，15（8）.

案例43 发电机定子腔内进油危害及防范措施

刘水清

某厂单元制接线 S109FA 单轴燃气 - 蒸汽联合循环发电机组 390H 全氢冷发电机,由美国 GE 公司提供技术,哈尔滨电气集团有限公司制造,其额定容量为 468MVA,额定功率为 397.8MW,额定电压为 19kV,功率因数为 0.85,氢压为 0.414MPa,励磁电流为 2019A。该发电机定子铁芯与机座间沿轴向设置卧式弹簧板,用以抵消发电机运行中产生的磁拉力。定子铁芯由铁芯扇片组成,扇片间用绝缘材料支撑形成冷却通道。铁芯槽的底部垫绝缘垫条,槽口垫绝缘垫条后打入槽楔压紧定子线棒,防止线棒上下运动。定子线棒侧面垫若干弹性波纹板,防止线棒横向位移。定子绕组端部采用刚柔伸缩结构,即径向和切向采用刚性固定措施,轴向采用弹簧板,整个端部形成牢固的整体,沿轴向可自由伸缩。

一、定子腔内进油事件经过及处理过程

2016 年 4 月中旬,该厂 3 号机完成 B 修后,点火启动投入运行正常。2017 年 3 月 8 日,发电机油水探测器初次发出油位高报警,每班加强运行监视并及时排油、补氢,确保机内氢气纯度。5 月 29 日,班组检查发现油水探测器报警频繁,排油较之前频繁。检查人员调大密封油压后,油水探测器报警更为频繁,排油量加大,而重新调回油压。10 月 31 日,3 号机停机处理发电机机内漏油问题。自发电机下部人孔缓慢放油十几个小时,汽励两端均发现有漏油,两侧分别清理出约 330L 油污,如图 43-1 ~ 图 43-4 所示。

检修人员拆检发电机汽励两端密封瓦,发现 7 号密封瓦磨损严重,转轴上也有较大磨痕(见图 43-5 和图 43-6)。8 号密封瓦有轻微痕迹,情况较好。回油管凹处有可见杂质颗粒。

后续检修人员彻底清理了发电机内外积油,修复了磨损转轴,更换汽励端密封瓦,调整密封瓦、挡油环与轴间隙合格;清理油路、油箱,检查密封油质,确保油质符合要求;调整主润滑油箱排油烟滤网、风机,确保主油箱微负压状态,以使回油畅通;检查调整密封油管路、阀门无堵塞、卡涩、开关正常,平衡阀、差压阀跟踪及时,确保油箱油位、密封油压自动控制正常。直至所有可能问题逐一排查处理后方正式启机投运。

图 43-1 发电机定子油滴

图 43-2 发电机出线室内积油

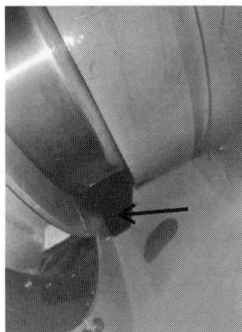

图 43-3 发电机定子挡风环下部大量积油

图 43-4 汽端下部人孔泄油

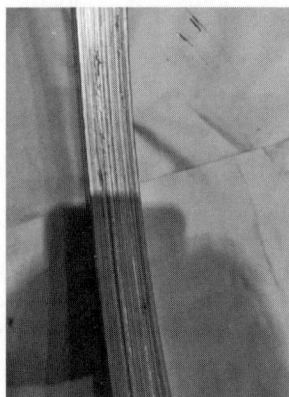

图 43-5 7 号密封瓦磨损情况

图 43-6 7 号轴瓦处大轴磨损情况

二、发电机内进油原因与危害分析

发电机内进入的油均来自于发电机密封油系统，直接部位则为发电机汽励两端密封瓦。

1. 原因分析

发电机密封油系统通过向发电机密封瓦供油，由密封油控制装置控制使油压高于发电机内氢压一定数量值，以防止发电机内氢气沿转轴与密封瓦之间的间隙向外泄漏，同时也防止油压过高而导致发电机内大量进油，防止外界空气进入发电机内部，防止发电机内氢气漏出。一般情况下，发电机轴系转动时，密封油压高于机内氢压 0.05 ~ 0.07MPa 最为适宜；发电机轴系静止时，密封油压高于机内氢压 0.0036 ~ 0.076MPa 均可。但当以下情况发生时，氢油压力平衡被破坏，当密封油氢侧油压低于发电机内氢气压力时，根据不同差压值，发电机定子腔内有不同程度的进油（大量或少量）。

（1）当发电机密封瓦磨损、间隙变大，造成发电机氢侧回油量过大时。

（2）发电机密封瓦氢侧内油挡与转轴间隙装配精度超标，密封油沿转轴进入发电机内。

（3）发电机汽、励端氢侧回油不畅（油管堵塞、阀门卡涩），氢侧回油油位升高（氢油分离器、浮子油箱等自动调节失灵而满油、油压升高），油经发电机大轴"油挡"进入发电机内部。

（4）平衡阀或差压阀工作失常（卡涩、盲点、跟踪不及时），密封瓦氢/油压差不正确，造成密封油压高于发电机内氢气压力。

（5）发电机密封油油质不合格，含水量超标或黏度不足（本身或密封油温度高导致黏度降低），腐蚀成分或杂质存在引起油路不畅。

（6）发电机退氢操作不当，差压阀、平衡阀卡涩或跟踪不到位，导致氢压降低，油压不变，油氢压差增大而进油。

2. 危害分析

由于密封油系统润滑油含有油烟、水分和空气，发电机内大量进油后会对发电机绝缘和安全运行产生重大危害。

（1）大量油雾侵蚀发电机的绝缘，加快绝缘老化，铁芯及其金属部件腐蚀。

（2）使发电机内氢气纯度降低，导致冷却效率降低，造成机内构件局部过热，增大排污补氢量。

（3）如果油中含水量大，将使发电机内部氢气湿度增大，使绝缘受潮，降低气体电击穿强度，严重时可能造成发电机内部相间短路。

（4）积油长时无法排出，在机内蒸发产生油烟蒸汽，对发电机护环产生腐蚀作用，并溶解和凝聚其他有害元素，使机内构件产生表面凝露，使转子护环受产生的附加应力作用而导致裂纹，影响定子绕组绝缘性能。严重时绝缘击穿，出现匝间或相间短路，影响机组正常运行。

（5）附着在密封瓦支座和端盖内侧表面的油，因发电机转子风扇作用在机内成油雾散布，随着氢气冷却通道进入氢系统测量仪表和干燥器中，引起测量误差加大或失灵。

（6）大量油污沉积在定子冷却风道，堵塞通道引起局部过热。

（7）由于 3 号机采用波纹板垫片的特殊结构，发电机内进油可能导致波纹片变形引起定子槽楔松动。

三、发电机进油的故障现象

当发电机内进油时，可能会有以下现象：

（1）氢气纯度降低，补氢量加大。

（2）氢气露点温度值升高，与正常机组比相差较大。

（3）通过油水探测器报警排油来判断，机组正常运行状况下，排油量较少，机组停机转速到达 200r/min 以下时，排油量明显加大。

（4）发电机励端侧机头密封油压力表显示较 CRT 显示值相关较大，且比正常运行时值小较多。

四、发电机定子腔内进油的防范措施

（1）加强运行监视，提高氢气纯度，降低氢气湿度。

1）监控发电机油、氢压差、压力在规定范围，不要过大，以防止进油。

2）监控发电机内积油积水情况，发现油水探测器报警，及时排油，不使油大量积存。

3）监控轴封系统经常处于最佳状态下运行，确保油质合格，防止密封油带水。经常监视各回油窥视窗有无水珠和汽雾，当油中含水超标时，应对油箱进行放水排污并投入润滑油净化装置运行。

4）经常投入氢气干燥器，使氢气湿度降低，保证制氢站补向发电机的氢气纯度和

湿度达到要求。

5）开停机过程中，发电机升降压，应控制速度，缓慢升降压，并保证在盘车投入、油系统运行正常以后进行。

6）尽早安排停机处理。

（2）停机检查处理。

1）拆检发电机汽、励端密封瓦，调整安装密封瓦间隙及油挡间合格，一定满足厂家设计标准。经调整、处理仍达不到标准的，要坚决更换。密封瓦安装时两半圆中分面接触一定要良好无缝隙，合口螺栓紧固后拨动应灵活无卡涩。

2）检查发电机内进油情况，清理机内积油，确保发电机端盖、人孔回装严密，经气密性试验检查合格。

3）检查密封油管路、阀门无堵塞、卡涩，调整空氢平衡阀、油氢差压阀具有良好的调节性能和快速的跟踪性能。控制发电机氢、油压差、压力在规定范围，不要过大，以防止进油。

4）检查润滑油质，确保润滑油含水量、黏度、无杂质，否则进行油箱清理，重新换油。

（3）充分利用发电机在线监测装置，如绝缘过热监测，监测发电机绝缘变化，及时采取应对措施，防止发电机过热、短路故障。

五、总结

发电机运行中应严密监视发电机密封油系统浮子油箱油位、氢气纯度、湿度（露点）等。当发电机退氢时，应缓慢降氢压，确保油水探测器等可靠报警。注意油泵出口油压、油箱液位正常，密切关注发电机汽励两端油压、油氢压差、供回油流量变化，确保油氢差压、平衡阀跟踪调整及时有效。定期进行密封油油质化验，确保指标合格，必要时投入油净化装置。只有氢油系统平衡，才能确保发电机安全运行。

案例 44 天然气调压站低压排空管雷击着火原因分析与预防措施

刘水清

一、事件经过

9 月 13 日为雷雨天气，闪电频发，安保人员突然发现天然气调压站一低压排空管出口处着火，立即上报。运行、检修、消防人员迅速到达现场，逐一排查天然气泄漏点，先是检查排空管相关一期低压系统设备、阀门，隔离、泄压低压系统，向低压排空管充入氮气时，听声音判断二期高压排放系统错接到了低压排空管；之后，又逐一排查高压系统设备、阀门，发现二期天然气高压系统 B 过滤器顶部安全阀内漏，立即转为 A 过滤器运行，解列隔离 B 过滤器，泄压后排空管出口处火焰熄灭。

二、原因分析

任何火灾（着火）离不开三要素：助燃剂、可燃物和引火源。在火灾防治中，阻断任何一个要素就可以扑灭火灾。

1. 直接原因——设备系统故障引起天然气泄漏

（1）该厂天然气调压站分两期建成，一期始建于 2001 年，二期建设于 2009 年，两期共用高低压排空管。二期排空系统接入一期排空系统时，施工管理不到位，错将二期的高压排放系统接入了低压排空管系统，且调压站竣工图与实际管路系统不符。

（2）二期天然气调压站 B 过滤器顶部安全阀弹簧下部的阀芯套筒老化、倾斜变形，弹簧无法正常压住下面的阀芯，引起安全阀内部泄漏。

（3）过滤器顶部安全阀与过滤器之间无隔离设备，无法单独隔离安全阀检验。只有相关系统全线隔离、泄压后才能随系统设备进行检修、维护。

2. 间接原因——雷雨天气雷电直击引发着火

雷雨天气闪电多发，雷电直击天然气调压站低压排管出口处，引燃泄漏天然气，引起管口着火。

三、雷电形成机理及危害

雷电是自然界常见的一种极为壮观的声、光、电现象，实质是一种瞬间放电现象，同时伴有雷声，具有高电流、高电压、变化快、放电时间短、辐射强等特征，对人类的生产和生活有重要影响。

1. 雷电形成机理

目前，雷雨云产生雷电场主要有下列四种理论：

（1）水滴破裂效应。云中水滴在高速气流作用下发生分离，小水滴随气流上升带正电，大水滴在重力作用下下移带负电，使云分层产生电场。

（2）吸电荷效应。大气受宇宙射线或其他电离作用，产生正负离子，在空间电场作用下，正负离子反向运动，分别积聚在云的上下层，形成电场。

（3）水滴冻冰效应。云中水滴受冷逐渐结成小冰晶，冰晶带正电，水滴带负电，受气流影响，冰晶上水滴被上升气流带走，冰晶电荷发生分离，促使云的上下层形成电场。

（4）温差起电效应。受气温变化影响，云中冰晶发生破裂分离，产生了分别带正负离子的小冰晶，在云中各种力的作用下，使云的正负离子分层，形成电场。

2. 雷电危害

根据雷电表现形式的不同，主要分为以下几种：

（1）直击雷。云直接对地面物体放电，伤害性极大。由于雷电流幅值大、波形陡度大、冲击过电压高，所以地面物体若受到直击雷，将会引起巨大破坏。

（2）球形雷。放电电弧形似球形，类似球滚动状前进而得名。与直击雷相比，极易从建筑物门、窗、烟囱等通道侵入建构筑物内部，引起巨大破坏性。

（3）感应雷。分为两种情形：一种是静电感应雷，即雷云靠近地面后，地面凸起物将感应出电荷，发生雷云对地放电后，地面凸起物感应电荷发生快速移动，形成电流，对流经的物体都会产生破坏作用。另一种是电磁感应，即雷击发生时，雷电流周围空间瞬间感应出强大磁场，磁场又会在其附近金属物体上感应出很高电压，产生破坏作用。

（4）雷电波侵入。是指雷击时雷电流沿线路或金属物体传播，造成线路或电气设备损坏，是较为常见的事故。

其主要危害如下：

（1）电性质破坏。雷电放电，产生极高冲击电压，击穿绝缘，造成设备、线路短路，引起火灾或爆炸（触电）；巨大的雷电流流入地下，直接导致接触电压或跨步电压过大而触电。

（2）热性质破坏。雷电流通过导体，导体在电阻作用下产生热能，灼热熔化或产生火化爆炸。

（3）机械性破坏。雷电流通过导体，导体在内水分作用下膨胀爆裂。

（4）反击作用。雷击防雷装置，接闪器、引线、接地体产生高电压，对邻近管线、电器放电，导致绝缘破坏、管道烧穿或引起燃烧爆炸。

四、雷电过电压发生机理

地面水分蒸发至空中，不断积聚形成云，遇冷部分水气生成水滴，形成积雨云。当积雨云发生降水时，由于云与地面存在的正负电荷，所以形成云地之间的电场，当发生云对地面的放电时，形成了雷电。雷电按云层的放电部位可分为四类：云内闪电、云间闪电、联珠状闪电和云地闪电。

雷击地面时流过被击物体的电流 I，可用电流源模型模拟，如图 44-1 所示。

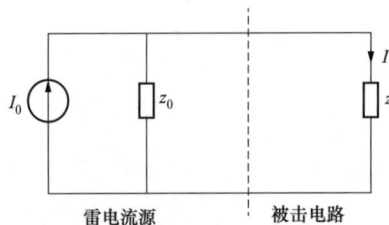

图 44-1　雷电流源等值电路

可计算得出

$$I = 2I_0 z_0 z_0 + z$$

当 $z \ll z_0$ 时，$I = 2I_0$，产生过电压。防雷保护计算等值雷电流通常就直接用雷电流来表示。

直击雷主要用雷暴日和雷暴小时、雷电流幅值、雷电流波形、雷电密度和雷电次数来表述雷电过电压。

五、直击雷防护措施

雷电防护装置（防雷装置）由接闪器、引下线、接地装置三部分组成，作用是防止直接雷击或将雷电流引入大地，以保证人身、设备及建构筑物安全。接闪器是直接承接直击雷放电的装置，包括避雷针、避雷带、避雷网、避雷线、避雷器等。引下线是防雷装置的中段部分，上接接闪器，下接接地装置，一般每座建筑物引下线不少于两根。接地装置包括埋设在地下的接地线和接地体。防止直击雷时，要同时做好接闪、分流、接地、均压等工作。

相关标准规定，对排放爆炸性物质的管道，其排放口应在接闪器保护范围内。对点燃排放、达不到爆炸浓度的排放管，接闪器可保护到管口。烟囱、水塔、井架和高大建筑物，以及存有易燃易爆物质的房屋上应装设避雷针。避雷针均应有独立的接地装置，接地要牢靠，接地电阻一般不超过 10Ω。

天然气调压站作为易燃易爆场所，其直击雷防护应装设独立避雷针防护。图 44-2 所示为避雷针保护范围（保护空间），上部呈锥形（水平线表示地平面保护半径）。过电压标准规定，雷击落于保护区内的概率应不超过 0.1%。

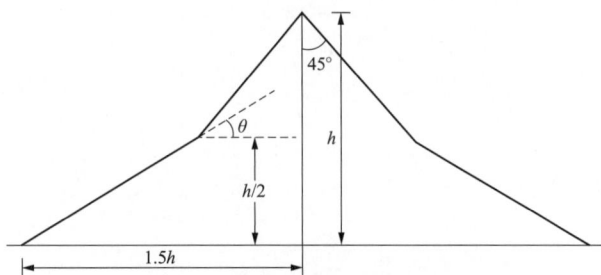

图 44-2　避雷针保护范围示意图
h—避雷针高度

当多个避雷针共同作用时，其外部保护范围即为各自边界，两针间保护范围与避雷针有效高度有关。由图 44-2 可见，避雷针高度越高，地面水平线保护长度越小，顶部越陡，因此需合理设置避雷针施工高度。

当防雷保护设备处于保护范围边界时，接闪器（避雷针等）遭受直击雷电时易发生"绕道"现象，导致保护设备直接承受雷电流。

六、预防措施

（1）定期检验防雷装置。对于重要场所或消防重点保卫单位，应在每年雷雨季节前进行；一般性场所或单位，应每 2～3 年在雷雨季前定期检查。若有特殊情况，还要进行临时性检查，特别是避雷针、避雷器定期校验。

（2）当防雷装置各部分出现折断、锈蚀时，应及时进行修理或更换（锈蚀达 30% 以上时）。接地电阻不满足要求时及时降阻处理，防止防雷装置保护范围出现任何缺口。

（3）保护易燃易爆介质输送管道、设备时，应定期对保护范围内存在系统设备、阀门等进行检查，杜绝易燃易爆介质泄漏引发火灾。

案例 ㊵ 发电机并网后误上电保护动作事件分析

吴锦周

一、引言

发电机误上电保护是发电机在停机、盘车状态及并网前机组启动过程中，对于断路器误合时的保护，在发电机并网前，励磁开关尚未合闸时，若断路器误合闸，机组相当于同步电动机全电压异步启动，对机组冲击电流很大，有重大危害。误上电保护的过电流元件及低阻抗元件作为双重化保护都能动作出口，保护快速出口跳闸；当励磁开关闭合后，过电流元件退出，若此时断路器误合闸，机组相当于同步发电机非同期合闸，对机组也有大的冲击电流，有重大危害，低阻抗元件动作，保护快速出口跳闸。一般情况下，发电机并网后，误上电保护自动退出。其保护逻辑见图 45-1。

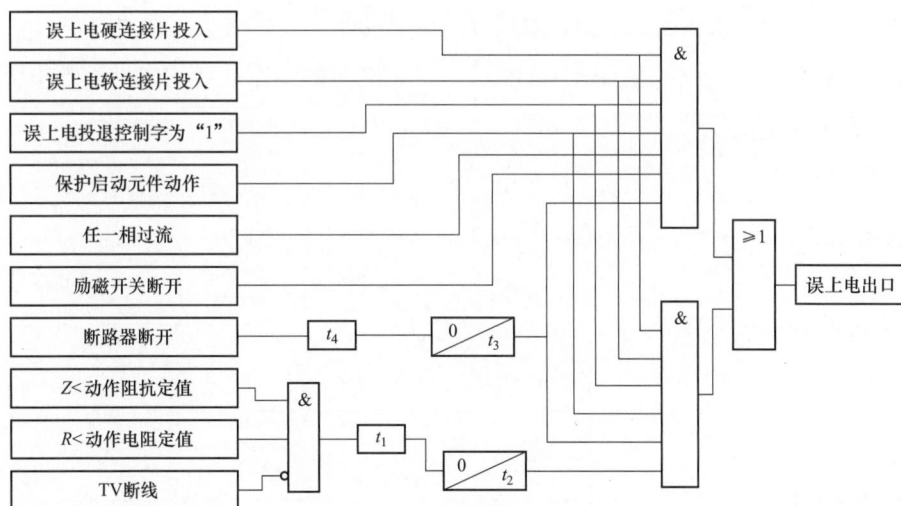

图 45-1　误上电保护逻辑框图

并网瞬间，由于待并侧与系统侧之间的压差、频差、角差不可能完全相等，因此并网瞬间存在或多或少的电流冲击。针对并网压差的存在，可通过励磁系统无功调差的作用，快速调整励磁电流，增加或减小无功功率的输出。

二、事件描述

某电厂 6 号汽轮发电机并网 2.5s 后发电机保护动作，机组全停，检查为发电机误上电保护动作。动作报文如表 45-1 所示。

表 45-1   发电机保护动作情况

发电机误上电保护动作
动作时间：30ms
U_{ab}=102.276 ∠ 143°；U_{bc}=102.731 ∠ 023°；U_{ca}=102.198 ∠ 263°；
I_{ab}=2.708 ∠ 062°；I_{bc}=2.672 ∠ 302°；I_{ca}=2.675 ∠ 183°

6 号发电机保护整定值为：最小动作电流：5.02A；动作阻抗：38.1Ω；动作电阻：32.4Ω；保护动作延时已在装置内固定不可整定，固定延时 t_1=0.1s，t_2=1s，t_3=3s，t_4=5s。

据发电机保护屏动作报告计算出误上电动作阻抗 Z_{ab}=37.77 ∠ 82°、Z_{bc}=38.45 ∠ 81°、Z_{ca}=38.2 ∠ 80°，动作阻抗满足定值，直接导致保护动作，保护属于正确动作。

其中，故障录波器显示如图 45-2 所示，误上电保护动作前后均未见机端电流、电压有畸变或突变现象。

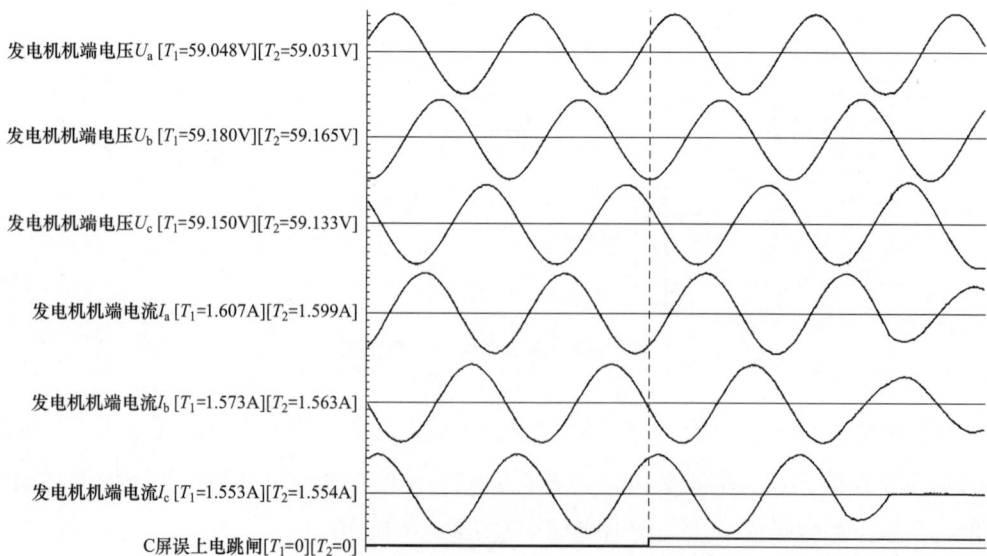

发电机机端电压U_a [T_1=59.048V] [T_2=59.031V]

发电机机端电压U_b [T_1=59.180V] [T_2=59.165V]

发电机机端电压U_c [T_1=59.150V] [T_2=59.133V]

发电机机端电流I_a [T_1=1.607A] [T_2=1.599A]

发电机机端电流I_b [T_1=1.573A] [T_2=1.563A]

发电机机端电流I_c [T_1=1.553A] [T_2=1.554A]

C屏误上电跳闸[T_1=0][T_2=0]

图 45-2   误上电保护动作故障录波趋势图

案例 45　发电机并网后误上电保护动作事件分析

　　该电厂 6 号发电机误上电保护是在并网后 2.5s 作出保护动作，并非并网瞬间跳闸，录波显示数据并网瞬间及之后电压均正常，误上电保护动作时定子电流及主变压器高侧电流三相平衡。由表 45-2 显示，并网瞬间至并网后 2.5s 过程中，发电机无功功率从 14.03Mvar 迅速增加至 71.18Mvar，致使定子电流达 2569.6A，约为 40% I_N，在并网后 2.5s 时运行阻抗进入误上电保护整定阻抗圆内，见图 45-3。原本并网后保护装置应自动退出误上电保护，而保护装置固定延时 3s 后才退出误上电保护，导致保护动作。

表 45-2　　　　　　　　　　　并网同期压差允许 5% 录波分析数据

时刻		I_a	I_b	I_c	P	Q
并网瞬间	二次值	0.404A	0.276A	0.348A	15.426W	55.681var
	一次值	646.4A	441.6A	556.8A	3.887MW	14.03Mvar
并网后 1s	二次值	1.267A	1.25A	1.26A	43.309W	215.853var
	一次值	2027.2A	2000A	2016A	10.91MW	54.4Mvar
并网后 2.5s	二次值	1.606A	1.587A	1.606A	29.841W	282.47var
	一次值	2569.6A	2539.2A	2569.6A	7.52MW	71.18Mvar

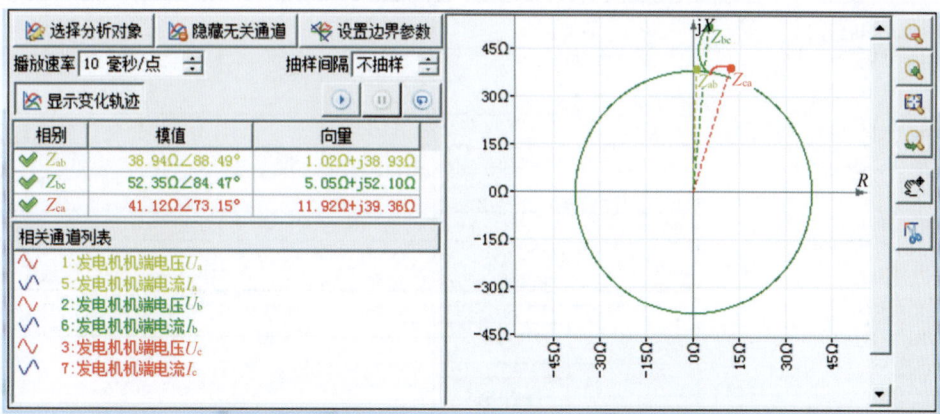

图 45-3　同期装置 5% U_{gN} 同期允许压差下并网轨迹

　　并网前后系统并无故障，系统电压亦无明显波动，但是并网 2.5s 后运行阻抗进入动作圆内，图 45-3 为并网至保护动作时运行点轨迹。

三、原因分析

为找出造成此次并网后误上电保护动作跳机的原因，本案例分别从是否为非同期并网、定值整定是否合理及造成无功增加过快的原因逐一分析。

（一）同期装置检查

该厂发电机并网采用的是差频并网，所谓差频并网是将发电机与系统侧同步并网，由于待并侧与系统侧存在着相角差、压差及频差，以及频率差异，所以待并侧与系统侧之间的功角是一个动态变化。因此相角差、压差及频差必须在满足要求的前提下捕捉相角差为零的时刻以完成并网操作。

该厂同期并网装置为某型微机同期装置，该发电机并网试验前的电气整组试验已做过发电机经主变压器带 220kV 母线零起升压试验，并且测得机端电压升至额定（二次电压）57.7V 时，对应 220kV 母线电压二次值为 63.5V，并将所测二次值作为额定值输入同期装置。图 45-4 所示为并网时同期装置录波记录，表 45-3 所示为同期装置主要定值。

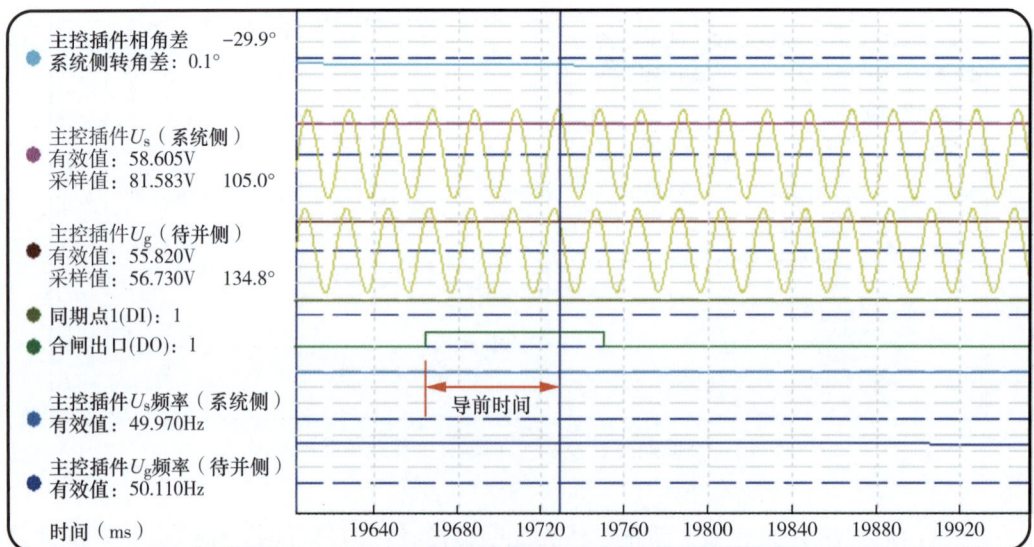

图 45-4　6 号汽轮机发电机并网时同期装置录波图

表 45-3　　　　　　　　　　同期装置主要定值

允许压差	5.0%	待并侧额定电压	57.7V
允许频差	0.15Hz	系统侧额定电压	63.5V
允许功角	23°	系统侧应转角	−30°

1. 并网时压差

压差的影响为发电机并入系统瞬间，冲击电流主要表现为无功分量。深圳智能 SID-2FY 型号压差采用标幺算法，并网时系统实际电压为 58.605V，机端电压为 55.82V，因此并网时刻实际压差为

$$\left(\frac{U_g}{U_{gN}}-\frac{U_s}{U_{sN}}\right)\times100\%=\left(\frac{55.82}{57.70}-\frac{58.605}{63.50}\right)\times100\%=4.45\%>0$$

因此并网时 $U_g>U_s$，并网的冲击电流滞后机端电压 90°，电流将对发电机起去磁作用，使机端电压降低，同时发电机并网时立即向系统输送无功功率。并网时待并侧与系统侧压差值小于整定值 5%，满足要求。

2. 并网时频差

并网时频差的计算式为

$$f_g-f_s=(50.11-49.97)\ Hz=0.14Hz>0$$

压差和频差的存在将导致并网瞬间并列点两侧会出现一定无功功率和有功功率的交换，不论是发电机对系统，还是系统对系统，并网对这种功率交换都有相当的承受力。对于工频为 50Hz 系统，其整定范围为 0.1～0.25Hz，为保证快速并网，允许频差大于 0.1Hz，因此该次并网的频差 0.14Hz 也在允许范围之内。

3. 并网时角差

发电机并网时角差的存在将会导致机组的损伤，甚至会诱发后果更为严重的次同步谐振（扭振），因此必须保证在相角差为零时完成并网。该厂发电机组经 Ynd11 升压变压器与系统并列，根据设计，待并侧与系统侧 TV 均接入 A 相电压，通过同期装置内部定值"系统侧应转角"，消除发电机电压经主变压器后产生的 30° 角差。从录波图中看出系统侧与待并侧电压角差为 29.9°，并网时仅有 0.1° 角差，发电机相位略超前于系统，同期并列时立即发出有功负荷。系统在发电机定子内形成阻碍转子运动的制动力矩，快速将发电机拉入同步。

并网瞬间冲击电流约等于 10% 额定电流，小于规范要求的 30% 额定电流，并且待

并侧电压、频率、相位略高于系统侧，均在允许值范围内，并网效果良好，不存在非同期合闸并网。

（二）保护定值核查

该厂汽轮发电机参数：容量 S_N=176.5MVA，功率因数 $\cos\varphi$=0.85，额定电流 I_N=6468.9A；机端额定电压 U_N=15.75kV，机端 TA 变比为 8000∶5，机端 TV 变比为 15.75kV∶100V，二次额定电流为 4.043A。

核查保护定值整定过程以 DL/T 684—2012《大型发电机变压器继电保护整定计算导则》为依据。误上电保护整定阻抗圆见图 45-5。其计算过程及相应核查结果如下。

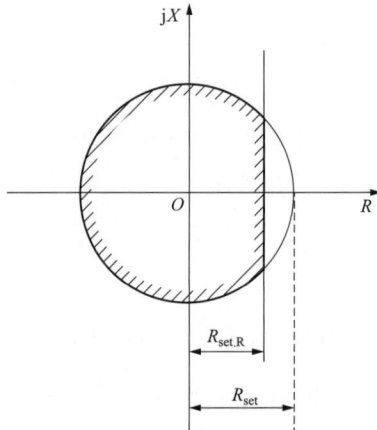

图 45-5　误上电保护整定阻抗圆

1. 最小动作电流

整定原则：根据 DL/T 684—2012。按发电机停机或盘车状态下误合闸时流过发电机的电流来整定，盘车中的发电机突然加电压后，其电抗接近 X_d''，并在启动过程中基本上不变；计及升压变压器的电抗 X_T 和系统联系电抗，并且在较小时，流过发电机定子绕组的电流可达 3～4 倍额定值；非同期合闸时，冲击电流也远大于发电机额定电流，因此有

$$I_{op} = K_{rel} \times \frac{I_{GN}}{X_{s.max} + X_d'' + X_T} = 0.5 \times \frac{6468.9}{0.02737 \times \frac{176.5}{100} + 0.179 + 0.178 \times \frac{176.5}{1800}} = 8048.96(A)$$

式中：K_{rel} 为可靠系数，0.5；$X_{s.max}$ 为最小运行方式下系统联系电抗，以发电机容量为

基准的标幺值；X_d'' 为发电机的次暂态电抗（不饱和值）；X_T 为主变压器电抗，以发电机容量为基准。

由于额定电压下的并网已上励磁，因此误上电保护的过电流判据自动退出。

2. 动作阻抗

整定原则：根据 DL/T 684—2012。按照正常并网时刻发电机输出最大的电流（考虑一定裕度设置为 0.3）时保证低阻抗元件不动作的原则来整定。则有

$$Z_{op} = \frac{K_{rel} \times U_N \times n_a}{\sqrt{3} \times 0.3 \times I_{GN} \times n_v} = \frac{0.8 \times 15750 \times 8000/5}{\sqrt{3} \times 0.3 \times 6468.9 \times 15.75/0.1} = 38.08(\Omega)$$

式中：K_{rel} 为可靠系数，取 0.8；U_N 为发电机机端额定电压；I_{GN} 为发电机额定电流；n_a 为发电机机端 TA 变比；n_v 为发电机机端 TV 变比。

3. 动作电阻

整定原则：根据 DL/T 684—2012。按防止发电机正常并网时系统同时发生冲击导致全阻抗元件误动作来整定，即

$$R_{op} = 0.85 \times Z_{op} = 0.85 \times 38.08 = 32.37(\Omega)$$

4. 时间元件

保护动作延时已在装置内固定不可整定，固定延时：t_1=0.1s，t_2=1s，t_3=3s，t_4=5s。

延时时间元件 t_1 固定为 100ms，主要作用是防止干扰。延时返回时间元件 t_2 的作用主要是防止在振荡过程中阻抗元件动作后又返回，一般 t_2=0.5～1s，此处取 1s。延时返回时间元件 t_3，主要是保证断路器 QF 可靠地跳闸，t_3 应大于断路器 QF 的跳闸时间并留有一定裕度，t_3 整定 1s 为宜，但装置固定取 3s。延时时间元件 t_4 的作用主要是防止正常解列时，误上电保护误动作，t_4 应大于断路器 QF 的跳闸时间并留有一定裕度，t_4 固定为 5s。

综上整定校核，计算定值整定符合整定规范要求，但是时间元件 t_3 稍大，宜取 1s。

（三）励磁系统无功调差系数分析

并网瞬间至并网后 2.5s 过程中，发电机无功功率从 14.03Mvar 迅速增加至 71.18Mvar，致使定子电流达 1.6A，约为 40% I_N。无功功率的增大或减小由励磁系统控制，而励磁系统调差系数的作用可以影响无功功率调节的快慢。

自动励磁调节装置作为同步发电机的调节器，通过励磁调节器可以维持机端电压和无功功率。励磁系统中调差单元设置的调差系数，表征励磁控制系统维持发电机电

压的能力，其作用是满足同步发电机在电网运行中的各种情况。系统电压波动时，励磁系统能快速的响应并作出调整以稳定系统电压。无功调差分正调差、负调差、零调差三种。调差对机端电压与无功功率的关系式为

$$U'_G = U_G + K_T \times Q$$

式中：K_T 为调差系数，正调差时为正值，负调差时为负值；U'_G 为机端电压；Q 为无功功率。

该厂采用发电机－变压器组接线，采用负调差，在无功增大时，由于升压变压器电抗大，母线电压下降过多，不利于稳定运行，因此需采用负的无功调差系数，以补偿变压器的电压降，以使调节的电压（无功）尽可能对应电网（主变压器高压侧）的值。该厂无功调差系数为电科院根据试验后调度下发，目前无功调差整定为 –5%。

在该次事件当中，并网时出现 4.45% 的压差，在励磁无功调差的作用下快速增加无功，导致了误上电保护的动作。在确认该次事件为同期并网及保护整定正确的前提下，重新起机并网，手动调整并网断路器两端压差约等于 4.45% 时，在投入、退出无功调差并网 1s 后所录数据（见表 45-4）。数据表明在无功调差投入的情况下，由于压差的存在并网后无功调差越大其无功增减幅度越大，并且在无功调差退出后，正确并网运行。

表 45-4　　　　　　　　　　　　并网后 1s 时刻数据

无功调差		I_a	I_b	I_c	P	Q
–5%	二次值	1.267A	1.25A	1.26A	43.309W	215.853var
	一次值	2027A	2000A	2016A	10.91MW	54.4Mvar
0	二次值	0.731A	0.704A	0.701A	46.774W	113.524var
	一次值	1169.6A	1126.4A	1121.6A	11.78MW	28.6Mvar

在机组并网过程中，在压差允许值较宽的范围内并网时，由于 220kV 母线系统并有其他机组，并列运行间的发电机端电压不完全相等，不可避免存在暂态冲击，而且无功功率扰动较大不利于机组的安全稳定运行，基于此考虑，采取减小发电机同期装置中允许合闸的压差来减小合闸后差压引起的无功扰动。后续起机过程中，将励磁调差系数改为 –5%、同期并网压差允许值改为 1% 后对其录波分析，如图 45-6 及表 45-5 所示。

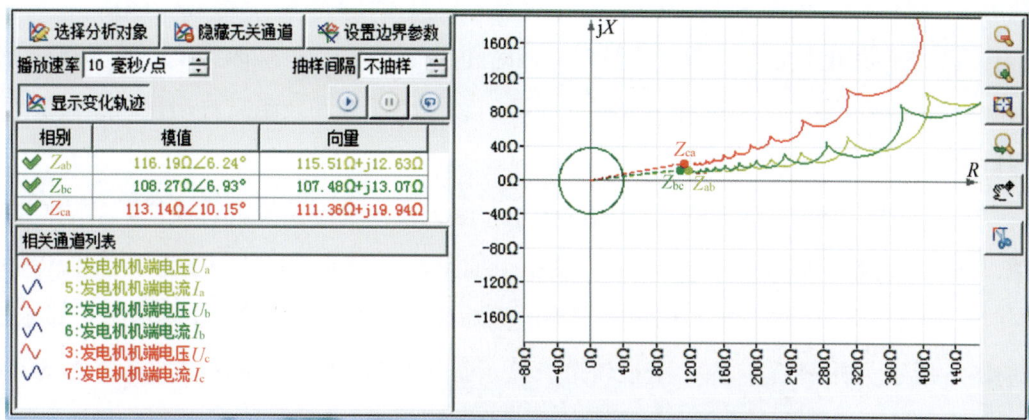

图 45-6　1% U_{gN} 同期允许压差下的并网后 6s 间并网轨迹

表 45-5　　　　　　　　并网同期压差允许 1% 并网后录波分析数据

时刻		I_a	I_b	I_c	P	Q
并网瞬间	二次值	0.065A	0.048A	0.081A	9.043W	5.713var
	一次值	104A	76.8A	129.6A	2.27MW	1.435Mvar
并网后 1s	二次值	0.225A	0.201A	0.243A	22.116w	30.055var
	一次值	360A	321.6A	388.8A	5.56MW	7.55Mvar
并网后 2.5s	二次值	0.293A	0.268A	0.305A	31.179W	36.914var
	一次值	468.8A	428.8A	488A	7.83MW	9.27Mvar

　　从并网后效果来看，同期压差允许值为 1% 并网后的效果更佳。无论是并网瞬间及并网后 2.5s 后的电流及无功功率均非常小。图 45-6 所示为并网后 6s 内的阻抗轨迹，显示最小阻抗为 100Ω 左右，远大于保护整定的 38.1Ω。

　　该次事件中，排除了非同期并网因素，由于并网时系统侧与待并侧存在压差，在励磁系统无功调差系数的放大作用下，无功功率快速增加，所以定子电流也相应增加。误上电保护是在并网后 3s 才自动退出，而在 2.5s 时刻由于定子电流的增加导致运行阻抗落入整定阻抗范围内，因此保护动作。

四、解决措施

　　为避免并网时误上电保护误动，从保护误动的根本原因及并网时的压差大的危害性出发，采取以下两点措施，其中缩小并网压差值是为并网瞬时电流更趋平缓。

（1）修改发电机误上电保护"延时返回时间元件 t_3"，t_3 由 3s 改为 1s。只要保证并网断路器可靠地跳闸，并留有一定裕度即可，参考南瑞继保及南京自动化厂家保护原理自动退出时间均为 500ms 以内。

（2）缩小并网时待并侧与系统侧的压差。由于当代励磁系统具有快速调节响应特性，缩小压差整定值基本不影响并网速度，因此将压差整定值由 5% 改为 1%。使得并网时压差控制在 1% 内，减小因压差带来的无功大幅增加，通过修改参数后运行显示，图 45-6 所示为并网后 6s 内的阻抗轨迹，显示最小阻抗为 100Ω 左右，远大于整定的 38.1Ω，并且并网瞬间电流也变得更小。经过修改后机组并网顺利，未再发生异常。

五、总结

经检查，发电机同期、定值整定等方面均达标。该次事件非人为及技术操作失误等，而是因为"同期压差较大""延时返回时间原件定值过长"等因素的综合作用导致，在经过针对性措施解决此类问题的基础上，为保证更加安全可靠的并网，还建议作出以下改进。

（1）由于该厂误上电保护端子电流、电压取自发电机机端，该机组发电机与主变压器之间无断路器，并网或解列是靠操作主变压器高压侧断路器进行，若停机或启机过程中，将发电机机端 TV 的高压熔丝拔出，则误上电的阻抗判据将失效，因此在检修过程中需对机端 TV 或机端 TA 回路做检修维护时，需做好安全措施预防主变压器高压断路器误合闸。

（2）误上电保护在发电机正常运行时退出运行，虽然保护原理上并网后能自动退出，但是出于可靠性建议将功能硬连接片也退出。在发电机停机状态甚至解列期间，应确保误上电保护投入，特别是发电机停机或检修过程中，即使其他保护退出也应保证误上电保护投入。

（3）定期校验同期装置的采样精度，使测量误差在规定的范围内。

（4）机组并网时，不能为追求并网速度而放宽并网条件。由于励磁系统无功调差功能的投入，并网前应适当先手动调整机端电压接近系统电压再启动同期并网，防止在无功调差作用下由于并网两侧压差偏大而并网后无功增幅过快。

（5）加强保护定值管理及对励磁系统定值的管理。

参考文献

［1］黄耀群，李兴源.同步电机现代励磁系统及控制.成都：成都科技出版社，1993.

［2］李基成.现代同步发电机励磁系统设计及应用.北京：中国电力出版社，2011.

案例 46　TA 二次开路导致机组跳闸原因分析与处理

肖海鹏

一、设备概况

某电厂二期装备两台 390MW 燃气－蒸汽联合循环发电机组，发电机出口电压为 19kV，经发电机出口断路器 GCB 与主变压器相连接，以单元制形式接入 220kV 系统，升压站采用双母线接线方式。出线 3 回，分别为横翠甲线、横翠乙线、横门联线。各机组的厂用电为主变压器－高压厂用变压器下送，两套机组厂用电互为备用。如图 46-1 所示。

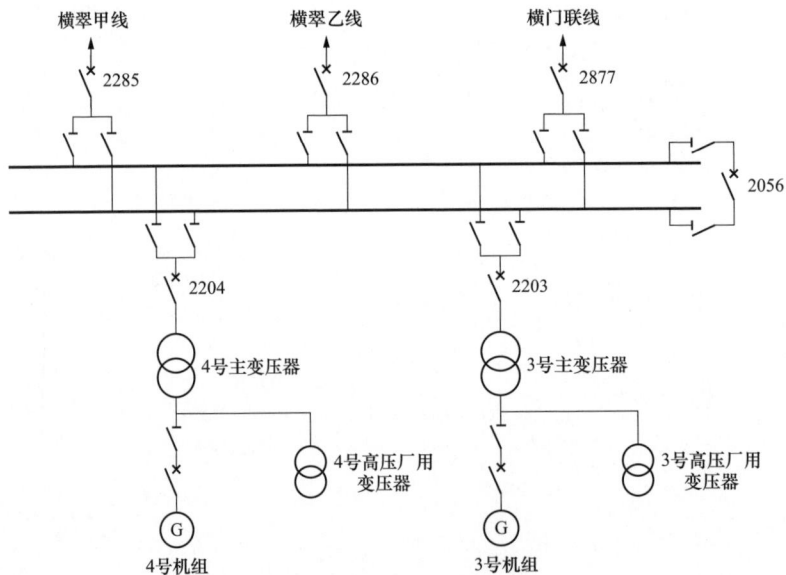

图 46-1　二期主接线图

二、事件经过

事件发生前，二期 220kV GIS 站 5M、6M 母线分列运行；横旗乙线、横旗甲线、3 号主变压器挂 5M；横门联线、4 号主变压器挂 6M；3 号机组运行。

2011 年 3 月 17 日，3 号机组带负荷 370MW，DCS 发"3 号主变压器保护报警"，3

号发电机 – 变压器组跳闸。6kV 快切动作，3 号机组 6kV 段工作进线开关 6303 跳开，6kV 段备用进线开关 6403 自投正常。

三、事件的原因查找与分析

（一）3 号机组跳闸的原因分析

1.3 号机组跳闸的原因

3 号机组跳闸后，检查发现 NCS 报"主变压器厂用高压变压器保护屏厂用高压变压器差动动作"。现场检查主变压器厂用高压变压器保护 A 屏厂用高压变压器差动动作，主变压器厂用高压变压器保护 R 屏无动作信号。主变压器厂用高压变压器保护 A 屏保护装置动作报告为厂用高压变压器差动动作，动作相别为 C 相。查询保护装置录波发现备用中的厂用高压变压器低压侧 B 分支 C 相电流突变（见图 46-2），将保护 A 屏退出后，检查保护装置电流采样板 TV/TA-1，发现厂用高压变压器保护电流采样板有击穿烧焦的痕迹，故障点情况见图 46-3。击穿的采样板电流回路如图 46-4 所示，为主变压器通风 TA 二次回路（B 相）与高压厂用变压器差动限时速断过电流（B 分支侧）的 C 相之间发生绝缘击穿。

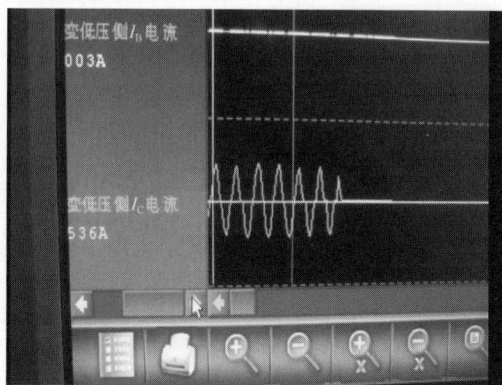

图 46-2　厂用高压变压器低压侧 B 分支
C 相电流突变

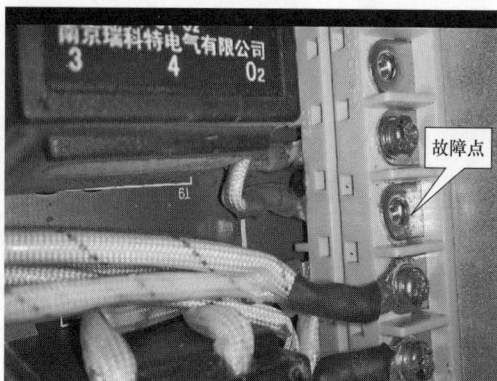

图 46-3　厂用高压变压器保护 A 屏电流
采样板故障

由于保护装置电流采样板上两相邻接线端子间绝缘击穿，所以主变压器通风采样电流串入备用中的厂用高压变压器低压侧 B 分支 C 相电流采样回路，引起厂用高压变压器差动动作。高压厂用变压器差动保护动作出口，跳开 3 号主变压器高 2203 开关、

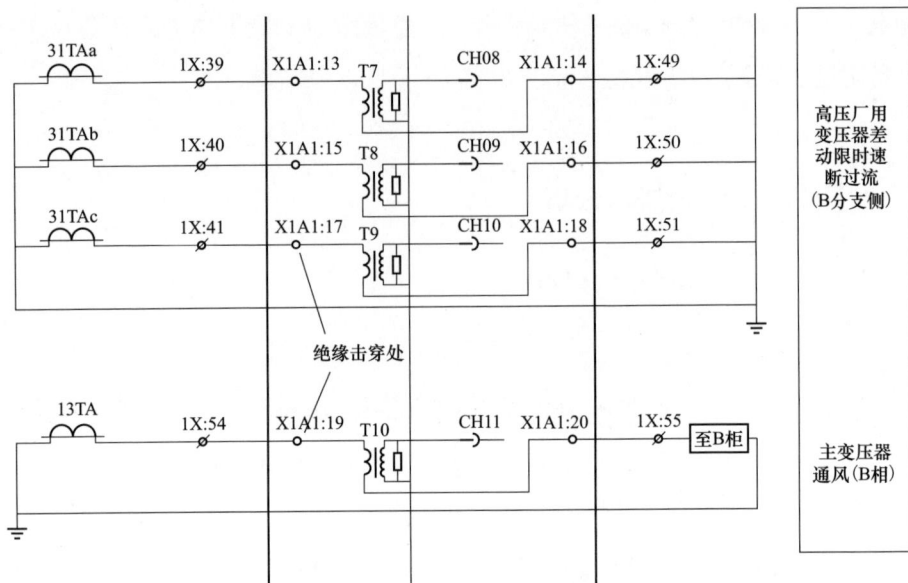

图 46-4　击穿的采样电流回路

3 号发电机出口 803 开关、3 号高压厂用变压器低压侧 A、B 分支 6303、6304 开关，3 号机组跳闸。保护启动快切装置，使 3 号机组 6kV 段备用进线开关 6403 自投正常，保证厂用电不失。

2. 保护电流采样板绝缘击穿的原因分析

2011 年 3 月 20 日，运行人员检查发现 3 号主变压器本体端子箱处存在接线端子烧焦的情况，如图 46-5 所示。通知电二检修人员检查后，确定是主变压器高压侧的 TA 接线端子烧焦。经过对线路的排查，发现通风回路（B 相）的 N4111 没有接地点，与设计的施工图纸不符。按照设计图纸（见图 46-6），主变压器通风的 TA 二次电流回路 A、B、C 三相的非极性端 N 相应该短接在主变压器本体端子箱接地（端子 6、13、20），极性端 A、C 短接在主变压器本体端子箱接地（端子 5、19），而 B 相的极性端 B4111 和非极性端 N4111 则通过电缆给主变压器保护 A、B 屏的主变压器通风启动使用。而现场的实际接线情况是端子 6、13 短接后没有与端子 20（接地点）短接（见图 46-7 和图 46-8），这种接法造成实际运行时 A 相 TA 二次回路没有构成回路，即造成了 A 相电流互感器二次回路开路。主变压器高压侧 A 相 TA 二次回路开路后，造成与之相关联的回路及设备产生过电压。

结合 3 月 17 日保护装置电流采样卡板在主变压器通风 TA 二次回路（B 相）与高压厂用变压器差动限时速断过电流（B 分支侧）的 C 相之间发生绝缘击穿的情况，由

图 46-5　烧熔的主变压器 TA 端子排

图 46-6　正确的主变压器通风电流回路图

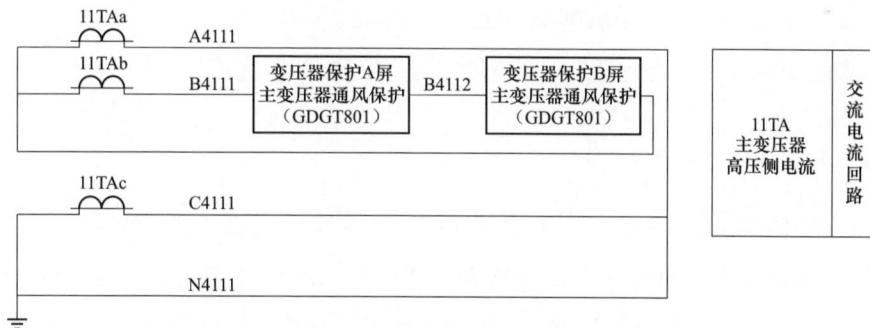

图 46-7　现场错误接线的主变压器通风电流回路图

于 A 相 TA 二次回路开路，所以导致 A 相和相连通的 B 相 TA 二次回路产生高电压。在电流采样卡板中，主变压器通风回路与差动 C 相 TA 回路相邻近，高电压击穿绝缘导致电流串入高压厂用变压器差动回路引发跳闸事故。

3 月 17 日更换电流采样卡板后，检查主变压器通风用的主变压器 TA 二次电流回路未见开路，使用绝缘电阻表测电缆绝缘合格，但为安全考虑，暂时在主变压器本体端子箱处短接主变压器通风电流 TA 二次回路。在保护屏将该电流回路电缆解口包扎，

组件信号接线端子X3			
	端子标号	接头端号	说明
A4131	1	A–1S1–1	
N4131	2	A–1S2–2	1500/1, 5P30, 30VA
A4121	3	A–2S1–3	
N4121	4	A–2S2–4	1500/1, 5P30, 30VA
A4111	5	A–3S1–5	
N4111	6	A–3S2–6	1500/1, 0.5, 30VA
A4122	7		
B4131	8	B–1S1–1	
N4131	9	B–1S2–2	1500/1, 5P30, 30VA
B4121	10	B–2S1–3	
N4121	11	B–2S2–4	1500/1, 5P30, 30VA
B4111	12	B–3S1–5	
N4111	13	B–3S2–6	1500/1, 0.5, 30VA
	14		
C4131	15	C–1S1–1	
N4131	16	C–1S2–2	1500/1, 5P30, 30VA
C4121	17	C–2S1–3	
N4121	18	C–2S2–4	1500/1, 5P30, 30VA
C4111	19	C–3S1–5	
N4111	20	C–3S2–6	1500/1, 0.5, 30VA
	21	C–4S1–7	
	22	C–4S2–8	1500/2, 0.5, 20VA

接A相TA
8×4mm² 控制电缆

接B相TA
8×4mm² 控制电缆

接C相TA
8×4mm² 控制电缆

通风

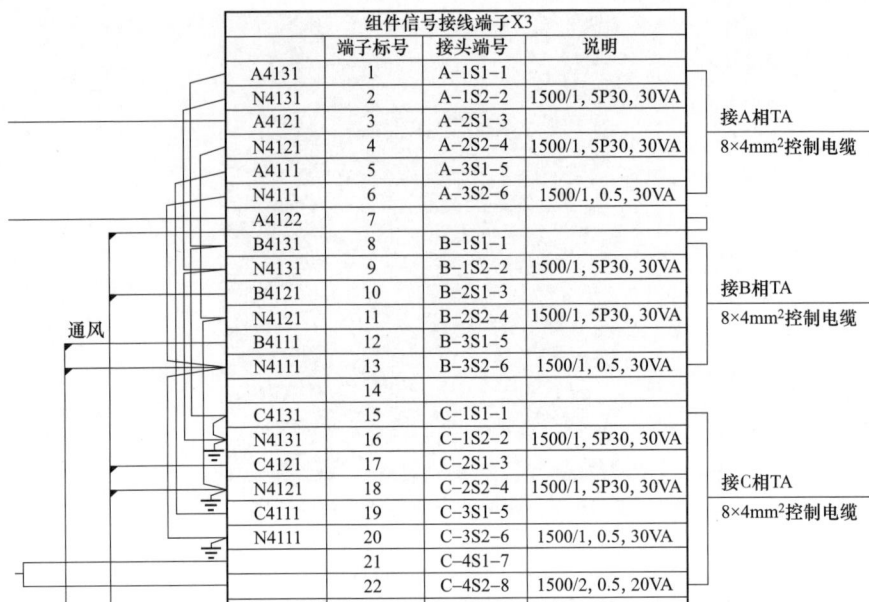

图 46-8　相关的端子排图

待以后再做进一步的检查。

短接主变压器通风电流 TA 二次回路后，接错线导致的高电压集中在主变压器端子箱的 B4111 端子处，最终导致了端子绝缘击穿，端子烧焦。

至此，分析该次 3 号机组跳闸、主变压器 TA 端子烧焦，以及 3 号机之前发生过的电缆绝缘层烧焦和两次卡件烧坏事件，根本原因为二期建设期间接线错误，导致 TA 开路。

（二）TA 二次开路的危害

电流互感器即 TA 一次绕组匝数少，使用时一次绕组串联在被测线路里，二次绕组匝数多，与测量仪表和继电器等电流线圈串联使用，测量仪表和继电器等电流线圈阻抗很小，因此正常运行时 TA 是接近短路状态的。

TA 二次电流的大小由一次电流决定，二次电流产生的磁电势，是平衡一次电流的磁电势的。若二次开路，其阻抗无限大，二次电流等于零，其磁电势也等于零，就不能去平衡一次电流产生的磁电势，则一次电流将全部作用于励磁，使铁芯严重饱和。磁饱和使铁损增大，TA 发热，TA 线圈的绝缘也会因过热而被烧坏。还会在铁芯上产生剩磁，增大互感器误差。

最严重的是由于磁饱和，交变磁通的正弦波变为梯形波，在磁通迅速变化的瞬间，二次绕组上将感应出很高的电压，其峰值可达几千伏，会威胁人身安全，或造成仪表、保护装置、互感器二次损坏。

TA 二次开路，二次电流等于零，仪表显示不正常，保护可能误动、拒动。因此 TA 在任何时候都不允许二次侧开路运行的。

四、TA 二次开路的处理及应对措施

1. TA 二次开路的原因

TA 二次回路开路常见的几种原因如下：

（1）二次侧电缆绝缘损坏、断线，造成二次回路开路。

（2）电流回路中的试验端子或连接片，由于结构或质量上存在着某些缺陷，在运行中发生螺杆和铜板螺孔之间的接触不良而造成开路。

（3）二次线端子接头压接不紧，回路电流很大时，发热或氧化严重时造成开路。

（4）工作人员失误错误接线。

（5）接线盒受潮，端子螺丝和垫片锈蚀过重造成开路等。

2. TA 二次开路的处理及应对措施

检查处理 TA 二次开路故障，要尽量减小一次负荷电流，以降低二次回路的电压。操作时注意安全，要站在绝缘垫上，戴好绝缘手套，使用绝缘良好的工具。

（1）发现 TA 二次开路时，应先分清故障属于哪组电流回路，开路的相别对保护有无影响，并向调度报告解除可能误动的保护。

（2）尽量减小一次绕组负荷电流，若 TA 严重损伤，应转移负载停电处理。如有旁路，可采用旁路供电，保证供电的可靠性。

（3）尽量设法在就近的试验端子上，将 TA 二次绕组短路，再检查处理开路点。短路时应使用短路线或专业短路线，禁用导线缠绕。

（4）注意短路过程中发生的现象，若短路时有火花，说明短路有效，故障点就在短路点以下的回路中，可进一步查找缩小范围。

（5）在故障范围内，应检查容易发生故障的端子及元件，检查回路中有人触动过的地方。对检查出的故障，能自行处理的立即处理，然后投入退出的保护。若开路点在 TA 本身的端子上，应停电处理。

（6）在短路二次回路绕组时，工作人员一定要坚守防护制度，一人操作一人监护，与带电设备保持适当的安全距离。操作人员必须穿绝缘靴，戴绝缘手套，使用带绝缘

把手的工具。严禁在 TA 与短路点之间的回路上工作。

五、结语

运行中电流互感器二次回路开路是一个非常严重的问题，防止二次回路开路应以预防为主。在二次回路上要以严谨细致的态度进行工作，严格执行安全工作规定，杜绝人为造成二次回路开路故障问题，以保证电力系统的安全运行。

案例 **47** 交流串入直流回路导致发电机 – 变压器组同时跳闸
原因分析与处理

肖海鹏

一、设备概况

某电厂二期装备两台 390MW 燃气 – 蒸汽联合循环发电机组，发电机出口电压为 19kV，经发电机出口断路器 GCB 与主变压器相连接，以单元制形式接入 220kV 系统，升压站采用双母线接线方式。出线 2 回，分别为横翠甲线和横翠乙线。根据电厂所在区域负荷分布情况，在建一回出线横门联线，以实现机组负荷的灵活送出。横门联线为电厂一期与二期的联络线路，联线最大输送功率约为 590MVA。如图 47-1 所示。

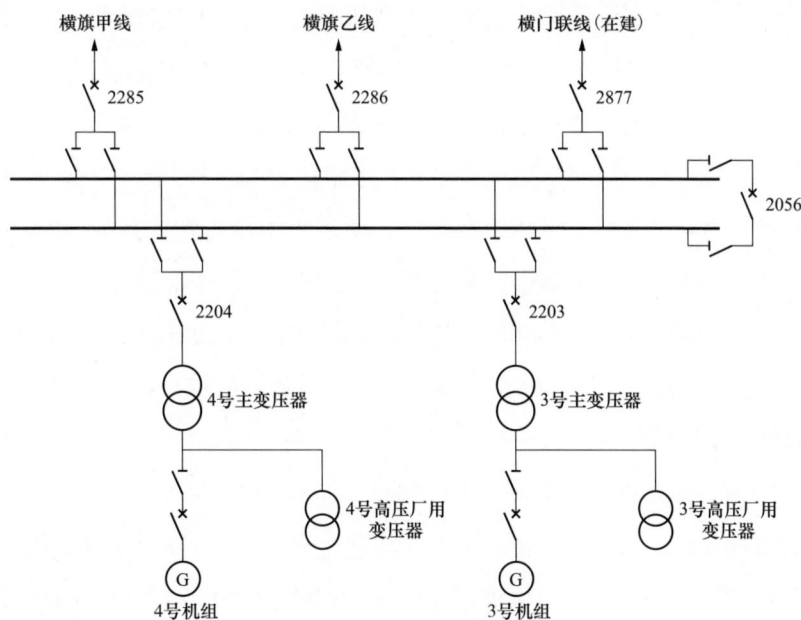

图 47-1　二期主接线图

二、事件经过

事件发生前，二期 220kV GIS 站 5M、6M 母线并列运行，3 号主变压器挂 5M，机组有功负荷为 300MW，横旗乙线、4 号主变压器挂 6M，机组负荷为 25MW。横旗甲线检修，横门联线未投运，工程在建设中。

2010 年 2 月 7 日 9∶38∶22，二期 GIS 站 110V 直流 I、II 母线正极接地报警；9∶38∶26，3、4 号机主变压器高压侧开关 2203、2204 同时跳闸，机组 MARK Ⅵ 控制系统逻辑联跳发电机组，横旗乙线 2286、母联 2056 运行正常。

主变压器跳闸后，两台机组厂用电失去，3、4 号机柴油发电机启动正常，4 号直流润滑油泵启动正常，但 3 号机直流润滑油泵启动失败，3 号机大轴惰走时间较正常大幅缩短。

三、事件的原因查找与分析

（一）事件发生的原因查找

1. 事件现象分析

根据现象，正常情况下能同时跳两台主变压器变高 2203、2204 开关的只有母差保护和失灵保护，但检查该保护未动作，而且线路和母联开关仍保持运行。

检查发现 GIS 站直流系统正极全接地且有交流电 220V，现场查询直流绝缘监测装置发现主变压器高压侧测控柜支路接地报警，电阻值为 0，主变压器电能表屏支路也接地报警，电阻值为 0。由于机组在正常运行，所以无检修工作，只有 220kV 横门联线正在建设，而且有施工人员在现场封堵电缆孔。立即对二期 220kV 横门联线 2877 新间隔进行检查，切开 2877 汇控柜的报警电源及指示灯电源开关后，直流接地报警立即消失，测量直流系统不再有交流电。由此确定交流电是从该汇控柜串入了直流回路。

2. 交流窜直流原因分析

现场检查横门联线 2877 汇控柜发现：施工人员误将 I 5 端子排的 48、49 端子接线接入 I 4 端子排的 48、49 端子。I 4 端子排的 48、49 端子是直流正极电源 PL1，设计接入 I 5 端子排的 48、49 端子的电缆带交流电，220V 交流电串入直流回路引起 GIS 站直流系统正接地，见图 47-2。

在没有监护人的情况下，电厂施工人员私自进入 GIS 站，在 2877 开关汇控柜内进行电缆孔封堵。当时暴雨，室内光线昏暗，施工人员需开柜内照明进行作业，却误将开关指示灯电源（直流）合上，导致交流电经该开关串入直流系统，这是导致直流接地的直接原因。

案例47　交流串入直流回路导致发电机－变压器组同时跳闸原因分析与处理

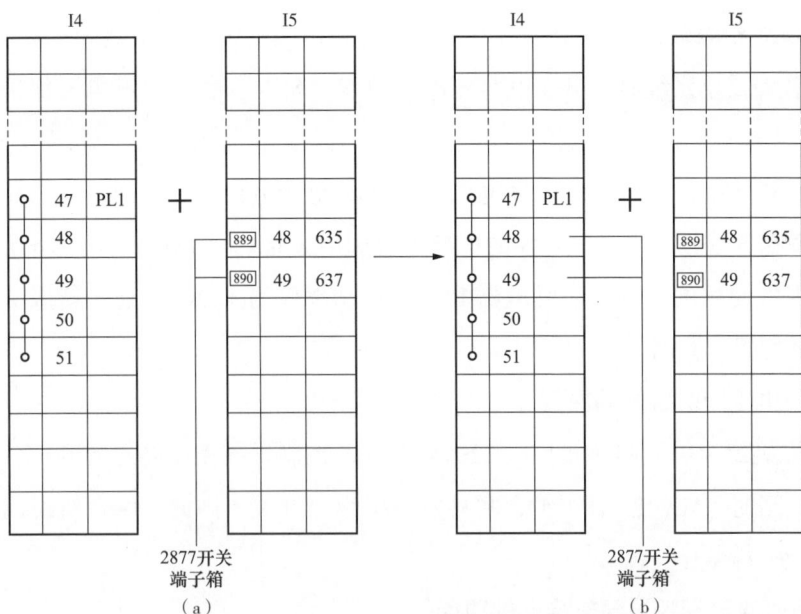

图 47-2　横门联线汇控柜端子排接线示意图

（a）设计正确接线；（b）现场实际错误接线

3.3、4 号机主变压器高压侧开关同时跳闸原因分析

为确定交流电串入直流系统会导致主变压器高开关跳闸，特通过模拟试验进行验证。在做好相关安全措施的情况下，通过模拟交流 220V 电源串入 110V 直流正极并进行录波。试验录波如图 47-3 所示，发现 3、4 号机 BCJ2 有动作出口。

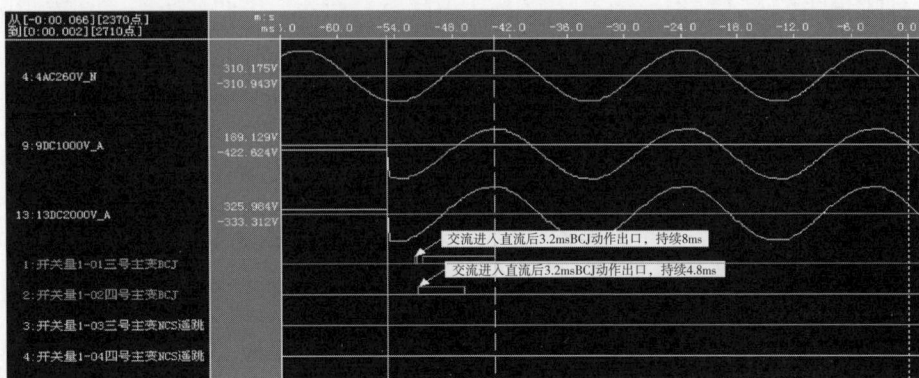

图 47-3　模拟试验录波图

试验结论为：当交流电源从直流系统正极进入直流系统后，发电机－变压器组继电器屏 3 号主变压器和 4 号主变压器保护出口继电器（BCJ2）有误动的现象。

保护出口继电器有误动的原因分析为：发电机－变压器组保护屏与发电机－变压

器组继电器屏相隔较远（约 350m），同电缆内并排两电缆芯线正负间存在分布电容，当交流电串入直流系统时，分布电容放电导致发电机 – 变压器组继电屏保护出口继电器（BCJ）动作；同时设计未按照《广东省电力系统继电保护反事故措施》（2007 年版）的 4.2.10 条执行，即未考虑发电机 – 变压器组继电器屏保护跳闸出口继电器 BCJ 的动作功率在连线长、电缆电容大的情况下应选用大启动功率（不小于 5W）跳闸出口继电器（现场使用的保护出口继电器 BCJ 动作功率仅为 1.2W），这是造成 2 台主变压器同时跳闸的根本原因。

4. 两台机组同时跳闸的原因

3、4 号机组为单元制形式接入 220kV 系统，控制系统无孤岛运行方式，当主变压器高开关跳闸时，MARK–Ⅵ逻辑会联跳发电机出口开关。因此，两台机组同时跳闸的原因为主变压器高开关跳闸。

5. 3 号机直流润滑油泵未启动的原因

3、4 号机组跳机后，两台柴油机都自启动正常，4 号机油泵运行正常，但 3 号机在柴油机启动前直流油泵未联动，导致轴瓦短时缺油（柴油机自启动到带载约需 16s）。

3、4 号机厂用电失去，380V 失压后，两台交流润滑油泵停止运行，只有靠热工的低油压联锁启动直流润滑油泵。事后检查、试验，保护回路的压力开关工作正常，保护电气回路正常，事故联锁能启动直流润滑油泵。

对润滑油压力开关管路进行排查，分析直流油泵未启动的原因为：①取样管路未按照设计图纸施工，增加了一次门。②热工取样管路较长，中间接头多，有堵塞现象。③热工取样管路采用 $\phi 10$ 的不锈钢管，且为几个压力开关共用一条管路，对泄油速度也有影响。以上原因，导致润滑油压力开关未正常动作，直流油泵未启动。

（二）事件造成的危害

1. 交流串入直流回路的危害

交流串入直流回路的常见原因为：交直流回路共用电缆、系统一次短路电流串入二次回路、端子排潮湿凝露、雨水浸入、交直流电缆破损、误碰、误接线等。该次事故的发生就是由于工作人员误接线导致的。

在电力系统中，直流电源作为主要电气设备及控制、信号的电源，由于电缆分支和接线头较多，所以极易发生直流接地故障，从而对继电保护装置的误动、拒动等产生较大的影响。而交流串入直流回路除了具有金属性直流接地所具有的危害之外，还对继电保护装置自动装置及直流系统接入的设备具有很大的破坏作用，容易导致继电保护装置产生错误的动作而引发事故。

2. 两套发电机 – 变压器组同时跳闸的影响

由于二期机组的厂用电为主变压器 – 高压厂用变压器下送，两套机组厂用电互为备用。两台主变压器跳闸，直接导致机组跳闸，同时二期的厂用电失去，影响电网的安全稳定运行，也影响机组安全停运。厂用电失去，将导致机组失去控制油、给水、凝结水、闭式水、开式水、真空泵、压缩空气、轴封蒸汽等，若保安及备用电源不能及时投用，将会造成轴瓦烧损、设备损坏等事故。

3. 直流油泵启动失败的危害

厂用电失去，柴油发电机自启动到带载约需 16s，由于直流油泵未联动，导致轴瓦短时缺油，3 号机组 1、2、6 号轴瓦及 1、2 号轴颈损伤。

四、事件的处置措施

1. 交流串入直流回路的处置措施

（1）处理原则。运行人员加强信号监视力度，发现问题及时处理。发生直流系统接地时，要注意停止操作，查清楚原因再行动。排查直流接地时，要先考虑有没有交流串入，若有需先切断对应的交流电源。排查直流接地时，直流电源的开关要尽量避免试合，以防扩大事故。原因是在交流电串入直流的回路中，工频的交流电会致使直流小空气开关发热突然跳开，这时如果合上去，直流回路就会更多地被交流电影响。

（2）管理措施。明确各部门管理职责，理顺生产运营与工程项目建设的关系，明确管理责任、清晰工作界面，加强不同部门间的沟通联系和协调配合。按照承包商管理程序，识别安全风险，落实安全措施，切实执行工作票监护人制度。

运维人员加强直流及交流系统的管理，尤其是扩建和改造工程的时期，外包单位进行安装和调试直流和交流电时要严格掌控，将人为导致事故的可能性降到最低。

施工单位在完成改造扩建工程相关设备调试工作，二次接线完成并确认回路正确，绝缘良好，具备验收条件需接入运行直流电源时，应提出申请，专业组验收合格后，方可由运行人员投入直流分屏上的直流电源开关。严禁施工人员擅自投退直流分屏上的直流电源开关。

（3）反事故措施。事故由交流串入直流回路引发，针对这一问题，将主变压器保护屏至发电机－变压器组继电器屏同电缆内并排正负两电缆芯线分布到不同电缆，减少同一电缆长线路并排正负芯线间的电缆分布电容。

同时将主变压器保护出口中间继电器（BCJ）换型，选用大动作功率（不小于 5W）跳闸出口继电器。

通过减少电缆电容，增大跳闸继电器的工作功率，防止交流串入直流回路引发开关跳闸。

2. 发电机－变压器组跳闸、全厂停电的处理原则

全厂停电事故发生后，要首先快速限制事故的发展，消除对人身的威胁。在保证事故不扩大的情况下，尽快恢复厂用系统特别是保安电源的供电，优先恢复润滑油泵等重要辅机的运行，保证机组安全停运。

完善厂用电全停应急预案，充分做好事故预想和演习，运行人员熟悉厂用电全停后的应急操作。

针对电厂两套机组厂用电互为备用，当主变压器或高压厂用变压器检修时无备用电源，厂用电可靠性降低的问题，结合电厂实际，从电厂的一期工程（后接至电厂三期项目）接引一路 6kV 应急电源至 3、4 号机组 6kV 段，作为二期机组厂用电全停后的临时应急电源。该措施可保证二期厂用电失去后，少量重要辅机的供电，以确保机组安全停运。

3. 直流油泵启动失败的处置措施

由于厂用电失去后，柴油发电机启动需要 16s 才能启动带负荷，所以这段时间对直流油泵的可靠启动要求非常高。

（1）直流油泵电气启动回路改造。在 380V 工作 A 段和保安段 TV 柜上加装低电压继电器（整定 25V），当 380V 工作 A 段或保安段失压时，低电压联动直流润滑油泵和密封油泵，保证油系统的供油，避免被动地等待低油压启动；控制台油泵的运行指示灯也进行了改造，保证只要有油泵在运行，该按钮的指示灯就亮（原设备不亮），改造后运行人员可以一目了然地观察到油泵的运行状态。

（2）热工启动回路改造。将整个润滑油热工仪表屏的仪表移到润滑油母管取样口附近，大幅减少取样管的长度；重新铺设取样管路共 12 条，取样管均采用外径 $\phi 14$ 的不锈钢管，并保证每条取样管上的直通接头不超过一个，采用焊接的方式进行连接；施工中严格按照设计图纸，不设一次门，所有卡套接头上不允许使用生料带；压力开关 PS266A/B 采用互为冗余的接线方式，保证动作的可靠性。

（3）保安电源改造。由于柴油发电机启动时间无法缩短，所以为尽可能缩短保安电源的失电时间，从一期6kV段（后接至三期）接引一路电源，通过加装保安变压器下送至3、4号机保安段，作为第四路电源。通过加装电源切换装置，当二期厂用电失去后，保安电源切换至保安变供电，安装后切换电源保安段失电时间170ms，可保证润滑油不失压。

五、结语

本案例是一起承包商工作人员将交流电错误接入直流回路而引发电厂厂用电全停，进而导致机组大轴断油烧瓦的事故。通过分析事故发生的原因及危害，提出解决交流串入直流回路、厂用电全停及直流油泵启动失败的处置措施，以保证机组的安全稳定运行。为此提出以下建议：

（1）加强工程建设期间交直流电源的管控，加强直流接地处理，避免工作人员误操作。

（2）通过减少电缆电容，增大跳闸继电器的工作功率，防止交流串入直流回路引发开关跳闸。

（3）加强应急演练，熟悉全厂失电后的事故处理。

（4）增设6kV应急电源及保安电源，缩短失电时间，尽快恢复重要负荷的供电。

（5）从电气及热工两方面改造，保证直流油泵的启动可靠。

案例 48 冷却器全停导致主变压器跳闸原因分析与处理

肖海鹏

一、设备概况

某电厂二期装备两台 390MW 燃气 – 蒸汽联合循环发电机组，发电机出口电压为 19kV，经发电机出口断路器 GCB 与主变压器相连接，以单元制形式接入 220kV 系统，升压站采用双母线接线方式。出线 2 回，分别为横旗甲线、横旗乙线。各机组的厂用电为主变压器 – 高压厂用变压器下送，两套机组厂用电互为备用。如图 48-1 所示。

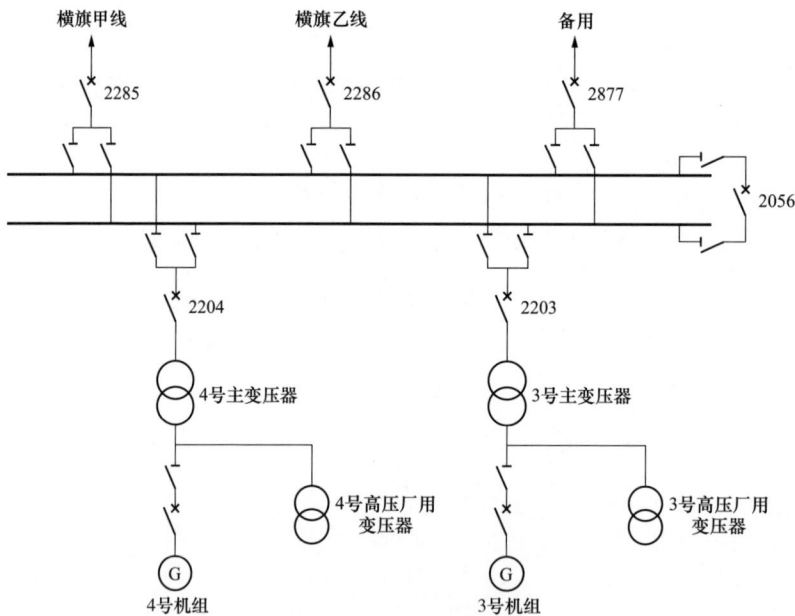

图 48-1 二期主接线图

3、4 号主变压器的冷却方式采用强迫油循环风冷冷却方式，运行中冷却器控制装置故障或工作电源消失，将导致冷却器全停。主变压器冷却器电源由两路供电，分别取自机组 380V 工作段和机组 380V 保安段。

二、事件经过

事件发生前，二期 220kV GIS 站 5M、6M 母线并列运行，横旗甲线、3 号主变压器挂 5M，横旗乙线、4 号主变压器挂 6M，3 号机组停运，4 号机组处于安装调试阶段。

2009 年 5 月 27 日，按计划在 6：00 进行横旗甲、乙线线路同停操作。

送出线路横旗线停运前，需先将 3、4 号主变压器停运。运行人员按要求先将 3、4 号主变压器负荷停运，为主变压器停运做好准备。

05：32，停 4 号机组保安段，停 4 号机组 380V 工作 B 段。

05：35，停 4 号主变压器冷却器电源，停 4 号机组 380V 工作 A 段。

05：40，停 4 号机组的 6kV 厂用电。

06：07，发现 4 号主变压器高开关 2204 跳闸，检查发现是由于 4 号主变压器冷却器全停导致。

三、事件的原因查找与分析

1. 主变压器跳闸的原因分析

（1）主变压器跳闸的原因。主变压器跳闸后，检查主变压器保护 C 屏，发现"主变压器冷却器全停"保护动作出口，同时检查现场主变压器冷却器均停止运行，确定主变压器跳闸的原因为冷却器全停导致。

结合主变压器停运前运行值班人员进行的操作，先后将机组保安段及机组 380V 工作 A 段停电，导致主变压器冷却器的两路电源失去，使冷却器全停。在"主变压器冷却器全停"保护投入的情况下，保护动作使主变压器跳闸。

（2）主变压器冷却器全停保护动作分析。主变压器正常运行时，"主变压器冷却器全停"保护投入，主变压器冷却器全停后，保护延时动作出口跳开主变压器高开关。主变压器运行中发生冷却器全停，当主变压器上层油温未达到 75℃ 时，经 60min 延时跳闸，若油温达到 75℃，经 20min 延时跳闸。主变压器冷却器全停跳闸回路如图 48-2 所示，2ST 为油面温度计，1KT、2KT 为直流时间继电器。

按保护定值整定，时间继电器 1KT 动作时间为 10min，时间继电器 2KT 动作时间为 50min，主变压器保护 C 屏中"主变压器冷却器全停"动作延时 T11 为 10min。

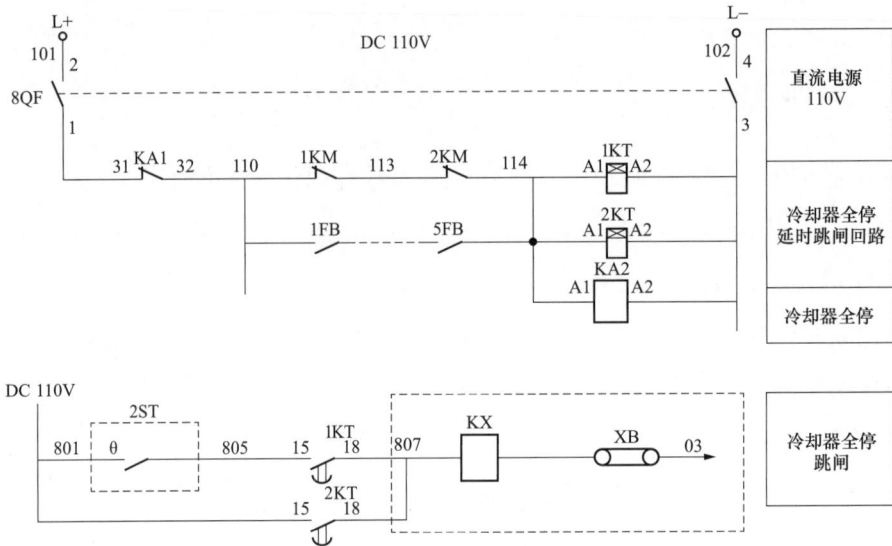

图 48-2 主变压器冷却器全停跳闸回路图

当发生冷却器全停，主变压器油面温度未达到 75℃时，保护经 2KT 延时 50min 及 C 屏保护 T11 延时 10min，共 60min 后动作出口；若主变压器油面温度达到 75℃，则保护经 1KT 延时 10min 及 C 屏保护 T11 延时 10min，共 20min 后动作出口。

运行值班人员在 5：35 操作使主变压器冷却器双电源同时失去，导致冷却器全停，经延时 30min 后，主变压器跳闸。通过查询主变压器油面温度，由于 4 号主变压器未带负荷，所以冷却器全停后，油温最高升至 35℃，并未达到延时 20min 跳闸的 75℃油温，而保护动作延时也没有达到油温低于 75℃时的 60min。检查保护定值设置情况，发现时间继电器 2KT 的动作时间设置为 20min 有错误。

结合上述情况，"主变压器冷却器全停"的动作情况为：主变压器冷却器双电源失去后，触发时间继电器 2KT 动作计时，20min 后时间继电器动作使主变压器 C 屏保护延时 10min，保护出口使主变压器跳闸。

2. 主变压器冷却器全停的危害

作为电网核心设备之一的电力变压器，其稳定、可靠地运行将对电力系统安全运行起重要作用。冷却器作为变压器重要的辅助设备，其作用主要是降低变压器油温。

强迫油循环冷却方式，是把变压器中的油，利用油泵打入油冷却器后再返回油箱。油冷却器做成容易散热的特殊形状，利用风扇吹风或循环水作为冷却介质，把热量带走。这种方式若把油的循环速度比自然对流时提高 3 倍，则变压器可增加容量 30%。强油循环变压器的构造与普通的油浸风冷变压器是完全不同的，它的散热面是平的，不像普通变压器内部为了加强散热有许多皱折，如果没有冷却系统，变压器内部的热量只有很少一部分能够散发出去，大部分热量会聚集在主变压器内部，温度上升很快，在很短时间内就会造成变压器的损坏。因此，这种主变压器对冷却系统的可靠运行提出了更高的要求，一方面冷却系统必须长期不间断地运行，另一方面必须有能够自动切换的备用冷却器及两组独立电源。在工作冷却器或电源故障时备用冷却器或另一组电源能够随时自动投入运行，保证冷却系统不间断地运行。

　　强迫油循环风冷主变压器冷却器全停是电力系统中非常严重的事故，如果处理不及时或不得当，将造成主变压器停运，导致大面积停电的严重后果。

四、主变压器冷却器全停的应急处置及防范措施

1. 主变压器冷却器全停的应急处置措施

　　主变压器在运行中冷却器全停，在额定负载下允许运行 20min，若油面温度未达到 75℃，则允许上升到 75℃。但最长运行时间不应超过 1h。

　　因此，当发生主变压器冷却器全停时，迅速地分析处理故障，恢复冷却器正常运行，具有十分重要的意义。

　　当主变压器发生冷却器全停故障时，一般 DCS 光字牌发出"主变压器冷却器故障"、"主变压器冷却器 I 路故障工作电源故障""主变压器冷却器 II 路故障工作电源"等报警。运行值班人员应立即采取下列措施进行处理：

　　（1）汇报值长，做好降负荷的准备，并立即派人就地检查确认主变压器冷却器运行状态，同时严密监视主变压器油温上升情况。若油温上升则立即解除 ACC，降低机组负荷，控制主变压器油温上升趋势；当油温超过 65℃时，"主变压器油温高"报警，控制主变压器油温不接近和不超过 75℃，并及时通知电气、继保人员。

　　（2）若就地确认主变压器冷却器运转正常，油温正常，则停止降低机组负荷，汇报值长退"主变压器冷却器全停"保护连接片，通知检修查找误报警原因。

　　（3）若就地确认主变压器冷却器已全停，应加快降负荷速率，密切监视主变压器油温上升趋势，尽量降低发电机有功和无功负荷，使主变压器油温不超过 65℃。在事发 1h 内不能恢复冷却器运行使主变压器冷却器全停保护复位时，应做好停机事故预想，汇报值长请示总工同意退主变压器冷却器全停保护。当主变压器油温接近或超过 75℃时，应做好事发 20min 之内主变压器冷却器全停保护动作停机的事故预想。

（4）若检查冷却器两路电源进线三相均有电，则对控制箱内设备外观和气味进行检查，检查冷却器空气开关和热电偶动作情况。未发现明显异常的前提下，将各组冷却器打到"停止"位，并断开各组冷却器电源空气开关后，验明冷却器电源母线无电后以绝缘电阻表测绝缘，绝缘正常即可手动试送一路工作电源到冷却器电源母线上。逐个以绝缘电阻表测各组冷却器空气开关至发电机的动力回路绝缘正常后逐个合上电源空气开关，打到"工作"位运行，确认主变压器冷却器全停时间继电器复位。若发现有某一组冷却器空气开关跳闸或热电偶动作，应断开该组冷却器电源空气开关后，逐级试送电源，恢复冷却器运行。

（5）若检查发现某组冷却器空气开关和热电偶已经跳闸或动力回路以绝缘电阻表测绝缘不合格，则禁止送电启动，应做好停电措施后通知电气检修处理。检查到冷却器电源母线绝缘不合格时，禁止送电，应通知电气检修处理，并做好 1h 内停机的事故预想。

（6）冷却系统上一级电源故障，冷却系统的控制回路会自动切换至备用电源，如果没有自动切换，则应立即手动恢复备用电源，恢复冷却系统的供电。

（7）若检查冷却器两路电源进线三相均无电，则应检查两路电源是否正常送电，若开关保护跳闸应停电以绝缘电阻表测电缆绝缘，正常方可送电。

（8）注意事项。光字牌发出后，应快速到就地确定冷却器是否已全停。如果报警真实，则应快速降机组负荷，立即通知检修人员。在查找故障原因时，操作要准确，防止出现误操作。运行中如果需要切换冷却器的电源，必须经值长同意，并且将冷却器全停保护退出后，才能进行切换工作。切换工作电源之前，应切掉所有分路冷却器，切换后逐一恢复，防止瞬时过电流冲击。

2. 主变压器冷却器全停的防范措施

（1）对主变压器冷却器控制回路进行详细检查，正确整定时间继电器的设定时间。

（2）对主变压器冷却器电源跳闸声光报警信号回路进行检查完善，完善 DCS 上的报警信息。

（3）尽快调试好 4 号机柴油发电机，保安段需停电时使用柴油发电机供电，保持主变压器冷却器运行。

（4）工作需停主变压器冷却器，完善工作方案，退"冷却器全停跳闸"保护连接片。

（5）加强设备巡视与监控，定期进行主变压器冷却器电源切换试验，保证两路电源正常供电。

五、结语

由于主变压器冷却器全停后，最长运行时间不应超过 1h，所以处理冷却器全停故障时一定要保持清醒和冷静，正确判断故障的原因，同时在最短的时间内采取最有效的方式予以解决，将可能造成的后果或影响降低到最低限度。要做到这一点，值班员要非常熟悉冷却器的控制和电源回路，还要具备丰富的经验和稳定的心理素质。在处理类似问题时，需要全体处理人员的充分合作与协调，应分工明确，争分夺秒，全面考虑处理的步骤，这样才能确保变压器的安全稳定运行。

案例 49 一起含 FCB 机组的孤网运行事件分析与处理

肖海鹏

一、设备概况

某电厂三期机组为三菱 M701F4 型分轴式燃气 – 蒸汽联合循环机组，均具备 FCB 功能，发电机出口以单元制形式接入 220kV 系统，升压站采用双母双分段接线方式。出线 2 回，分别为横门 AC 联线、横半乙线。主接线图如图 49-1 所示。

FCB 的功能是指发电机组在电网或线路出现故障而机组本身运行正常的情况下，发电机 – 变压器组出线开关（TCB）跳闸，不联跳发电机出口开关（GCB），或者外部电网负荷突降，与主网解列，发电机带机组厂用电或部分电网负荷实现"孤岛运行"。如果 FCB 成功，则电网故障消除后，机组能自带厂用电快速有效地通过 TCB 并网向系统供电，从而迅速"激活"网内其他机组并恢复对用户的供电。因此 FCB 功能对于电网特殊事故处理、电网黑启动及发电厂保厂用电都具有十分重要的意义。

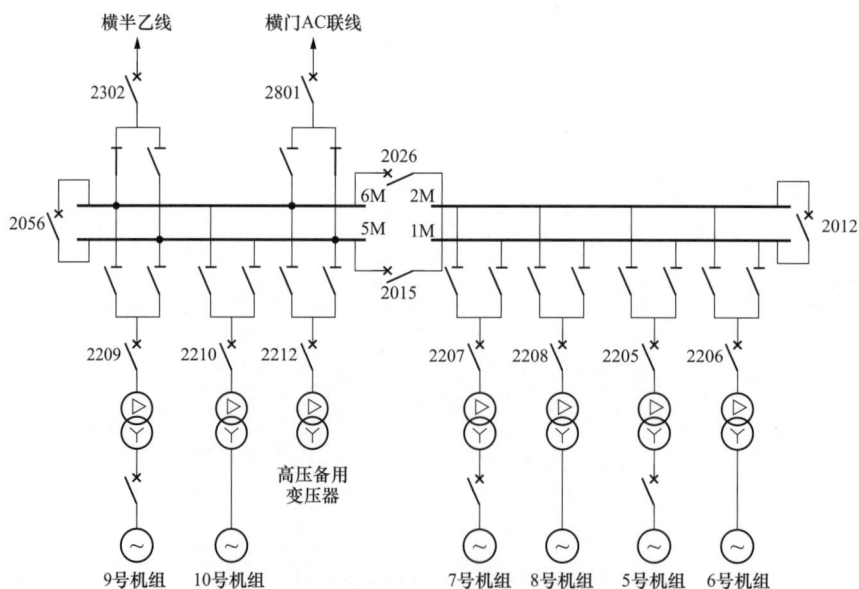

图 49-1 三期电气主接线图

二、孤网运行事件过程分析

1. 事件前的运行方式

横门电厂、半岛站220kV母线分列运行。横门电厂5/6号机组带270MW运行，9/10号机组带270MW运行。5/6号机通过横半乙线送出负荷，9/10号机通过横半甲线送出负荷。系统接线图如图49-2所示。

事故前，9号燃气轮机负荷为165MW，1号0汽轮机负荷为105MW，半岛站1M负荷约为75MW，系统频率为49.996Hz。

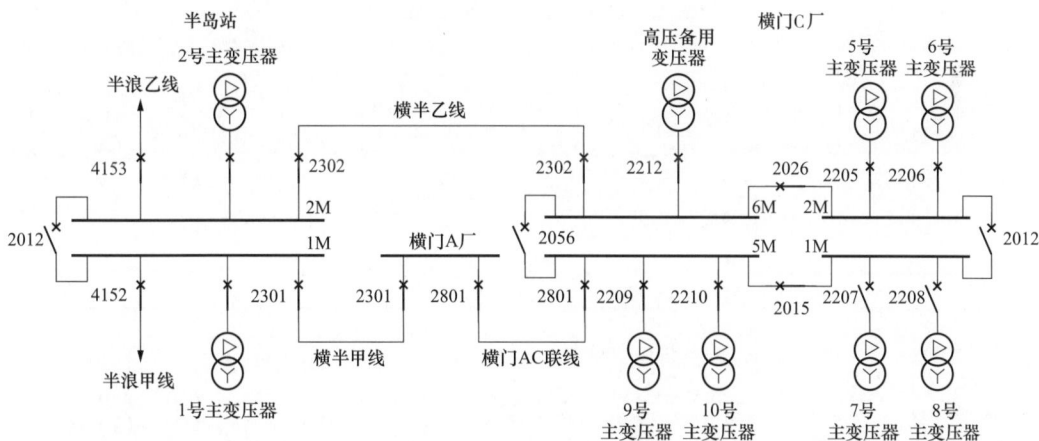

图49-2　事故前运行方式图

2. 事件过程简介

2016年4月19日10：52，半岛站220kV半浪甲线断路器本体三相不一致保护出口动作跳开半浪甲线三相断路器。事故导致横门C厂9/10号机组带半岛站220kV 1M孤岛运行（9/10号机组带270MW运行，半岛站1M负荷约为75MW，不平衡功率高达195MW）。在此期间，9号燃气轮机FCB动作燃气轮机进入"转速控制"模式，1号0机组汽轮机超速保护（OPC）动作短时关闭高、中、低压调节阀。9/10号机组孤岛运行期间，频率最高达51.27Hz，频率最低达48.17Hz，低频减载装置动作切除半岛站部分负荷，机组负荷频率变化见图49-3。为稳定机组安全稳定运行、自保厂用电等，运行值班人员将1号0机组紧急停运，稳定了孤岛运行。

11：04，孤网系统通过半岛站母联断路器并入主网正常运行，事故发生后运行方式见图49-4。

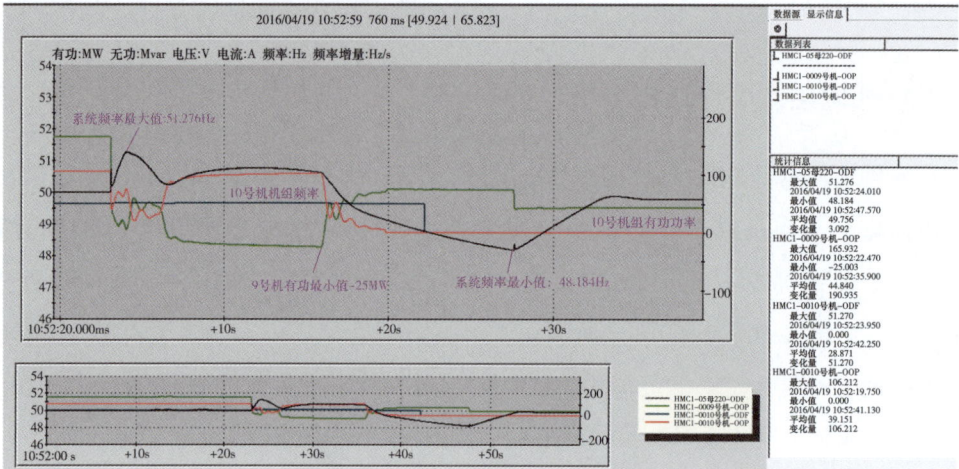

图 49-3　9/10 号机组负荷频率图

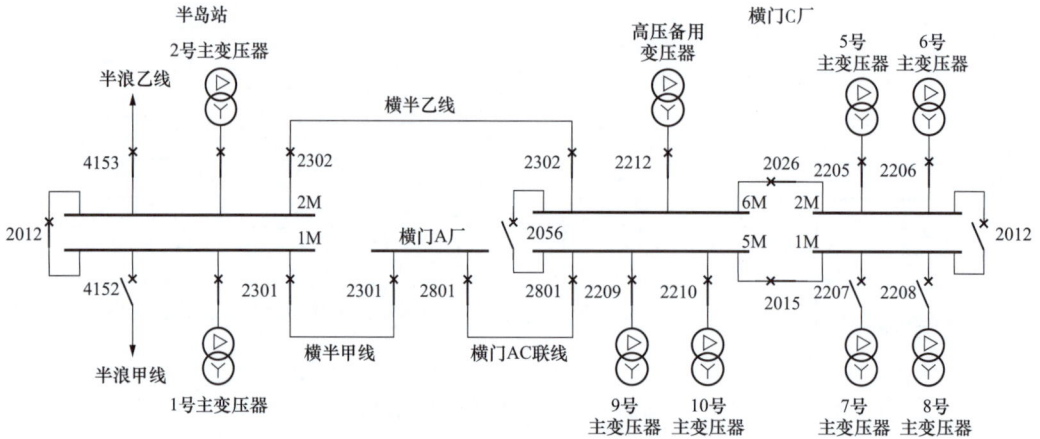

图 49-4　事故后运行方式图

3. 事件经过分析

10：52：23：000，9 号燃气轮机负荷为 165MW，1 号 0 汽轮机负荷为 106MW，系统频率为 49.996Hz（事件前）。

10：52：23：030，集控室 NCS 发出线路保护启动、GIS 220kV 线路故障录波启动，同时 9/10 号机组相关事件报警发出，见图 49-5。220kV 半浪甲线跳闸，9/10 号机组带 220kV 半岛站运行，系统频率升高至 50.718Hz，系统负荷下降至 75MW，9 号燃气轮机和 1 号 0 汽轮机输出功率开始下降，转速开始升高。

9 号燃气轮机 TCS 控制系统判断转速升高后减小燃料控制基准，燃气轮机部分负荷转换成动能使转子转速上升，同时转速升高后燃气轮机压气机消耗功率增加，燃气轮机送出负荷快速下降。1 号 0 汽轮机部分负荷转换成动能使汽轮机转子转速上升。

1	时间	时间(ms)	9号机功角	10号机功角	功角差	9号机频率	10号机频率	AC联线频率	9号机有功	10号机功率	功率合计	AC联线功率	功率差
2293	2016/04/19_10:52:22.910	910	0.5629	0.6252	-0.0623	49.996	49.996	49.996	165.8507	106.1185	271.9692	267.2574	4.7118
2294	2016/04/19_10:52:22.920	920	0.5629	0.6253	-0.0624	49.996	49.996	49.996	165.8507	106.1452	271.9959	267.2574	4.7385
2295	2016/04/19_10:52:22.930	930	0.563	0.6253	-0.0623	49.996	49.996	49.996	165.8778	106.1452	272.023	267.3272	4.6958
2296	2016/04/19_10:52:22.940	940	0.563	0.6252	-0.0622	49.996	49.996	49.996	165.8778	106.1318	272.0096	267.3272	4.6824
2297	2016/04/19_10:52:22.950	950	0.5631	0.6251	-0.062	49.996	49.996	49.996	165.9049	106.1318	272.0367	267.3272	4.7095
2298	2016/04/19_10:52:22.960	960	0.5631	0.6252	-0.0621	49.996	49.996	49.996	165.9049	106.1452	272.0501	267.3272	4.7229
2299	2016/04/19_10:52:22.970	970	0.563	0.6251	-0.0621	49.996	49.996	49.996	165.8778	106.1452	272.023	267.3272	4.6958
2300	2016/04/19_10:52:22.980	980	0.563	0.625	-0.062	49.996	49.996	49.996	165.8507	106.1185	271.9692	267.2574	4.7118
2301	2016/04/19_10:52:22.990	990	0.563	0.625	-0.062	49.996	49.996	49.996	165.8507	106.1051	271.9558	267.2574	4.6984
2302	2016/04/19_10:52:23.000	0	0.5631	0.625	-0.0619	49.996	49.996	49.996	165.8507	106.1185	271.9692	267.2574	4.7118
2303	2016/04/19_10:52:23.010	10	0.5631	0.625	-0.0619	49.996	49.996	49.996	165.8778	106.1318	272.0096	267.2574	4.7522
2304	2016/04/19_10:52:23.020	20	0.5631	0.6249	-0.0618	50.002	50	50.026	165.8507	106.1051	271.9558	267.2574	4.6984
2305	2016/04/19_10:52:23.030	30	0.5637	0.6254	-0.0617	50.284	50.088	50.586	165.8507	106.1051	271.9558	267.2574	4.6984
2306	2016/04/19_10:52:23.040	40	0.5632	0.6248	-0.0616	50.314	50.274	50.586	165.6884	106.0383	271.7267	267.1178	4.6089
2307	2016/04/19_10:52:23.050	50	0.4448	0.5198	-0.075	50.464	50.412	50.718	127.2091	84.5822	211.7913	208.8515	2.9398
2308	2016/04/19_10:52:23.060	60	0.2786	0.3767	-0.0981	50.518	50.464		70.9784	53.6404	124.6188	120.3007	4.3181
2309	2016/04/19_10:52:23.070	70	0.2273	0.3389	-0.1116	50.372	50.344	50.41	53.1729	44.0346	97.2075	91.6211	5.5864
2310	2016/04/19_10:52:23.080	80	0.2141	0.3213	-0.1072	50.19	50.194	50.19	50.6834	42.0172	92.7006	87.5739	5.1267
2311	2016/04/19_10:52:23.090	90	0.2011	0.3157	-0.1146	50.168	50.168	50.19	40.895	47.3279	88.2229	83.2475	4.9754
2312	2016/04/19_10:52:23.100	100	0.1855	0.3187	-0.1332	50.172	50.19	50.19	43.5937	41.1221	84.7158	80.1074	4.6084
2313	2016/04/19_10:52:23.110	110	0.1727	0.3232	-0.1505	50.192	50.2	50.204	40.5088	41.4694	81.9782	77.8047	4.1735
2314	2016/04/19_10:52:23.120	120	0.1679	0.3215	-0.1536	50.21	50.208	50.216	39.3994	40.8415	80.2409	76.4789	3.762
2315	2016/04/19_10:52:23.130	130	0.1683	0.317	-0.1487	50.212	50.216	50.216	39.4264	39.8128	79.2392	75.9206	3.3186
2316	2016/04/19_10:52:23.140	140	0.1654	0.319	-0.1536	50.2	50.208	50.216	38.5334	39.7861	78.3195	75.2926	3.0269
2317	2016/04/19_10:52:23.150	150	0.1579	0.3314	-0.1735	50.192	50.224	50.204	36.3957	41.229	77.6247	74.6646	2.9601

图 49-5　线路跳闸时间及负荷

10：52：23：270，9 号燃气轮机负荷减至 25.95MW（频率为 50.366Hz），1 号 0 机负荷为 54.1MW（频率为 50.404Hz）。燃气轮机 TCS 控制系统 FCB 功能启动，控制模式由"负荷控制"切为"转速控制"[转速基准值为 3007.5r/min，燃料基准值为 20.4%，IGV 角度关小为 0%（39°），BYPASS 开大至 53.7%]。此时 220kV 横门 AC 联线负荷为 76MW 左右（见图 49-6 和图 49-7）。

1	时间	时间(ms)	9号机功角	10号机功角	功角差	9号机频率	10号机频率	AC联线频率	9号机有功	10号机功率	功率合计	AC联线功率	功率差
2317	2016/04/19_10:52:23.150	150	0.1579	0.3314	-0.1735	50.204	50.224	50.212	36.3957	41.229	77.6247	74.6646	2.9601
2318	2016/04/19_10:52:23.160	160	0.1499	0.3453	-0.1954	50.202	50.232	50.212	34.2038	42.939	77.1428	74.1761	2.9667
2319	2016/04/19_10:52:23.170	170	0.1467	0.3541	-0.2074	50.23	50.252	50.26	33.2026	44.0346	77.2372	74.1761	3.0611
2320	2016/04/19_10:52:23.180	180	0.1477	0.3594	-0.2117	50.258	50.276	50.26	33.1756	44.7026	77.8782	74.6646	3.2136
2321	2016/04/19_10:52:23.190	190	0.149	0.3654	-0.2164	50.27	50.29	50.274	33.2297	45.4507	78.6804	75.2228	3.4576
2322	2016/04/19_10:52:23.200	200	0.1478	0.3732	-0.2254	50.286	50.296	50.274	32.6614	46.426	79.074	75.4322	3.6418
2323	2016/04/19_10:52:23.210	210	0.1434	0.383	-0.2396	50.268	50.304	50.278	31.4167	47.6551	79.0718	75.2926	3.7792
2324	2016/04/19_10:52:23.220	220	0.1369	0.3959	-0.259	50.288	50.322	50.298	29.7931	49.3919	79.185	75.2228	3.9622
2325	2016/04/19_10:52:23.230	230	0.1313	0.4088	-0.2775	50.322	50.328	50.328	28.413	51.1822	79.5952	75.502	4.0932
2326	2016/04/19_10:52:23.240	240	0.1301	0.4156	-0.2855	50.352	50.368	50.356	28.0342	52.1174	80.1516	75.9206	4.231
2327	2016/04/19_10:52:23.250	250	0.1321	0.4166	-0.2845	50.364	50.382	50.368	28.3048	52.2109	80.5157	76.2695	4.2462
2328	2016/04/19_10:52:23.260	260	0.1306	0.4205	-0.2899	50.362	50.394	50.372	27.8177	52.7453	80.563	76.2695	4.2935
2329	2016/04/19_10:52:23.270	270	0.1225	0.4323	-0.3098	50.366	50.404	50.378	25.9505	54.4153	80.3658	76.0602	4.3056
2330	2016/04/19_10:52:23.280	280	0.113	0.4457	-0.3327	50.418	50.44	50.426	23.8128	56.3658	80.1786	75.9206	4.258
2331	2016/04/19_10:52:23.290	290	0.1088	0.4529	-0.3441	50.422	50.44	50.426	22.8386	57.4346	80.2732	76.0602	4.213
2332	2016/04/19_10:52:23.300	300	0.1099	0.4544	-0.3445	50.45	50.464	50.452	23.0281	57.7018	80.7299	76.6184	4.1115
2333	2016/04/19_10:52:23.310	310	0.1107	0.4569	-0.3462	50.48	50.464	50.464	23.1363	58.116	81.2523	77.1767	4.0756
2334	2016/04/19_10:52:23.320	320	0.1074	0.4635	-0.3561	50.458	50.466	50.466	22.3516	59.118	81.4696	77.4558	4.0138
2335	2016/04/19_10:52:23.330	330	0.1012	0.4715	-0.3703	50.462	50.49	50.472	20.9715	60.307	81.2785	77.386	3.8925
2336	2016/04/19_10:52:23.340	340	0.0953	0.4788	-0.3835	50.508	50.508	50.522	19.5534	61.6427	81.1961	77.2465	3.9496
2337	2016/04/19_10:52:23.350	350	0.092	0.485	-0.393	50.522	50.534	50.522	19.0232	62.5248	81.548	77.5954	3.9526

图 49-6　燃气轮机负荷低于 27MW

10：52：23：690，9 号燃气轮机负荷减至 18.23MW（频率为 51.004Hz），1 号 0 机负荷为 64.7MW（频率为 51.004Hz）。1 号 0 汽轮机转速升高至 3060r/min，汽轮机 OPC 动作。汽轮机高压主汽调节阀、再热蒸汽联合阀和低压主汽调节阀动作关到零，汽轮机负荷由于惯性短时间维持后开始下降。在 9、1 号 0 机组频率为 51Hz 左右变化过程

	Tag	0MBA01CS9(	90GC002ND001	90GR003ND001	90GR001ND001	0GR001ND0(	90GC080ND002
2	Name	GT SPEED	GT ACTLD	GT ALR SET	GT SPSET	GT SPREF	GT CSO
3	时间	实际转速	MW（实时燃机负荷）	MW（燃机负荷指令）	%（燃机的转速指令）	转速基准	%（燃料基准输出）
142	10:52:18	2999.6	163.59	164.34	2.8	3083.9	61.75
143	10:52:19	2999.6	163.96	164.31	2.8	3083.9	61.79
144	10:52:20	3000	164.49	164.3	2.8	3084	61.8
145	10:52:21	2999.6	164.27	164.3	2.8	3084	61.79
146	10:52:22	2999.6	164.75	164.3	2.8	3083.9	61.79
147	10:52:23	2999.6	164.8	164.32	2.8	3083.8	61.74
148	10:52:24	3075.4	11.13	15	0.3	3007.5	20.4
149	10:52:25	3058.1	38.43	15	0.3	3007.5	20.4
150	10:52:26	3021.4	43.89	15	0.3	3007.5	24.5
151	10:52:27	3018	-9.34	15	0.3	3007.5	25.81
152	10:52:28	3031.5	-16.48	15	0.3	3007.5	20.57
153	10:52:29	3039	-19.79	15	0.3	3007.5	20.4
154	10:52:30	3043.1	-21	15	0.3	3007.5	20.4

图 49-7　FCB 动作后指令变化

中，9、1 号 0 机组负荷相加维持在 78MW 左右，燃气轮机与汽轮机功率变化及波动（见图 49-8 和图 49-9）。

	时间	时间(ms)	9号机功角	10号机功角	功角差	9号机频率	10号机频率	AC联线频率	9号机有功	10号机功率	功率合计	AC联线功率	功率差
2362	2016/04/19_10:52:23.600	600	0.0753	0.4412	-0.3659	50.908	50.892	50.904	14.1524	68.2028	82.3552	78.014	4.3412
2363	2016/04/19_10:52:23.610	610	0.0804	0.4359	-0.3555	50.91	50.908	50.908	15.0183	67.615	82.6333	78.2932	4.3401
2364	2016/04/19_10:52:23.620	620	0.0821	0.4324	-0.3503	50.908	50.906	50.908	15.2618	67.2542	82.516	78.2234	4.2926
2365	2016/04/19_10:52:23.630	630	0.0817	0.43	-0.3483	50.916	50.916	50.913	15.1265	67.1073	82.2338	77.9443	4.2895
2366	2016/04/19_10:52:23.640	640	0.0817	0.4284	-0.3467	50.946	50.936	50.942	15.0724	67.1607	82.2331	77.9443	4.2888
2367	2016/04/19_10:52:23.650	650	0.085	0.4254	-0.3404	50.974	50.958	50.968	15.6407	66.9737	82.6144	78.2932	4.3212
2368	2016/04/19_10:52:23.660	660	0.0927	0.4186	-0.3259	50.992	50.972	50.982	17.0207	66.0518	83.0725	78.7816	4.2909
2369	2016/04/19_10:52:23.670	670	0.1008	0.4102	-0.3094	50.992	50.98	50.986	18.4279	64.7693	83.1972	78.9212	4.276
2370	2016/04/19_10:52:23.680	680	0.1034	0.4059	-0.3025	50.992	50.99	50.988	18.8608	64.2482	83.109	78.7816	4.3274
2371	2016/04/19_10:52:23.690	690	0.1005	0.407	-0.3065	51.004	51.004	51	18.2384	64.7025	82.9409	78.6421	4.2988
2372	2016/04/19_10:52:23.700	700	0.0993	0.4069	-0.3076	51.03	51.02	51.022	17.9678	64.943	82.9108	78.6421	4.2687
2373	2016/04/19_10:52:23.710	710	0.1051	0.401	-0.2959	51.056	51.038	51.046	18.9691	64.1146	83.0837	78.8514	4.2323
2374	2016/04/19_10:52:23.720	720	0.114	0.3926	-0.2786	51.07	51.054	51.062	20.5385	62.8855	83.424	79.1305	4.2935
2375	2016/04/19_10:52:23.730	730	0.1187	0.3879	-0.2692	51.07	51.064	51.064	21.3233	62.271	83.5943	79.3399	4.2544
2376	2016/04/19_10:52:23.740	740	0.1175	0.3874	-0.2699	51.066	51.066	51.064	21.0256	62.3378	83.3634	79.0607	4.3027
2377	2016/04/19_10:52:23.750	750	0.1147	0.3873	-0.2726	51.074	51.076	51.074	20.4303	62.4981	82.9284	78.6421	4.2863
2378	2016/04/19_10:52:23.760	760	0.114	0.3859	-0.2719	51.098	51.092	51.094	20.2409	62.4714	82.7123	78.4327	4.2796
2379	2016/04/19_10:52:23.770	770	0.1164	0.3837	-0.2673	51.112	51.112	51.124	20.6468	62.3244	82.9712	78.7118	4.2594
2380	2016/04/19_10:52:23.780	780	0.1205	0.3804	-0.2599	51.134	51.124	51.13	21.3233	61.937	83.2603	78.991	4.2693

图 49-8　OPC 动作后 1 号 0 机组功率输出下降

	Date/Time	HPCVPOS.	UIPCVPOS.	ULPCVPOS.	90RCAOG-C	90RCAOG-[	90RCAOG-[	90RCAOG-[	90RCAOG-[	90RCAOG-[	90RCDOG-[	90RCAOG-[	90RCAOG-E
746	52:36.0	99.965	100.016	-0.167	-0.82	20.4	3043.5	-24.148	3007.5	111.143	RESET	0	15	24372.7
747	52:35.0	99.965	100.016	-0.167	-0.83	20.4	3045	-23.203	3007.5	117.643	RESET	0	15	25114.43
748	52:34.0	99.965	100.016	-0.167	-0.84	20.4	3045.75	-22.94	3007.5	124.143	RESET	0	15	25131.8
749	52:33.0	99.965	100.016	-0.167	-0.82	20.4	3044.625	-21.785	3007.5	130.643	RESET	0	15	25306.72
750	52:32.0	99.843	99.91	-0.167	-0.84	20.4	3042.375	-20.735	3007.5	137.143	RESET	0	15	28423.03
751	52:31.0	99.843	99.91	-0.167	-0.82	20.4	3038.625	-19.37	3007.5	143.643	RESET	0	15	35474.76
752	52:30.0	99.702	99.91	-0.167	-0.869	20.719	3031.125	-16.588	3007.5	150.143	RESET	0	15	42714.26
753	52:29.0	99.702	99.91	-0.167	-0.82	26.104	3017.25	-9.92	3007.5	156.643	RESET	0	15	46602.69
754	52:28.0	97.654	78.074	-0.167	-0.84	23.921	3022.875	44.733	3007.5	163.143	RESET	0	44.733	52349.24
755	52:27.0	37.442	32.776	-0.167	-0.811	20.4	3058.875	38.695	3007.5	169.642	RESET	0	38.695	52880.13
756	52:26.0	0.433	-0.375	-0.167	-0.82	20.4	3073.5	15.123	3007.5	176.142	RESET	0	15.123	52854.94
757	52:25.0	0.593	-0.375	-0.167	3.638	61.74	2999.625	164.852	3083.824	179.544	SET	1	164.321	52816.97
758	52:24.0	100.176	100.266	54.715	3.867	61.792	2999.625	164.433	3083.958	179.284	SET	1	164.302	52834.08
759	52:23.0	100.176	100.266	54.715	3.847	61.795	2999.625	164.117	3083.966	179.219	SET	1	164.295	52853.91
760	52:22.0	100.176	100.266	54.715	3.896	61.801	3000	164.433	3083.983	179.089	SET	1	164.302	52921.54
761	52:21.0	100.176	100.266	54.715	3.857	61.785	2999.625	164.012	3083.941	179.067	SET	1	164.313	53009.29
762	52:20.0	100.176	100.266	54.715	3.877	61.749	3000	163.75	3083.849	179.176	SET	1	164.344	53010.18
763	52:19.0	100.176	100.266	54.715	3.896	61.688	3000	164.17	3083.691	179.544	SET	1	164.472	52998.34
764	52:18.0	100.176	100.266	54.715	3.906	61.665	3000	164.538	3083.683	179.912	SET	1	164.328	52967.32
765	52:17.0	100.176	100.266	54.715	3.847	61.714	2999.625	165.063	3083.758	180.021	SET	1	164.472	52884.29

图 49-9　OPC 动作后 1 号 0 机组高、中、低调节阀开度变化

10：52：24：000，9 号燃气轮机随转速升高、FCB 动作后燃料指令减少后，送出

负荷减至 5MW，1 号 0 机组负荷在 OPC 动作关闭调节阀后快速下降，频率最高升至
51.28Hz。此后转速开始下降，9 号燃气轮机送出功率开始增加。燃气轮机和汽轮机转
子部分动能转化成发电机功率送出，220kV 半岛站 1M 负荷维持在 75MW 左右。

10：52：25：390，9 号燃气轮机负荷为 53MW，频率为 50.754Hz，1 号 0 汽轮机
负荷为 24MW，频率为 50.756Hz。OPC 信号自动复位后汽轮机高压主汽调节阀、再热
蒸汽联合阀重新全开，汽轮机负荷开始回升。由于此时的转速较高及燃气轮机燃料的
减少，所以燃气轮机送出功率开始下降。孤岛系统负荷为 73MW 左右。

10：52：35：900，燃气轮机因 FCB 控制及汽轮机负荷升高等作用，9 号燃气轮机负荷
输出低至 −25MW（逆功率运行）。1 号 0 汽轮机负荷升至 102MW（见图 49-10 和图 49-11）。

	时间	时间(ms)	9号机功角	10号机功角	功角差	9号机频率	10号机频率	AC联线频率	9号机有功	10号机功率	功率合计	AC联线功率	功率差
3583	2016/04/19 10:52:35.810	810	-0.109	0.8084	-0.9174	50.624	50.626	50.626	-24.5975	102.6983	78.1008	73.6179	4.4829
3584	2016/04/19 10:52:35.820	820	-0.1092	0.809	-0.9182	50.622	50.624	50.626	-24.6246	102.7384	78.1138	73.6179	4.4959
3585	2016/04/19 10:52:35.830	830	-0.1098	0.8096	-0.9194	50.618	50.622	50.62	-24.7589	102.7651	78.0052	73.5481	4.4571
3586	2016/04/19 10:52:35.840	840	-0.1103	0.8099	-0.9202	50.618	50.622	50.62	-24.8992	102.7785	77.8833	73.4086	4.4747
3587	2016/04/19 10:52:35.850	850	-0.1104	0.8102	-0.9206	50.62	50.622	50.62	-24.9223	102.8319	77.9096	73.4783	4.4313
3588	2016/04/19 10:52:35.860	860	-0.1101	0.8104	-0.9205	50.622	50.622	50.62	-24.8411	102.8586	78.0175	73.5481	4.4694
3589	2016/04/19 10:52:35.870	870	-0.1096	0.8103	-0.9199	50.62	50.622	50.62	-24.7518	102.7518	77.9919	73.5481	4.4438
3590	2016/04/19 10:52:35.880	880	-0.1094	0.8101	-0.9195	50.62	50.62	50.618	-24.7058	102.6182	77.9124	73.4783	4.4341
3591	2016/04/19 10:52:35.890	890	-0.11	0.8105	-0.9205	50.614	50.616	50.616	-24.8411	102.6449	77.8038	73.4086	4.3952
3592	2016/04/19 10:52:35.900	900	-0.1107	0.8112	-0.9219	50.614	50.614	50.614	-25.0034	102.7518	77.7484	73.3388	4.4096
3593	2016/04/19 10:52:35.910	910	-0.1104	0.8112	-0.9216	50.614	50.612	50.614	-24.9493	102.6582	77.7089	73.269	4.4399
3594	2016/04/19 10:52:35.920	920	-0.1089	0.8098	-0.9187	50.614	50.608	50.612	-24.6246	102.2975	77.6729	73.269	4.4039
3595	2016/04/19 10:52:35.930	930	-0.1072	0.8082	-0.9154	50.61	50.6	50.608	-24.2187	101.87	77.6513	73.1992	4.4521
3596	2016/04/19 10:52:35.940	940	-0.106	0.8068	-0.9128	50.604	50.594	50.602	-23.9481	101.5093	77.5612	73.1294	4.4318
3597	2016/04/19 10:52:35.950	950	-0.1047	0.8052	-0.9099	50.6	50.586	50.596	-23.6504	101.0684	77.418	73.0597	4.3583
3598	2016/04/19 10:52:35.960	960	-0.1022	0.8025	-0.9047	50.596	50.578	50.592	-23.0822	100.3737	77.2915	72.9201	4.3714
3599	2016/04/19 10:52:35.970	970	-0.0985	0.7986	-0.8971	50.596	50.57	50.588	-22.2153	99.4786	77.2623	72.9201	4.3422
3600	2016/04/19 10:52:35.980	980	-0.0939	0.7941	-0.888	50.592	50.564	50.582	-21.188	98.4632	77.2752	72.9201	4.3551

图 49-10　9 号燃气轮机逆功率

	Tag	90MBA01CS901	90GC002ND001	90GH003ND001	90GR001ND001	0GR001ND00	0GC080ND00	0MBA01AA70	0GM086ND00	0GC142ND00
1								GT IGV	GT IGV	
2	Name	GT SPEED	GT ACTLD	GT ALR SET	GT SPSET	GT SPREF	GT CSO	POSITION	POSITION	GT BYCSO
3	时间	r/min（实际转速）	MW（实时燃机负荷）	MW（燃机负荷指令）	%（燃机的转速指令）	r/min（转速基准）	%（燃料基准输出）	%（IGV角度）	deg（IGV角度）	%（旁路阀开度）
149	10:52:25	3058.1	38.43	15	0.3	3007.5	24.5	-0.85	39	73.75
150	10:52:26	3021.4	43.89	15	0.3	3007.5	24.5	-0.81	39	70
151	10:52:27	3018	-9.34	15	0.3	3007.5	25.81	-0.83	39	100
152	10:52:28	3031.5	-16.48	15	0.3	3007.5	20.57	-0.84	39	100
153	10:52:29	3039	-19.79	15	0.3	3007.5	20.4	-0.83	39	100
154	10:52:30	3043.1	-21	15	0.3	3007.5	20.4	-0.87	39	100
155	10:52:31	3045	-21.63	15	0.3	3007.5	20.4	-0.88	39	100
156	10:52:32	3045.8	-22.78	15	0.3	3007.5	20.4	-0.84	39	100
157	10:52:33	3045.4	-23.2	15	0.3	3007.5	20.4	-0.89	39	100
158	10:52:34	3043.5	-24.2	15	0.3	3007.5	20.4	-0.85	39	100
159	10:52:35	3040.5	-24.52	15	0.3	3007.5	20.4	-0.84	39	100
160	10:52:36	3036	-23.88	15	0.3	3007.5	20.4	-0.87	39	100
161	10:52:37	2997	27.67	15	0.3	3007.5	32.41	-0.82	39	86.66
162	10:52:38	2970	56.91	25.12	0.3	3007.5	40	-0.82	39	67.26
163	10:52:39	2956.5	67.52	56.73	0.3	3007.5	40	-0.81	39	64.74
164	10:52:40	2947.1	72.87	83.08	0.3	3007.5	40	-0.82	39	63.61
165	10:52:41	2937	74.08	105.29	0.3	3007.5	40	-0.84	39	63.13
166	10:52:42	2928	73.87	126.08	0.3	3007.5	40	-0.82	39	63.13
167	10:52:43	2920.1	73.4	146.61	0.3	3007.5	40	-0.84	39	63.12

图 49-11　9 号燃气轮机功率指令及负荷

10：52：36，为保证燃气轮机的安全稳定运行，值班人员紧急停运 1 号 0 汽轮机，
1 号 0 机组与电网解列。

10：52：41：130，9 号燃气轮机负荷升至 75MW，频率为 48.9Hz。系统负荷为 71MW，系统频率在下降（见图 49-12）。

1	Tag	90MBA01CS901	90GC002ND001	90GR003ND001	90GR001ND001	GR001ND00	GC080ND00	MBA01AA70	GM086ND00	GC142ND0
2	Name	GT SPEED	GT ACTLD	GT ALR SET	GT SPSET	GT SPREF	GT CSO	GT IGV POSITION	GT IGV POSITION	GT BYCSO
3	时间	r/min（实际转速）	MW（实时燃机负荷）	MW（燃机负荷指令）	%（燃机的转速指令）	r/min（转速基准）	%（燃料基准输出）	%（IGV角度）	deg（IGV角度）	%（旁路阀开度）
158	10:52:34	3043.5	-24.2	15	0.3	3007.5	20.4	-0.85	39	100
159	10:52:35	3040.5	-24.52	15	0.3	3007.5	20.4	-0.84	39	100
160	10:52:36	3036	-23.88	15	0.3	3007.5	20.4	-0.87	39	100
161	10:52:37	2997	27.67	15	0.3	3007.5	32.41	-0.82	39	86.66
162	10:52:38	2970	56.91	25.12	0.3	3007.5	40	-0.82	39	67.26
163	10:52:39	2956.5	67.52	56.73	0.3	3007.5	40	-0.81	39	64.74
164	10:52:40	2947.1	72.87	83.08	0.3	3007.5	40	-0.81	39	63.61
165	10:52:41	2937	74.08	105.29	0.3	3007.5	40	-0.84	39	63.13
166	10:52:42	2928	73.87	126.08	0.3	3007.5	40	-0.82	39	63.13
167	10:52:43	2920.1	73.4	146.61	0.3	3007.5	40	-0.84	39	63.12
168	10:52:44	2912.6	73.29	167.5	0.3	3007.5	40	-0.81	39	63.19
169	10:52:45	2905.5	73.66	188.87	0.3	3007.5	40	-0.86	39	63.2
170	10:52:46	2899.5	73.61	209.82	0.3	3007.5	40	-0.88	39	63.25
171	10:52:47	2894.3	73.08	223.08	0.3	3007.5	40	-0.81	39	63.21
172	10:52:48	2897.6	41.63	191.63	0.3	3007.5	40	-0.81	39	71.86
173	10:52:49	2917.5	41.95	191.95	0.3	3007.5	40	-0.84	39	71.92
174	10:52:50	2936.6	41.9	178.01	0.3	3007.5	40	-0.84	39	72.02
175	10:52:51	2955.8	42.27	157.38	0.3	3007.5	40	-0.83	39	71.66

图 49-12　9 号燃气轮机功率指令及负荷

10：52：47：640，9 号机组频率低至 48.172Hz，负荷为 73MW，系统负荷为 69MW，频率为 48.184Hz。半岛站低频减载装置动作火炬区健康站 10kV 2M 母线切负荷为 34.7MW，事故时序见图 49-13。

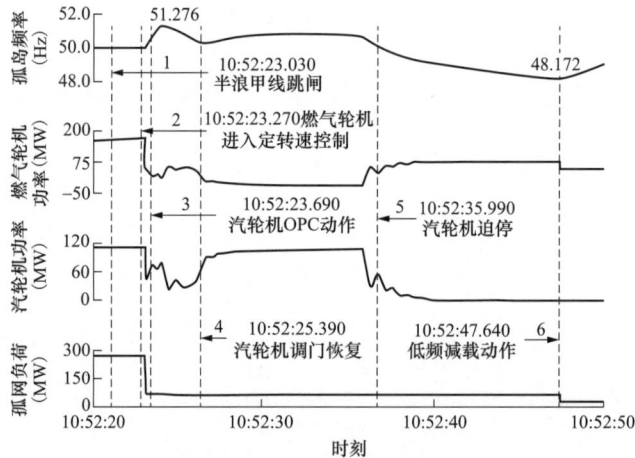

图 49-13　事故时序图

10：52：52：870，9 号燃气轮机负荷自动维持在 42MW 稳定运行，频率稳定在 49.8Hz，转速为 2989r/min。系统负荷为 39MW 左右，频率为 49.8Hz（见图 49-14 和图 49-15）。

11：04：10，中调下令半岛站同期合上 220kV 母联 2012 断路器，孤网系统恢复主网运行。

Tag	90MBA01CS901	90GC002ND001	90GR003ND001	90GR001ND001	0GR001ND00	0GC080ND00	0MBA01AA70	0GM086ND00	0GC142ND00
Name	GT SPEED	GT ACTLD	GT ALR SET	GT SPSET	GT SPREF	GT CSO	GT IGV POSITION	GT IGV POSITION	GT BYCSO
时间	r/min（实际转速）	MW（实时燃机负荷）	MW（燃机负荷指令）	%（燃机的转速指令）	r/min（转速基准）	%（燃料基准输出）	%（IGV角度）	deg（IGV角度）	%（旁路阀开度）
170	10:52:46	2899.5	73.61	209.82	0.3	3007.5	40	-0.88	39	63.25
171	10:52:47	2894.3	73.08	223.08	0.3	3007.5	40	-0.81	39	63.21
172	10:52:48	2897.6	41.63	191.63	0.3	3007.5	40	-0.81	39	71.86
173	10:52:49	2917.5	41.95	191.95	0.3	3007.5	40	-0.86	39	71.92
174	10:52:50	2936.6	41.9	178.01	0.3	3007.5	40	-0.84	39	72.02
175	10:52:51	2955.8	42.27	157.38	0.3	3007.5	40	-0.83	39	71.66
176	10:52:52	2973.8	42.21	136.33	0.3	3007.5	40	-0.85	39	71.43
177	10:52:53	2989.9	42.89	116.01	0.3	3007.5	35.18	-0.84	39	71.17
178	10:52:54	2992.5	42.69	94.8	0.3	3007.5	34.16	-0.84	39	71.46
179	10:52:55	2988.8	42.69	73.8	0.3	3007.5	35.61	-0.83	39	71.33
180	10:52:56	2986.9	42.16	71.06	0.3	3007.5	36.34	-0.84	39	71.53
181	10:52:57	2987.6	42.37	71.27	0.3	3007.5	36.2	-0.86	39	71.3
	10:52:58	2987.6	42.53	70.72	0.3	3007.5	36.05	-0.84	39	71.37
183	10:52:59	2987.6	42.69	70.88	0.3	3007.5	36.05	-0.82	39	71.56
184	10:53:00	2987.6	42.32	70.51	0.3	3007.5	36.05	-0.85	39	71.63
185	10:53:01	2987.6	42.21	70.4	0.3	3007.5	36.05	-0.81	39	71.43

图 49-14 9 号燃气轮机负荷及转速

	时间	时间(ms)	9号机功角	10号机功角	功角差	9号机频率	10号机频率	AC联线频率	9号机有功	10号机功率	功率合计	AC联线功率	功率差
5280	2016/04/19_10:52:52.780	780	0.2162	0	0.2162	49.786	0	49.786	43.5666	0	43.5666	39.7048	3.8618
5281	2016/04/19_10:52:52.790	790	0.2159	0	0.2159	49.786	0	49.786	43.4854	0	43.4854	39.7048	3.7806
5282	2016/04/19_10:52:52.800	800	0.2156	0	0.2156	49.786	0	49.786	43.4313	0	43.4313	39.5653	3.866
5283	2016/04/19_10:52:52.810	810	0.2153	0	0.2153	49.788	0	49.79	43.3772	0	43.3772	39.5653	3.8119
5284	2016/04/19_10:52:52.820	820	0.2152	0	0.2152	49.794	0	49.794	43.3231	0	43.3231	39.4955	3.8276
5285	2016/04/19_10:52:52.830	830	0.2153	0	0.2153	49.798	0	49.798	43.3772	0	43.3772	39.5653	3.8119
5286	2016/04/19_10:52:52.840	840	0.2157	0	0.2157	49.798	0	49.798	43.4584	0	43.4584	39.635	3.8234
5287	2016/04/19_10:52:52.850	850	0.216	0	0.216	49.798	0	49.798	43.5125	0	43.5125	39.7048	3.8077
5288	2016/04/19_10:52:52.860	860	0.2159	0	0.2159	49.798	0	49.798	43.4854	0	43.4854	39.7048	3.7806
5289	2016/04/19_10:52:52.870	870	0.2158	0	0.2158	49.802	0	49.802	43.4584	0	43.4584	39.635	3.8234
5290	2016/04/19_10:52:52.880	880	0.2158	0	0.2158	49.806	0	49.806	43.4584	0	43.4584	39.635	3.8234
5291	2016/04/19_10:52:52.890	890	0.216	0	0.216	49.81	0	49.81	43.4854	0	43.4854	39.7048	3.7806
5292	2016/04/19_10:52:52.900	900	0.2161	0	0.2161	49.812	0	49.812	43.5125	0	43.5125	39.7048	3.8077
5293	2016/04/19_10:52:52.910	910	0.216	0	0.216	49.81	0	49.81	43.4854	0	43.4854	39.7048	3.7806
5294	2016/04/19_10:52:52.920	920	0.2158	0	0.2158	49.81	0	49.81	43.4313	0	43.4313	39.635	3.7963
5295	2016/04/19_10:52:52.930	930	0.2159	0	0.2159	49.814	0	49.814	43.4584	0	43.4584	39.635	3.8234
	2016/04/19_10:52:52.940	940	0.216	0	0.216	49.818	0	49.818	43.4854	0	43.4854	39.635	3.8504

图 49-15 9 号燃气轮机负荷及频率

11：06：18：650，9 号燃气轮机负荷开始恢复正常。先上升至 80MW 然后回落至 25MW 左右维持稳定，频率也处于 49.98Hz 稳定值。

12：41：06，中调回复线路故障已经处理完毕，允许 9 号燃气轮机加负荷。9 号机开始增加负荷。

13：33：02，1 号 0 汽轮机转速冲转到 3000r/min 并网。

三、事件的原因分析

1. 机组 FCB 动作原因分析

母线分列运行的半岛站 220kV 半浪甲线开关机构箱施工时，因大风吹动已打开的开关机构箱外门撞击内门，强烈震动导致开关本体三相不一致出口继电器接点动作跳开 220kV 半浪甲线三相开关。导致横门 C 厂 9、1 号 0 机组带半岛站 220kV 1M 孤岛运行。

9/10 号机组在事件前负荷是 270MW（9 号机组为 165MW、1 号 0 机组为 105MW，频率为 49.984Hz），事件后 9 号燃气轮机负荷减至 25.95MW。燃气轮机 TCS 控制系统 FCB 功能启动，控制模式由"负荷控制"切为"转速控制"[转速基准值为 3007.5r/min，燃料基准值为 20.4%，IGV 角度关小为 0%（39°）]，有利于 9 号机组的稳定。

FCB 启动的原因为：FCB 的动作逻辑是"主变压器高开关跳闸"或"主变压器高开关合闸的情况下燃气轮机负荷从 135MW 以上 5s 内降至 27MW 以下"，该次事件中燃气轮机负荷在 0.27s 内从 165MW 降至 25.95MW，触发 FCB 动作指令。

2. 汽轮机 OPC 动作原因分析

220kV 半浪甲线跳闸甩负荷 200MW 后，9、1 号 0 机组带厂用电及半岛站 220kV 1M 孤岛运行，1 号 0 汽轮机转速升高至 3060r/min，转速升速率等达到动作条件，汽轮机 OPC 动作。

汽轮机 OPC 动作条件有两个：一个是转速高于 3060r/min，且升速率超过 49r/s ；另一个是转速高于 3090r/min。该次事件为第一个条件触发。

3.FCB 动作后频率波动分析

该次 9、1 号 0 机组负荷由 270MW 甩负荷至 75MW，约为 200MW，机组最高频率至 51.276Hz，离机组高频保护动作值 51.5Hz 差 0.224Hz。如该次负荷从 270MW 以上更高负荷甩负荷或者不能及时将汽轮机停运，预计高频保护会动作跳机。

燃气轮机 FCB 动作后将燃气轮机控制方式由"负荷控制"切换为"转速控制"，TCS 给定指令为 3007.5r/min，预计可带负荷 15MW。该次半岛站 1M 负荷约为 75MW，燃气轮机出力无法满足系统的需要，因此系统频率逐渐降低。低至 48.172Hz 时，半岛站低频减载动作切除部分负荷，使燃气轮机得以维持运行。如半岛 1M 负荷高于 75MW，则孤岛运行系统的频率预计更低，因此可能低频保护启动跳机。

四、机组 FCB 动作的处理及应对措施

1. 机组 FCB 动作后孤岛运行的处理

（1）检查汽轮机是否跳闸，否则手动打闸。

（2）检查燃气轮机转速稳定，发电机电压稳定，减少辅机启动，避免频率、电压发生大扰动导致跳机。

（3）检查公用系统（化学、主厂房、厂区等）设备供电情况，若出现中断，应调整厂用电运行方式及时恢复正常运行（如合上燃气轮机主变压器高开关，恢复高压备

用变压器运行，再恢复其他机组厂用电运行）。

（4）检查汽包、蒸汽管道压力，如超压后泄压阀未开启，则手动泄压；在该机组循环水系统正常情况下，可以开高、中、低压旁路泄压，否则保持高、中、低压旁路在关闭状态。泄压时应注意监视锅炉汽包水位，泄压后应保持在正常压力范围内。

（5）汽轮机零转速时，检查盘车自投正常，否则手动盘车。记录惰走时间和盘车电流。

（6）检查失压范围，分开所有失压的开关，寻找故障进行排除，220kV 系统的恢复应按照中调命令执行。

（7）若 220kV 系统故障不能短时排除或隔离，影响系统恢复，应根据孤岛运行的具体机组情况将其中一台孤岛运行机组的燃气轮机主变压器高开关合上，恢复高压备用变压器正常运行，再将其他机组厂用电恢复运行。

（8）若事故处理不当导致 FCB 运行失败，按事故停机程序处理。

（9）注意严禁非同期合闸；防止汽轮机进冷汽；防止汽包水位、旁路、真空调整不当导致 FCB 失败。

2. 机组 FCB 孤岛运行的建议及应对措施

燃气轮机的 FCB 功能对保证孤网系统稳定运行、提高供电可靠性具有重大意义，需加强 FCB 机组的管理，建议如下：

（1）完善 FCB 动作控制程序，燃气轮机 FCB 动作并没有对汽轮机运行进行干预，应增加 FCB 动作后将汽轮机跳闸的逻辑，保证燃气轮机的稳定运行。

（2）燃气轮机 FCB 动作后将燃气轮机控制方式由"负荷控制"切换为"转速控制"，TCS 给定指令为 3007.5r/min，预计可带负荷 15MW。该次半岛站 1M 负荷约为 75MW，系统频率低至 48.172Hz，导致部分负荷切除。如半岛 1M 负荷高于 75MW，则孤岛运行系统的频率预计更低，可能低频保护启动跳机导致 FCB 失败。因此需要根据外部负荷判断来增加转速给定指令。系统负荷每 2 MW，需要增加燃气轮机基准指令 1r/min[2MW/（1r/min）]。只有增加了转速指令才能增加负荷，稳定频率。

（3）对含有 FCB 功能的机组加强管理，需要定期进行功能性试验，保证 FCB 功能可用。

（4）加强 FCB 的应急演练，保证一旦出现孤网问题，相关人员可以及时正确地处理。

五、结语

在国家大力推进电力市场背景下，各种短期及现货交易存在较大不确定性，广东电网潮流特性更加复杂，加之重大停电检修密集交错，导致网架结构薄弱，系统运行风险加大。在台风等恶劣自然灾害频发的情况下，全网更是存在大面积停电的风险。通过实际案例分析可知，具备 FCB 技术的燃气 – 蒸汽联合循环机组具有优异的调节与黑启动性能，对于电网故障后的快速恢复具有重要意义。

该次事件，是广东电网第一起含 FCB 机组的孤网运行事件，本案例分析了燃气轮机 FCB 功能在孤网运行中的重要作用，并针对孤网运行的特点提出了相应的处理及应对措施。

参考文献

［1］蔡新雷．一起含 FCB 机组的孤网运行事件分析及应对策略．电世界，2018，5.

［2］董超，曾凯文，陈钢，等．燃气 – 蒸汽联合循环机组在电网故障后恢复的应用．广东电力，2016，29（11）.

［3］李跃辉．F 级多轴燃气蒸汽联合循环电厂 FCB 功能的实践．重庆电力高等专科学校学报，2015，20（3）.

［4］范玉，苏迎春．电流互感器二次开路的原因与处理．农村电气化.2001，4.

［5］华田生．发电厂和变电所电气设备的运行．北京：水利电力出版社，1993.

［6］谈强．电流互感器二次侧开路的危害与对策．广东电力，2009，22（7）.

［7］王军．变电站交流串入直流系统的危害及其防范措施．中国高新技术企业，2014，32.

［8］孟凡超，高志强，杨书东．交流串入直流回路引起开关跳闸的原因分析．继电器，2007，35（14）.

［9］姚翊．强油风冷主变压器冷却器全停事故分析与处理．科技创新与应用，2013，25.

［10］李世奇．浅淡张家口发电厂主变压器冷却器全停事故处理．河南科技，2014，12.